SolidWorks 2015 中文版标准教程

赵 罘 杨晓晋 赵 楠 编著

清华大学出版社

北 京

内 容 简 介

SolidWorks 是世界上第一套专门基于 Windows 系统开发的三维 CAD 软件，该软件以参数化特征造型为基础，具有功能强大、易学、易用等特点。

本书系统地介绍了 SolidWorks 2015 中文版软件各大功能模块的基础知识和操作步骤。每章的前半部分介绍软件的基础知识，然后利用一个内容较全面的范例来使读者了解具体的操作步骤，该操作步骤翔实、图文并茂，引领读者一步一步完成模型的创建，使读者既快又深入地理解 SolidWorks 软件中的一些抽象的概念和功能。

本书可作为广大工程技术人员的 SolidWorks 自学教程和参考书籍，也可作为大专院校计算机辅助设计课程的指导教材。本书所附光盘包含书中的实例文件、操作视频录像文件和教学使用的 PPT 文件。

图书在版编目(CIP)数据

SolidWorks 2015 中文版标准教程/赵罘，杨晓晋，赵楠编著. --北京：清华大学出版社，2015(2023.1重印)
ISBN 978-7-302-40673-0

Ⅰ. ①S… Ⅱ. ①赵… ②杨… ③赵… Ⅲ. ①计算机辅助设计—应用软件—教材 Ⅳ. ①TP391.72

中国版本图书馆 CIP 数据核字(2015)第 157124 号

责任编辑：张彦青 李玉萍
封面设计：杨玉兰
责任校对：李玉萍
责任印制：丛怀宇

出版发行：清华大学出版社
    网   址：http://www.tup.com.cn, http://www.wqbook.com
    地   址：北京清华大学学研大厦 A 座   邮   编：100084
    社 总 机：010-83470000   邮   购：010-62786544
    投稿与读者服务：010-62776969, c-service@tup.tsinghua.edu.cn
    质量反馈：010-62772015, zhiliang@tup.tsinghua.edu.cn
    课件下载：http://www.tup.com.cn, 010-62791865
印 装 者：三河市龙大印装有限公司
经   销：全国新华书店
开   本：185mm×260mm   印 张：21.5   字   数：520 千字
      (附 DVD 1 张)
版   次：2015 年 8 月第 1 版   印   次：2023 年 1 月第 6 次印刷
定   价：49.00 元

产品编号：063682-01

前　言

SolidWorks 是世界上第一套专门基于 Windows 系统开发的三维 CAD 软件，也是一套完整的三维 CAD 产品设计解决方案，即在一个软件包中为产品设计团队提供了所有必要的机械设计、验证、运动模拟、数据管理和交流工具。该软件以参数化特征造型为基础，具有功能强大、易学、易用等特点，是当前最优秀的三维 CAD 软件之一。

本书详细介绍了 SolidWorks 2015 的基本功能和操作方法。每章的前半部分介绍各个功能的知识要点，章节最后以一个综合性实例对本章的知识点进行具体应用，帮助读者快速提高实际操作能力。在具体的介绍过程中，采用通俗易懂、由浅入深的方法讲解 SolidWorks 2015 的各项功能。全书解说翔实、图文并茂，建议读者在学习的过程中，结合软件，从头到尾、循序渐进地学习。本书主要内容如下。

(1) 介绍 SolidWorks 软件基础。包括基本功能和软件的基本操作方法。

(2) 草图绘制。讲解二维草图的绘制和修改方法。

(3) 特征建模。讲解 SolidWorks 软件所有的特征建模命令。

(4) 装配体设计。讲解由零件建立装配体的方法和过程。

(5) 工程图设计。讲解制作符合国标的工程图的方法和过程。

(6) 动画制作。讲解制作装配体动画的方法和过程。

(7) 曲线与曲面建模。讲解曲线和曲面的建立方法和过程。

(8) 钣金建模。讲解建立钣金零件的方法和过程。

(9) 渲染图片。讲解图片渲染的方法和过程。

说明：由于翻译软件的问题，操作界面上的文字作如下约定："镜向"代表"镜像"；"图象"代表"图像"。本书中文字叙述全部使用"镜像"、"图像"。

本书由赵罘、杨晓晋、赵楠编著，参与本书编著工作的还有王荃、孙士超、龚堰珏、张艳婷、刘玢、于勇、蓝俞静、张世龙、薛美荣、李娜、肖科峰、郑玉彬、刘玥。

本书配备了多媒体教学光盘，将实例的操作过程制作成录像进行讲解，方便读者学习使用。光盘中还有每一章的 PPT 演示文件，以备教学之用。同时光盘中还提供了所有实例的源文件，按章节放置，以便读者练习使用。

本书适用于 SolidWorks 的初、中级用户，可以作为大专院校计算机辅助设计相关专业的学生用书和 CAD 专业课程实训教材、技术培训教材，适合工业企业的产品开发和技术部门人员。

由于作者水平所限，疏漏与错误之处在所难免，欢迎广大读者批评指正。作者 E-mail：zhaoffu@163.com。

编　者

目　录

第 1 章　SolidWorks 功能简介

SolidWorks 是一个在 Windows 环境下进行机械设计的软件，是一个以设计功能为主的 CAD/CAE/CAM 软件，其界面操作完全使用 Windows 风格，具有人性化的操作界面，因而具备使用简单、操作方便的特点。

1.1　SolidWorks 2015 软件基础

SolidWorks 2015 的操作界面是用户对创建文件进行操作的基础，如图 1-1 所示为一个零件文件的操作界面，包括菜单栏、工具栏、绘图区及状态栏等。装配体文件和工程图文件与零件文件的操作界面类似，本节以零件文件操作界面为例，介绍 SolidWorks 2015 的操作界面。

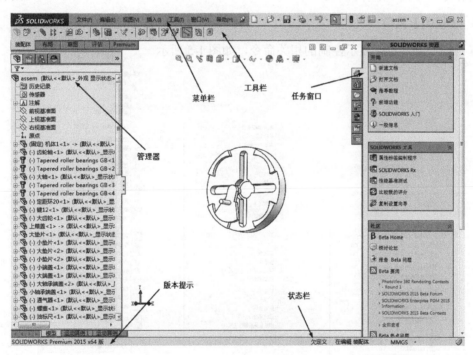

图 1-1　SolidWorks 2015 操作界面

在 SolidWorks 2015 操作界面中，菜单栏包括了所有的操作命令。工具栏一般显示常用的命令按钮，可以根据用户需要进行相应的设置，设置方法将在下一节进行介绍。CommandManager(命令管理器)可以将工具栏按钮集中起来使用，从而为图形区域节省空间。FeatureManager(特征管理器)设计树记录文件的创建环境以及每一步骤的操作，对于不同类型的文件，其特征管理区有所差别。绘图区域是用户绘图的区域，文件的所有草图及特征生成都在该区域中完成，特征管理器设计树和图形区域为动态链接，可在任一窗格中选择特征、草图、工程视图和构造几何体。状态栏显示编辑文件目前的操作状态。

1.1.1 菜单栏

中文版 SolidWorks 2015 的菜单栏如图 1-2 所示，包括【文件】、【编辑】、【视图】、【插入】、【工具】、【窗口】和【帮助】共 7 个菜单。下面分别进行介绍。

文件(F)　编辑(E)　视图(V)　插入(I)　工具(T)　窗口(W)　帮助(H)

图 1-2　菜单栏

1.【文件】菜单

【文件】菜单包括【新建】、【打开】、【保存】、【打印】等命令，如图 1-3 所示。

2.【编辑】菜单

【编辑】菜单包括【剪切】、【复制】、【粘帖】、【删除】、【压缩】、【解除压缩】等命令，如图 1-4 所示。

3.【视图】菜单

【视图】菜单包括显示控制的相关命令，如图 1-5 所示。

图 1-3　【文件】菜单　　　图 1-4　【编辑】菜单　　　图 1-5　【视图】菜单

4. 【插入】菜单

【插入】菜单包括【凸台/基体】、【切除】、【特征】、【阵列/镜像】、【扣合特征】、【曲面】、【钣金】、【模具】等命令，如图 1-6 所示。这些命令也可以通过【特征】工具栏中相对应的功能按钮来实现。

5. 【工具】菜单

【工具】菜单包括多种工具命令，如【草图工具】、【几何分析】、【测量】、【质量属性】、【检查】等，如图 1-7 所示。

6. 【窗口】菜单

【窗口】菜单包括【视口】、【新建窗口】、【层叠】等命令，如图 1-8 所示。

图 1-6　【插入】菜单　　　图 1-7　【工具】菜单　　　图 1-8　【窗口】菜单

7. 【帮助】菜单

【帮助】菜单命令(见图 1-9)可以提供各种信息查询，例如，【SolidWorks 帮助】命令可以展开 SolidWorks 软件提供的在线帮助文件，【API 帮助主题】命令可以展开 SolidWorks 软件提供的 API(应用程序界面)在线帮助文件，这些均可作为用户学习中文版 SolidWorks 2015 的参考。

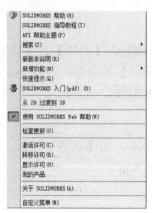

图 1-9　【帮助】菜单

1.1.2　工具栏

SolidWorks 根据设计功能需要，拥有较多的工具栏，由于图形区域限制，不能也不需要在一个操作中显示所有工具栏，SolidWorks 系统默认的是比较常用的工具栏。在建模过程中，用户可以根据需要显示或者隐藏部分工具栏。

1. 利用菜单命令设置工具栏

利用菜单命令设置工具栏的操作方法如下。

(1) 选择【工具】|【自定义】菜单命令，如图 1-10 所示，此时系统弹出如图 1-11 所示的【自定义】对话框。

(2) 切换到【工具栏】选项卡，此时会显示 SolidWorks 2015 系统所有的工具栏，根据实际需要勾选工具栏。

(3) 单击【确定】按钮，则系统工作界面上将显示已勾选的工具栏。

图 1-10　选择【自定义】命令

图 1-11　【自定义】对话框

2. 利用鼠标右键命令设置工具栏

利用鼠标右键命令设置工具栏的操作方法如下。

(1) 在操作界面的工具栏中右击鼠标，系统会弹出快捷菜单。

(2) 如果要显示某一工具栏，单击需要显示的工具栏，工具栏名称前面的标志图标会凹进，则操作界面上显示选择的工具栏。

(3) 如果要隐藏某一工具栏，单击已经显示的工具栏，工具栏名称前面的标志图标会凸起，则操作界面上隐藏选择的工具栏。

1.1.3　特征管理器

1. 基本组成

特征管理器中包含 4 个基本组成部分。

(1) FeatureManager(特征管理器)设计树，显示零件、装配体或工程图的结构。例如，从 FeatureManager 设计树中选择一个项目，可以编辑基础草图、编辑特征、压缩和解除压缩特征，如图 1-12 所示。

(2) PropertyManager(属性管理器)，为草图、特征、装配体配合等诸多功能提供设置，如图 1-13 所示。

图 1-12　FeatureManager 设计树

图 1-13　属性管理器

(3) ConfigurationManager(配置管理器)，能够在文档中生成、选择和查看零件的多种配置。例如，可以使用螺栓的配置来指定不同的长度和直径，如图 1-14 所示。

(4) DisplayManager(外观管理器)，可以设置零件的外观形态，如图 1-15 所示。

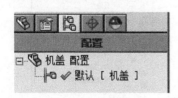

图 1-14　配置管理器

图 1-15　外观管理器

2. 基本操作

(1) 在 FeatureManager 设计树中，有子目录、注解、基准面、基准轴、设计活页夹、实体、特征项目等。

(2) 按住 Ctrl 键可以选择不连续的多个项目，如图 1-16 所示。

(3) 按住 Shift 键可以连续选择多个项目，如图 1-17 所示。

 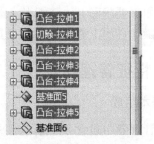

图 1-16　选择不连续的多个项目　　　　图 1-17　连续选择多个项目

(4) 连续两次单击一个特征项目，可对该项目修改名称，如图 1-18 所示。

(5) 右击特征名称，可以在弹出的快捷菜单中选择【特征属性】命令，如图 1-19 所示，弹出【特征属性】对话框，在其中可修改特征的属性，如名称等，如图 1-20 所示。

(6) 可以压缩一个特征，这样该特征将从内存中剔除。右键单击特征名称，在弹出的快捷菜单中单击 【压缩】按钮，如图 1-21 所示。

图 1-18　连续单击修改名称　　　　　图 1-19　选择【特征属性】命令

图 1-20　【特征属性】对话框　　　　　图 1-21　压缩特征

(7)　双击一个特征可以显示该特征的所有尺寸，如图 1-22 所示。

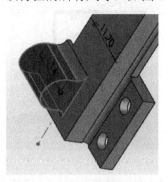

图 1-22　显示所有尺寸

(8)　在特征管理器中右击【注解】文件夹，在弹出的快捷菜单中选择【显示特征尺寸】命令，可显示所有特征的尺寸，如图 1-23 所示。

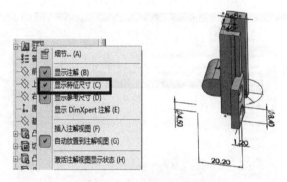

图 1-23　显示特征尺寸

(9)　可以使用特征管理器的退回控制棒回到早期设计状态，如图 1-24 所示。

(10) 在特征管理器中，可以添加文件夹。右击特征名称，在弹出的快捷菜单中选择【生成新文件夹】命令，如图 1-25 所示。可以将其他项目拖动到此文件夹中，如图 1-26 所示。

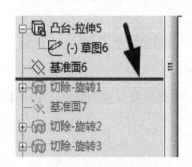

图 1-24　退回控制棒

图 1-25　选择【生成新文件夹】命令

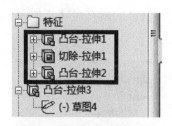

图 1-26　添加到新文件夹

1.1.4　背景

在 SolidWorks 中，可以设置个性化的操作界面。设置背景的操作方法如下。

(1)　选择【工具】|【选项】菜单命令，系统弹出【系统选项(s)-颜色】对话框。

(2)　选择【颜色】选项，如图 1-27 所示。在【颜色方案设置】列表框中选择【视区背景】选项，然后单击右侧的【编辑】按钮。

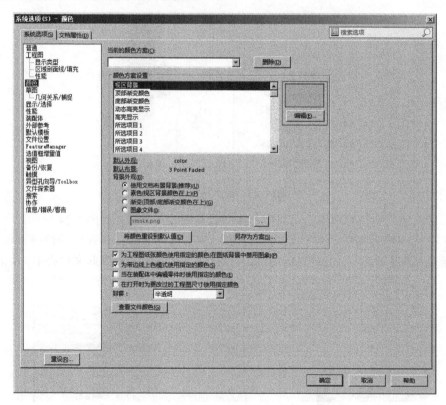

图 1-27　设置颜色

(3)　系统弹出如图 1-28 所示的【颜色】对话框，选择需要设置的颜色，单击【确定】按钮，为视区背景设置选中的颜色。

(4)　单击【确定】按钮，完成背景颜色的设置。

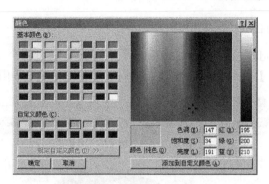

图 1-28　【颜色】对话框

1.1.5　窗口和显示

1. 文档窗口

(1)　在 SolidWorks 中，每一个零件、装配体和工程图都是一个文档，而且每一个文档都显示在一个单独的窗口中。

(2)　绘图区用于显示模型和工程图。绘图区可以同时打开多个零件、装配体和工程图文档。

2. 层叠显示窗口

将所有激活的 SolidWorks 文件，按重叠方式显示出每个文件的窗口，可以通过选择【窗口】|【层叠】菜单命令来实现。层叠显示的窗口如图 1-29 所示。

图 1-29　层叠显示窗口

3. 横向平铺显示窗口

将所有激活的 SolidWorks 文件，按横向平铺方式显示出每个文件窗口，可以通过选择【窗口】|【横向平铺】菜单命令来实现。横向平铺显示的窗口如图 1-30 所示。

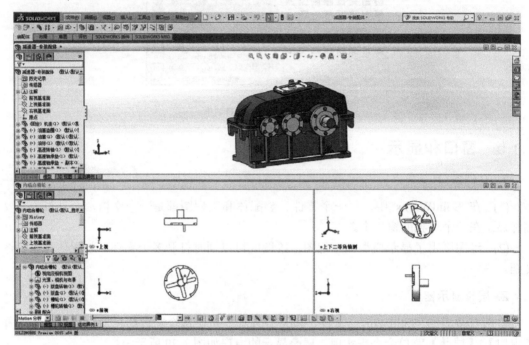

图 1-30　横向平铺显示窗口

4. 纵向平铺显示窗口

将所有激活的 SolidWorks 文件，按纵向平铺方式显示出每个文件窗口，可以通过选择【窗口】|【纵向平铺】菜单命令来实现。纵向平铺显示的窗口如图 1-31 所示。

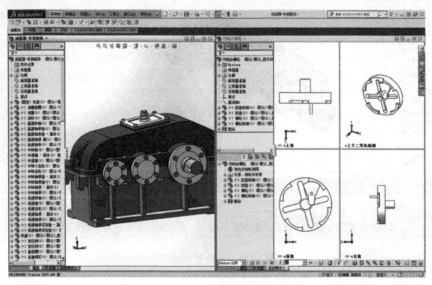

图 1-31　纵向平铺显示窗口

1.1.6　图形区域

1. 参考三重轴

（1）参考三重轴出现在零件和装配体文件中，以帮助用户在查看模型时确定方向，如图 1-32 所示。

（2）要显示或者隐藏参考三重轴，可以选择【工具】|【选项】菜单命令，系统弹出【系统选项(s)-显示/选择】对话框。

图 1-32　参考三重轴

选择【显示/选择】选项，选中或者取消选中【显示参考三重轴】复选框，即可显示或者隐藏参考三重轴，如图 1-33 所示。

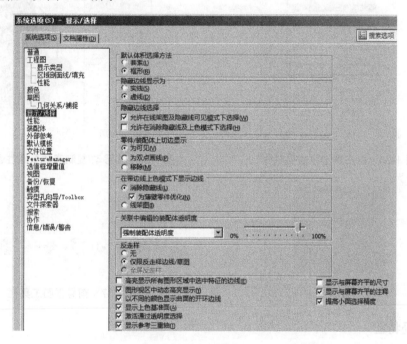

图 1-33　【系统选项(s)-显示/选择】对话框

2. 三重轴

在 3D 草图实体、零件、某些特征以及装配体中的零部件中，可利用三重轴来操纵各个对象。

（1）在装配体中，右击可移动的零部件，在弹出的快捷菜单中选择　【以三重轴移动】命令，如图 1-34 所示。

（2）在零件中，选择【插入】|【特征】|　【移动/复制】菜单命令，弹出【移动/复制实体】属性管理器，通过输入具体数值可以对三重轴进行移动和旋转，如图 1-35 所示。

3. 原点

模型原点显示为蓝色，代表模型的(0,0,0)坐标。当草图为激活状态时，草图原点显示为红色。尺寸和几何关系可以添加到模型原点，但不能添加到草图原点上。选择【视图】|【原点】菜单命令，可显示/隐藏原点，如图 1-36 所示。

4. 前导视图工具栏

在前导视图工具栏中，每个视口中的工具栏提供操纵视图所需的工具，如视图类型、视图定向、剖面视图、局部缩放等，如图 1-37 所示。

图 1-34　以三重轴移动零部件

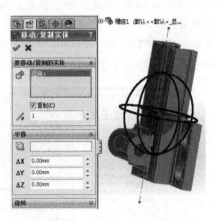

图 1-35　【移动/复制实体】属性管理器

图 1-36　原点

图 1-37　前导视图工具栏

5. 接受特征

接受生成的特征有多种方法。

(1) 在绘图区空白处右击，从弹出的快捷菜单中选择【确定】命令或【取消】命令，如图 1-38 所示。

(2) 单击绘图区右上方确认角落的【确定】按钮或【取消】按钮，如图 1-39 所示。

图 1-38　使用快捷方式接受或取消特征

图 1-39　【确定】按钮或【取消】按钮

(3) 单击绘图区右上方确认角落中的【退出草图】按钮来完成草图，或单击【取消草图】按钮来丢弃对草图所做的任何更改，如图 1-40 所示。

(4) 在特征管理器的左上角，单击　【确定】按钮接受特征，或者单击　【取消】按钮来取消特征，如图 1-41 所示。

图 1-40　退出草图或丢弃更改　　　　　图 1-41　在特征管理器中接受或取消特征

6. 标注

(1)　标注可轻易区分不同的实体。例如，某些标注可以指示扫描轮廓和扫描路径。用户可以拖动这些标注将它们重新定位，如图 1-42 所示。

(2)　有些标注，如倒角标注，用户可编辑数值并操纵特征的形状，如图 1-43 所示。

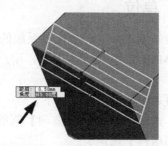

图 1-42　名称标注　　　　　　　　　图 1-43　利用标注控制实体大小

7. 视口

可以通过多个视口查看模型。

(1)　单击前导视图工具栏中【视图定向】下的【四视图】按钮，如图 1-44 所示。

图 1-44　单击【四视图】按钮

(2)　可从 4 个不同的视图查看一个模型，如图 1-45 所示。

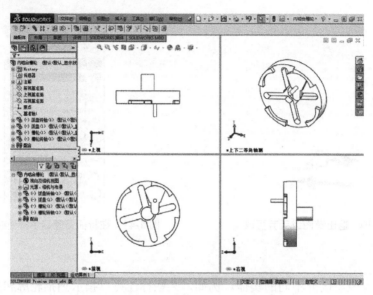

图 1-45　从 4 个不同的视图中查看模型

1.1.7　单位

在绘制图形前，需要设置系统的单位，包括输入类型的单位及有效位数。系统默认的单位为 MMGS(毫米、克、秒)，用户可以根据实际需要使用自定义方式设置其他类型的单位系统。

设置单位的操作方法如下。

(1)　选择【工具】|【选项】菜单命令，系统弹出【文档属性(D)-单位】对话框，切换到【文档属性】选项卡。

(2)　选择【单位】选项，如图 1-46 所示，在【单位系统】选项组中选择需要的单位系统。

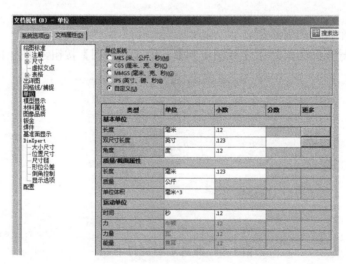

图 1-46　【文档属性(D)-单位】对话框

（3）单击【确定】按钮，完成单位的设置。

1.2　SolidWorks 基本操作

1.2.1　打开新的和现有文档

1. 新建文档

（1）选择【文件】|【新建】菜单命令，如图 1-47 所示。

（2）弹出【新建 SOLIDWORKS 文件】对话框，如图 1-48 所示。

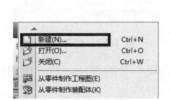

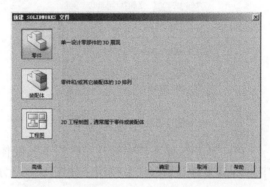

图 1-47　选择【新建】命令　　　　　图 1-48　【新建 SOLIDWORKS 文件】对话框

（3）单击【高级】按钮。在选择模板时，可选择显示类型：（大图标）、（列表）或（列出细节），如图 1-49 所示。

2. 最近文档和打开的文档

从文件菜单或最近文档浏览器中可以打开最近的文档。

（1）单击菜单栏中的【文件】菜单，目录中有最近打开的文档，如图 1-50 所示。

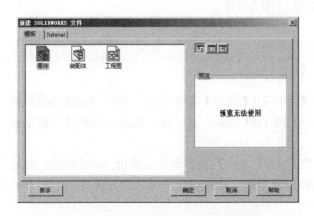

图 1-49　单击【高级】按钮后的对话框　　　　　图 1-50　显示最近打开的文档

（2）单击文件名后的 【固定】按钮，可以将文档固定在最近文档列表中，如图 1-51 所示。

（3）显示已经打开的文档。若在软件中一次打开了几个文档，可单击【窗口】菜单，选择希望显示的文档，如图 1-52 所示。

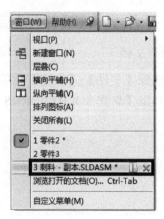

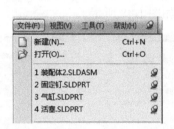

图 1-51　固定文档　　　　　　　　　　图 1-52　打开文档

（4）在装配体文档中打开零件。在装配体中，右击要打开的零件，在弹出的快捷菜单中单击 【打开零部件】按钮，如图 1-53 所示。

图 1-53　打开零部件

1.2.2　保存文档

保存文档有以下 3 种不同的方式。

（1）不重建文档而保存文档。选择【文件】|【保存】菜单命令，弹出 SolidWorks 对话框。选择【不重建而保存文档】选项，如图 1-54 所示，此时保存的这个文档将不包括本次的操作记录。

（2）重建文档并保存文档。选择【文件】|【保存】菜单命令，弹出 SolidWorks 对话框，选择【重建并保存文档】选项，如图 1-55 所示，此时模型将被重建并保存。

图 1-54　不重建而保存文档　　　　　　　图 1-55　重建并保存文档

　　(3) 对于装配体和工程图文件，需要将零部件一起打包再保存文件。选择【文件】|【打包】菜单命令，弹出【打包】对话框，单击【浏览】按钮，选择保存文件所需的路径，再单击【保存】按钮，如图 1-56 所示。

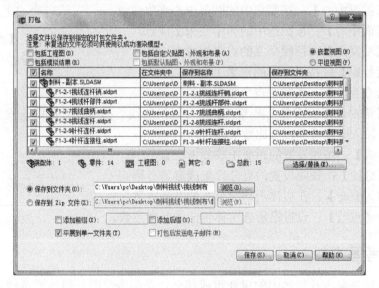

图 1-56　【打包】对话框

1.3　参考几何体

　　参考几何体是 SolidWorks 中的重要概念，又称为基准特征，是创建模型的参考基准。参考几何体工具按钮集中在【参考几何体】工具栏中，主要有 ✱【点】、◈【基准面】、⬩【基准轴】和 ⊥【坐标系】4 种基本参考几何体类型。

　　参考几何体属于辅助特征，没有体积和质量等物理属性，显示与否不影响其他零部件的显示。当辅助特征过多时，屏幕会显得过于凌乱，所以一般在需要时才显示参考几何体，不需要时则将它们隐藏起来。

1.3.1 参考点

SolidWorks 可以生成多种类型的参考点以用作构造对象，还可以在彼此间已指定距离分割的曲线上生成指定数量的参考点。通过选择【视图】|【点】菜单命令，来切换参考点的显示。

选择【插入】|【参考几何体】|【点】菜单命令，弹出【点】属性管理器，如图 1-57 所示。

在【选择】选项组中，单击 【参考实体】选择框，在图形区域中选择用以生成点的实体，然后选择要生成的点的类型。

- 【参考实体】：在图形区域中选择用以生成点的实体。
- 【圆弧中心】：按照选中的圆弧中心来生成点。
- 【面中心】：按照选中的面中心来生成点。
- 【交叉点】：按照交叉的点来生成点。
- 【投影】：按照投影的点来生成点。
- 【在点上】：在某个点上生成点。
- 【沿曲线距离或多个参考点】：可以沿边线、曲线或者草图线段生成一组参考点，输入距离或者百分比数值即可。
- 【距离】：按照设置的距离生成参考点数。
- 【百分比】：按照设置的百分比生成参考点数。
- 【均匀分布】：在实体上均匀分布的参考点数。
- 【参考点数】：设置沿所选实体生成的参考点数。

图 1-57　【点】属性管理器

1.3.2 参考基准轴

参考基准轴是参考几何体中的重要组成部分。在生成草图几何体或者圆周阵列时常使用参考基准轴。参考基准轴的用途主要包括以下 3 项。

- 将参考基准轴作为中心线。基准轴可以作为圆柱体、圆孔、回转体的中心线。
- 作为参考轴，辅助生成圆周阵列等特征。
- 将基准轴作为同轴度特征的参考轴。

1. 临时轴

每一个圆柱和圆锥面都有 1 条轴线。临时轴是由模型中的圆锥和圆柱隐含生成的，临时轴常被设置为基准轴。

可以设置隐藏或者显示所有临时轴。选择【视图】|【临时轴】菜单命令，此时菜单命令左侧的图标下沉(见图 1-58)，表示临时轴可见，图形区域显示如图 1-59 所示。

图 1-58　选择【临时轴】命令

图 1-59　显示临时轴

2. 参考基准轴的属性设置

选择【插入】|【参考几何体】|【基准轴】菜单命令，弹出【基准轴】属性管理器，如图 1-60 所示。

在【选择】选项组中进行选择以生成不同类型的基准轴。

- 　【一直线/边线/轴】：选择一条草图直线或者边线作为基准轴。
- 　【两平面】：选择两个平面，利用两个平面的交叉线作为基准轴。
- 　【两点/顶点】：选择两个顶点、两个点或者中点之间的连线作为基准轴。
- 　【圆柱/圆锥面】：选择一个圆柱或者圆锥面，利用其轴线作为基准轴。
- 　【点和面/基准面】：选择一个平面，然后选择一个顶点，由此所生成的轴通过所选择的顶点垂直于所选的平面。

3. 显示参考基准轴

选择【视图】|【基准轴】菜单命令，可以看到菜单命令左侧的图标下沉，如图 1-61 所示，表示基准轴可见(再次选择该命令，该图标恢复即为关闭基准轴的显示)。

图 1-60　【基准轴】属性管理器

图 1-61　选择【基准轴】命令

1.3.3　参考基准面

在特征管理器设计树中默认提供前视、上视以及右视基准面，除了默认的基准面外，还可以生成参考基准面。参考基准面用来绘制草图和为特征生成几何体。

1. 参考基准面的属性设置

选择【插入】|【参考几何体】|【基准面】菜单命令，弹出【基准面】属性管理器，如图 1-62 所示。

在【第一参考】选项组中，选择需要生成的基准面类型及项目。

图 1-62　【基准面】属性管理器

- ◥【平行】：通过模型的表面生成一个基准面。
- ⊥【垂直】：可以生成垂直于一条边线、轴线或者平面的基准面。
- ◣【重合】：通过一个点、线和面生成基准面。
- ◹【两面夹角】：通过一条边线(或者轴线、草图线等)与一个面(或者基准面)以一定夹角生成基准面。
- ⊟【等距距离】：在平行于一个面(或者基准面)的指定距离生成等距基准面。首先选择一个平面(或者基准面)，然后设置"距离"数值。
- 【反转】：选中此复选框，在相反的方向生成基准面。

2. 参考基准面的修改

(1) 修改参考基准面之间的等距距离或者角度。

双击尺寸或者角度的数值，在弹出的【修改】对话框中键入新的数值，如图 1-63 所示；也可以在特征管理器设计树中右击已生成的基准面的图标，在弹出的快捷菜单中选择【编辑特征】命令，弹出【基准面】属性管理器，在【选择】选项组中键入新的数值以定义基准面，然后单击 ✔【确定】按钮。

(2) 调整参考基准面的大小。

可以使用基准面控标和边线来移动、复制基准面或者调整基准面的大小。要显示基准面控标，可以在特征管理器设计树中单击已生成的基准面的图标或者在图形区域中单击基准面的名称，也可以选择基准面的边线，然后就可以进行调整了，如图 1-64 所示。

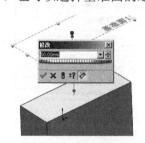

图 1-63　修改数值

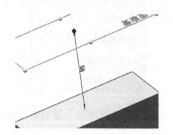

图 1-64　显示基准面控标

1.3.4　参考坐标系

SolidWorks 使用带原点的坐标系统，零件文件包含原有原点。当用户选择基准面或者打开一个草图并选择某一面时，将生成一个新的原点，与基准面或者面对齐。原点可以用作草图实体的定位点，并有助于定向轴心透视图。三维的视图引导可以令用户快速定向到零件和装配体文件中的 x、y、z 轴方向。

1. 原点

零件原点显示为蓝色，代表零件的(0,0,0)坐标。当草图处于激活状态时，草图原点显示为红色，代表草图的(0,0,0)坐标。可以将尺寸标注和几何关系添加到零件原点中，但不能添加到草图原点中。

- $\llcorner$：蓝色，表示零件原点，每个零件文件中均有一个零件原点。
- $\llcorner$：红色，表示草图原点，每个新草图中均有一个草图原点。
- $\downarrow$：表示装配体原点。
- $\curlywedge$：表示零件和装配体文件中的视图引导。

2. 参考坐标系的属性设置

可以定义零件或者装配体的坐标系，并将此坐标系与测量和质量特性工具一起使用，也可以用于将 SolidWorks 文件输出为 IGES、STL、ACIS、STEP、Parasolid、VDA 等格式。

选择【插入】|【参考几何体】|【坐标系】菜单命令，弹出【坐标系】属性管理器，如图 1-65 所示。

图 1-65　【坐标系】属性管理器

(1) $\curlywedge$【原点】：定义原点。单击其选择框，在图形区域中选择零件或者装配体中的一个顶点、点、中点或者默认的原点。

(2) 【X 轴】、【Y 轴】、【Z 轴】：定义各轴。单击其选择框，在图形区域中按照以下方法之一定义所选轴的方向。

- 单击顶点、点或者中点，则轴与所选点对齐。
- 单击线性边线或者草图直线，则轴与所选的边线或者直线平行。
- 单击非线性边线或者草图实体，则轴与选择的实体上所选位置对齐。

● 单击平面，则轴与所选面的垂直方向对齐。

(3) ![icon]【反转轴方向】：反转轴的方向。

1.4 建立参考几何体范例

下面结合现有模型，介绍生成参考几何体的具体方法，模型如图 1-66 所示。

1.4.1 生成参考坐标系

(1) 启动 SolidWorks 2015 中文版，选择【文件】|![icon]【打开】菜单命令，弹出【打开】对话框。在本书配套光盘中选择"第 1 章\范例文件\1.SLDPRT"文件，单击【打开】按钮，在图形区域中将显示出模型。

图 1-66 三维模型

(2) 生成坐标系。选择【插入】|【参考几何体】|【坐标系】菜单命令，弹出【坐标系】属性管理器。

(3) 在图形区域中单击模型的一个顶点，则点的名称显示在![icon]【原点】选择框中，如图 1-67 所示。

(4) 单击【X 轴】、【Y 轴】、【Z 轴】选择框，在图形区域中选择线性边线，指示所选轴的方向与所选的边线平行，如图 1-68 所示，单击![icon]【确定】按钮，生成坐标系 1。

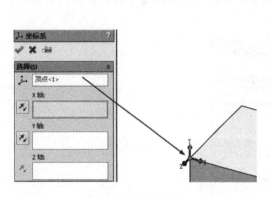

图 1-67 定义原点

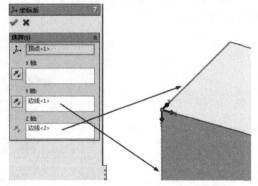

图 1-68 定义各轴

1.4.2 生成参考基准轴

(1) 选择【插入】|【参考几何体】|【基准轴】菜单命令，弹出【基准轴】属性管理器。

(2) 单击![icon]【圆柱/圆锥面】按钮，选择模型的曲面，检查![icon]【参考实体】选择框中列出的项目，如图 1-69 所示，单击![icon]【确定】按钮，生成基准轴 1。

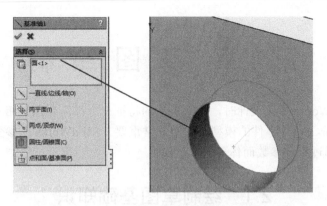

图 1-69　选择圆柱面

1.4.3　生成参考基准面

(1) 选择【插入】|【参考几何体】|【基准面】菜单命令，弹出【基准面】属性管理器。

(2) 单击 【两面夹角】按钮，在图形区域中选择模型的上侧面及其上边线，在 【参考实体】选择框中显示出选择的项目名称，设置【角度】数值为【45.00 度】，在图形区域中显示出新的基准面的预览，如图 1-70 所示，单击 【确定】按钮，生成基准面 1。

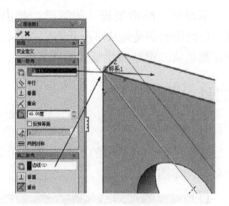

图 1-70　生成基准面

1.4.4　生成参考点

选择【插入】|【参考几何体】|【点】菜单命令，弹出【点】属性管理器。在【选择】选项组中，单击 【参考实体】选择框，在图形区域中选择模型的侧面，单击 【面中心】按钮，然后单击 【确定】按钮，生成参考点，如图 1-71 所示。

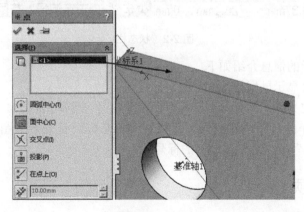

图 1-71　生成点

第2章 草图绘制

在进行 SolidWorks 零件设计时，绝大多数的特征命令都需要建立相应的草图，因此草图绘制在 SolidWorks 三维零件的模型生成中非常重要。SolidWorks 的参变量式设计特性也是在草图绘制中通过指定参数而体现的。

2.1 绘制草图基础知识

草图是三维造型设计的基础，是由直线、圆弧、曲线等基本几何元素组成的几何图形。任何模型都是先从草图开始生成的。草图分为二维和三维两种，其中大部分 SolidWorks 特征都是从二维草图绘制开始的。

2.1.1 图形区域

1. 【草图】工具栏

【草图】工具栏中的工具按钮作用于图形区域中的整个草图，其中的按钮为常用的绘图命令，如图 2-1 所示。

图 2-1 【草图】工具栏

2. 状态栏

当草图处于激活状态时，在图形区域底部的状态栏中会显示出有关草图状态的帮助信息，如图 2-2 所示。

| 19.37mm | 26.1mm | 0mm | 欠定义 | | 正在编辑：草图1 |

图 2-2 状态栏

对状态栏中显示的信息介绍如下。

(1) 绘制实体时显示鼠标指针位置的坐标。

(2) 显示"过定义"、"欠定义"或者"完全定义"等草图状态。

(3) 如果在工作时草图网格线为关闭状态，信息提示正处于草图绘制状态，例如："正在编辑：草图 n"(n 为草图绘制时的标号)。

2.1.2 草图选项

1. 设置草图的系统选项

选择【工具】|【选项】菜单命令，弹出【系统选项(S)-草图】对话框。选择【草图】

选项并进行设置，如图 2-3 所示。对【系统选项(S)-草图】对话框中的部分选项介绍如下。

(1)　【使用完全定义草图】：草图用来生成特征之前必须完全定义。

(2)　【在零件/装配体草图中显示圆弧中心点】：圆弧中心点显示在草图中。

(3)　【在零件/装配体草图中显示实体点】：草图实体的端点以实心原点的方式显示。该原点的颜色反映草图实体的状态(即黑色为"完全定义"，蓝色为"欠定义"，红色为"过定义"，绿色为"当前所选定的草图")。

(4)　【提示关闭草图】：如果绘制一个具有开环轮廓的草图进行后面的操作，而该草图可以用模型的边线封闭，系统会弹出提示信息，询问："封闭草图至模型边线?"可以选择用模型的边线封闭草图轮廓，并可以选择封闭草图的方向。

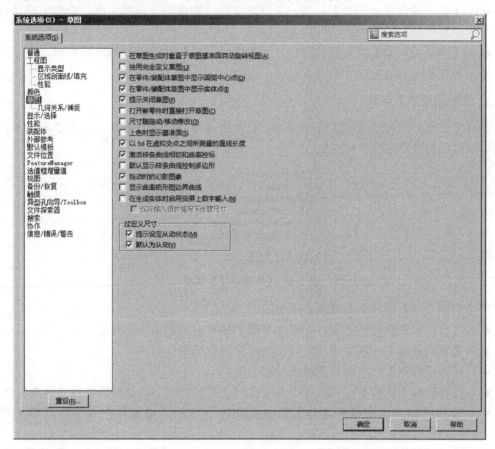

图 2-3　【系统选项(S)-草图】对话框

(5)　【打开新零件时直接打开草图】：新零件窗口在前视基准面中打开，可以直接使用草图绘制图形区域和草图绘制工具。

(6)　【尺寸随拖动/移动修改】：可以通过拖动草图实体或者在【移动】或者【复制】的属性设置中移动实体以修改尺寸值，拖动完成后，尺寸会自动更新。

(7)　【上色时显示基准面】：在上色模式下编辑草图时，基准面看起来似乎被上了颜色。

(8) 【以 3d 在虚拟交点之间所测量的直线长度】：从虚拟交点处测量直线长度，而不是从三维草图中的端点。

(9) 【激活样条曲线相切和曲率控标】：为相切和曲率显示样条曲线控标。

(10) 【默认显示样条曲线控制多边形】：显示空间中用于操纵对象形状的一系列控制点以操纵样条曲线的形状。

(11) 【拖动时的幻影图像】：在拖动草图时显示草图实体原有位置的幻影图像。

(12) 【显示曲率梳形图边界曲线】：显示或隐藏随曲率检查梳形图所用的边界曲线。

(13) 【在生成实体时启用荧屏上数字输入】：在绘制草图实体时显示数字输入字段来指定大小。

(14) 【过定义尺寸】选项组可以设置如下两个选项。

● 【提示设定从动状态】：当一个过定义尺寸被添加到草图中时，会弹出对话框询问尺寸是否应为"从动"。

● 【默认为从动】：选择此选项，当一个过定义尺寸被添加到草图中时，尺寸默认为"从动"。

2. 【草图设定】菜单

选择【工具】|【草图设定】菜单命令，会弹出【草图设定】菜单，如图 2-4 所示，在此菜单中可以使用草图的各种设定。

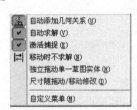

图 2-4 【草图设定】菜单

对【草图设定】菜单中的选项介绍如下。

● 【自动添加几何关系】：在添加草图实体时自动建立几何关系。

● 【自动求解】：在生成零件时自动计算求解草图几何体。

● 【激活捕捉】：可以激活快速捕捉功能。

● 【移动时不求解】：可以在不解出几何关系的情况下，在草图中移动草图实体。

● 【独立拖动单一草图实体】：在拖动时可以从其他实体中独立拖动单一草图实体。

● 【尺寸随拖动/移动修改】：拖动草图实体或者在【移动】或【复制】的属性设置中将其移动以覆盖尺寸。

2.1.3 草图绘制工具

与草图绘制相关的工具有【草图绘制实体】、【草图工具】和【草图设定】等，可通过以下 3 种方法使用这些工具。

(1) 在【草图】工具栏中单击需要的按钮。

(2)　选择【工具】|【草图绘制实体】菜单命令。有一些工具只有菜单命令，而没有相应的工具栏按钮。

(3)　在草图绘制状态中使用快捷菜单。在用鼠标右键单击时，只有适用的草图绘制工具和标注几何关系工具才会显示在快捷菜单中。

2.1.4　绘制草图的流程

绘制草图时的流程很重要，必须考虑先从哪里入手开始绘制复杂的草图，以及在基准面或者平面上绘制草图时如何选择基准面等因素。绘制草图的大体流程如下。

(1)　选择基准面或者某一面后，单击【草图】工具栏中的  【草图绘制】按钮或者选择【插入】|【草图绘制】菜单命令。

(2)　选择切入点。在一般情况下，利用一个复杂轮廓草图生成拉伸特征，与利用一个较简单的轮廓草图生成拉伸特征再添加几个额外的特征，具有相同的结果。一般而言，最好是使用简单的草图几何体，然后添加更多的特征以生成较复杂的零件。较简单的草图在草图生成、维护、修改以及尺寸的添加等方面更加便捷。

(3)　绘制草图实体。使用各种草图绘制工具生成草图实体，如直线、矩形、圆、样条曲线等。

(4)　在属性管理器中对所绘制的草图进行属性的设置，或者单击【草图】工具栏中的 【智能尺寸】按钮和 【添加几何关系】按钮，添加尺寸和几何关系。

(5)　关闭草图。完成草图绘制后检查草图，然后单击【草图】工具栏中的 【退出草图】按钮，退出草图绘制状态。

2.2　草图图形元素

下面介绍绘制草图常用的几种几何图形元素的使用方法。

2.2.1　直线

1. 插入线条的属性设置

单击【草图】工具栏中的 【直线】按钮或者选择【工具】|【草图绘制实体】|【直线】菜单命令，弹出【插入线条】属性管理器，如图 2-5 所示，此时鼠标指针变为 形状。

图 2-5　【插入线条】属性管理器

在【插入线条】属性管理器中的选项如下。

(1) 【方向】选项组。

● 【按绘制原样】：使用单击鼠标左键并拖动鼠标指针的方法绘制一条任意方向的直线，然后释放鼠标。

● 【水平】：绘制水平线，直到释放鼠标。

● 【竖直】：绘制竖直线，直到释放鼠标。

● 【角度】：以一定角度绘制直线，直到释放鼠标。

(2) 【选项】选项组。

● 【作为构造线】：可以将实体直线转换为构造几何体的直线。

● 【无限长度】：绘制一条可剪裁的无限长的直线。

2. 线条属性的设置

在图形区域中选择绘制的直线，打开【线条属性】属性管理器，用以编辑该直线的属性，如图 2-6 所示。

图 2-6　【线条属性】属性管理器

【线条属性】属性管理器中的选项介绍如下。

(1) 【现有几何关系】选项组：该选项组中显示草图绘制过程中自动推理或者手动使用【添加几何关系】选项组中参数生成的现有几何关系。

(2) 【添加几何关系】选项组：该选项组可以将新的几何关系添加到所选草图实体中。

(3) 【选项】选项组。

● 【作为构造线】：可以将实体直线转换为构造几何体的直线。

● 【无限长度】：可以绘制一条可剪裁的无限长的直线。

(4) 【参数】选项组。

● 　【长度】：设置该直线的长度。

● 　【角度】：相对于网格线的角度，逆时针为正向。

(5)　【额外参数】选项组。

- ✗ 【开始 X 坐标】：开始点的 x 坐标。
- ✗ 【开始 Y 坐标】：开始点的 y 坐标。
- ✗ 【结束 X 坐标】：结束点的 x 坐标。
- ✗ 【结束 Y 坐标】：结束点的 y 坐标。
- △X Delta X：开始点和结束点 x 坐标之间的偏移。
- △Y Delta Y：开始点和结束点 y 坐标之间的偏移。

2.2.2　矩形

使用【矩形】命令可以绘制水平或者竖直的矩形。

单击【草图】工具栏中的□【矩形】按钮或者选择【工具】|【草图绘制实体】|【矩形】菜单命令，弹出【矩形】属性管理器，如图 2-7 所示，此时鼠标指针变为 □ 形状。

图 2-7　【矩形】属性管理器

【矩形】属性管理器中的选项介绍如下。

(1)　【矩形类型】选项组。

- □【边角矩形】：绘制标准矩形草图。
- □【中心矩形】：绘制一个包括中心点的矩形。
- ◇【3 点边角矩形】：以所选的角度绘制一个矩形。
- ◇【3 点中心矩形】：以所选的角度绘制带有中心点的矩形。
- ◻【平行四边形】：绘制标准平行四边形草图。

(2)　【参数】选项组。

- x：点的 x 坐标。
- Y：点的 y 坐标。

2.2.3　多边形

使用【多边形】命令可以绘制带有任何数量边的等边多边形。可通过内切圆或者外接圆的直径定义多边形的大小，还可以指定旋转角度。

选择【工具】|【草图绘制实体】|【多边形】菜单命令，弹出【多边形】属性管理器，如图 2-8 所示，此时鼠标指针变为  形状。

【多边形】属性管理器的【参数】选项组中的选项介绍如下。

图 2-8　【多边形】属性管理器

- 【边数】：设定多边形中的边数，一个多边形可有 3～40 个边。
- 【内切圆】：在多边形内显示内切圆以定义多边形的大小。
- 【外接圆】：在多边形外显示外接圆以定义多边形的大小。
- 【X 坐标置中】：为多边形的中心显示 x 坐标。
- 【Y 坐标置中】：为多边形的中心显示 y 坐标。
- 【圆直径】：显示内切圆或外接圆的直径。
- 【角度】：显示旋转角度。
- 【新多边形】：绘制另一个多边形。

2.2.4　圆

1. 绘制圆

单击【草图】工具栏中的 【圆】按钮或者选择【工具】|【草图绘制实体】|【圆】菜单命令，弹出【圆】属性管理器，如图 2-9 所示，此时鼠标指针变为 形状。该属性管理器中的选项介绍如下。

(1) 【圆类型】选项组。

- ：绘制基于中心的圆。
- ：绘制基于周边的圆。

(2) 【参数】选项组。

- 【X 坐标置中】：设置圆心 x 坐标。
- 【Y 坐标置中】：设置圆心 y 坐标。
- 【半径】：设置圆的半径。

图 2-9　【圆】属性管理器

2. 圆的属性设置

在图形区域中选择绘制的圆，打开【圆】属性管理器，可以编辑其属性，如图 2-10 所示。

图 2-10　增加选项后的【圆】属性管理器

此属性管理器增加了如下选项。

- 【现有几何关系】选项组：可以显示现有的几何关系以及所选草图实体的状态信息。
- 【添加几何关系】选项组：可以将新的几何关系添加到所选的草图实体圆中。
- 【选项】选项组：可以选中【作为构造线】复选框，将实体圆转换为构造几何体的圆。

2.2.5　圆弧

单击【草图】工具栏中的 【圆弧】按钮或者选择【工具】|【草图绘制实体】|【圆弧】菜单命令，弹出【圆弧】属性管理器，如图 2-11 所示，此时鼠标指针变为 形状。

【圆弧】属性管理器的【参数】选项组中有如下参数。

- 【X 坐标置中】：设置圆心 x 坐标。
- 【Y 坐标置中】：设置圆心 y 坐标。
- 【开始 X 坐标】：设置开始点 x 坐标。
- 【开始 Y 坐标】：设置开始点 y 坐标。
- 【结束 X 坐标】：设置结束点 x 坐标。
- 【结束 Y 坐标】：设置结束点 y 坐标。
- 【半径】：设置圆弧的半径。
- 【角度】：设置端点到圆心的角度。

图 2-11　【圆弧】属性管理器

2.2.6　椭圆和椭圆弧

使用【椭圆(长短轴)】命令可以绘制一个完整椭圆；使用【部分椭圆】命令可以绘制一个椭圆弧。

单击【草图】工具栏中的 ⊘【椭圆】按钮或者选择【工具】|【草图绘制实体】|【椭圆】菜单命令，弹出【椭圆】属性管理器，如图 2-12 所示，此时鼠标指针变为 ⬦ 形状。

椭圆(长短轴)　　　　　　部分椭圆

图 2-12　【椭圆】属性管理器

在【参数】选项组中有如下参数。

- ⊘ₓ【X 坐标置中】：设置椭圆圆心的 x 坐标。
- ⊘ᵧ【Y 坐标置中】：设置椭圆圆心的 y 坐标。
- ⟋【半径 1】：设置椭圆长轴的半径。
- ⟍【半径 2】：设置椭圆短轴的半径。

2.2.7　槽口

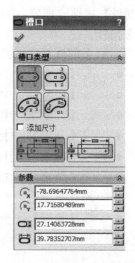

使用【槽口】命令，可以将槽口插入到草图和工程图中。

单击【草图】工具栏中的 ▣【槽口】按钮或者选择【工具】|【草图绘制实体】|【槽口】菜单命令，弹出【槽口】属性管理器，如图 2-13 所示。

【槽口】属性管理器中的选项介绍如下。

(1)　【槽口类型】选项组。

- ▱【直槽口】：用两个端点绘制直槽口。
- ▱【中心点直槽口】：从中心点绘制直槽口。
- ▱【三点圆弧槽口】：在圆弧上用 3 个点绘制圆弧槽口。

图 2-13　【槽口】属性管理器

- 【中心点圆弧槽口】：用圆弧的中心点和圆弧的两个端点绘制圆弧槽口。
- 【添加尺寸】：该复选框用来显示槽口的长度和圆弧尺寸。
- 【中心到中心】：以两个中心间的长度作为直槽口的长度尺寸。
- 【总长度】：以槽口的总长度作为直槽口的长度尺寸。

(2)【参数】选项组。

如果槽口不受几何关系约束，则可指定以下参数的任何适当组合来定义槽口。所有槽口均包括以下选项。

- ⓒx：槽口中心点的 x 坐标。
- ⓒʏ：槽口中心点的 y 坐标。
- 𝟎：槽口宽度。
- 𝖧：槽口长度。

圆弧槽口还包括以下选项。

- ↗：圆弧半径。
- ↻：圆弧角度。

2.2.8　抛物线

使用【抛物线】命令可以绘制各种类型的抛物线。

选择【工具】|【草图绘制实体】|【抛物线】菜单命令，弹出【抛物线】属性管理器，如图 2-14 所示，此时鼠标指针变为 ∨ 形状。

【抛物线】属性管理器的【参数】选项组中的参数介绍如下。

- ⌒x【开始 X 坐标】：设置开始点的 x 坐标。
- ⌒ʏ【开始 Y 坐标】：设置开始点的 y 坐标。
- ⌒x【结束 X 坐标】：设置结束点的 x 坐标。
- ⌒ʏ【结束 Y 坐标】：设置结束点的 y 坐标。
- ⌒x【X 坐标置中】：将 x 坐标置中。
- ⌒ʏ【Y 坐标置中】：将 y 坐标置中。
- ⌒x【极点 X 坐标】：设置极点的 x 坐标。
- ⌒ʏ【极点 Y 坐标】：设置极点的 y 坐标。

图 2-14　【抛物线】属性管理器

2.2.9　点

使用【点】命令，可以将点插入到草图和工程图中。

单击【草图】工具栏中的 ＊ 【点】按钮或者选择【工具】|【草图绘制实体】|【点】菜单命令，弹出【点】属性管理器，如图 2-15 所示。此时鼠标指针变为 ✎ 形状。

图 2-15　【点】属性管理器

【点】属性管理器的【参数】选项组中有如下参数。

- ⊙x【X 坐标】：点的 x 方向坐标。
- ⊙Y【Y 坐标】：点的 y 方向坐标。

2.2.10　样条曲线

样条曲线的点可以少至 3 点，中间的点为型值点(或者通过点)，两端的点为端点。可以通过拖动样条曲线的型值点或者端点以改变其形状，也可以在端点处指定相切，还可以在 3D 草图绘制中绘制样条曲线，新绘制的样条曲线默认为"非成比例的"。

1. 绘制样条曲线

单击【草图】工具栏中的 ∿【样条曲线】按钮或者选择【工具】|【草图绘制实体】|【样条曲线】菜单命令，弹出【样条曲线】属性管理器，如图 2-16 所示。此时鼠标指针变为 ∿ 形状。

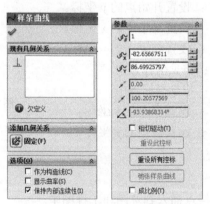

图 2-16　【样条曲线】属性管理器

【样条曲线】属性管理器的【参数】选项组中有如下参数。

- ∿#【样条曲线控制点数】：滚动查看样条曲线的点时，相应的曲线点序数在框中出现。
- ∿x【X 坐标】：设置样条曲线端点的 x 坐标。

- 　　【Y 坐标】：设置样条曲线端点的 y 坐标。
- 　　【相切重量 1】、　　【相切重量 2】：通过修改样条曲线点处的样条曲线曲率度数来控制相切向量。
- 　　【相切径向方向】：通过修改相对于 x、y、z 轴的样条曲线倾斜角度来控制相切方向。
- 【相切驱动】：选中该复选框，可以激活【相切重量 1】、【相切重量 2】和【相切径向方向】等参数。
- 【重设此控标】：将所选样条曲线控标重返到其初始状态。
- 【重设所有控标】：将所有样条曲线控标重返到其初始状态。
- 【弛张样条曲线】：可以显示样条曲线的控制多边形。
- 【成比例】：成比例的样条曲线在拖动端点时会保持形状不变。

2. 改变样条曲线的方法

改变样条曲线有如下几种方式。

(1) 改变样条曲线的形状：选择样条曲线，控标出现在型值点和线段端点上，可以使用以下方法改变样条曲线。

- 拖动控标以改变样条曲线的形状。
- 添加或者移除样条曲线型值点以改变样条曲线的形状。
- 用鼠标右键单击样条曲线，在弹出的快捷菜单中选择【插入样条曲线型值点】命令。
- 在样条曲线上通过控制多边形来改变样条曲线的形状。

(2) 简化样条曲线：用鼠标右键单击样条曲线，在弹出的快捷菜单中选择　　【简化样条曲线】命令。

(3) 删除样条曲线型值点：选择要删除的点，然后按 Delete 键。

(4) 改变样条曲线的属性：在图形区域中选择样条曲线，在【样条曲线】属性管理器中编辑其属性。

2.2.11　文字

使用【文字】命令，可以将文字插入到草图和工程图中。

单击【文字】工具栏中的　　【文字】按钮或者选择【工具】|【草图绘制实体】|【文字】菜单命令，弹出【草图文字】属性管理器，如图 2-17 所示。

【草图文字】属性管理器中的选项介绍如下。

(1) 【曲线 】选项组：只有一个选择框，即　　【选择边线、曲线、草图及草图段】，所选实体的名称显示在框中。

(2) 【文字】选项组

- 【文字】：在该文本框中输入文字。
- 　　【样式】：可选取单个字符或字符组

图 2-17　【草图文字】属性管理器

来应用加粗、斜体或旋转。

- ▤▤▤▤【对齐】：调整文字左对齐、居中、右对齐或两端对齐。
- ▣▣▣▣【反转】：以竖直的正反方向或水平的正反方向来反转文字。
- ▲【宽度因子】：按指定的百分比均匀加宽每个字符。
- ▲▣【间距】：按指定的百分比更改每个字符之间的间距。
- 【使用文档字体】：取消选中后可选取另一种字体。
- 【字体】：单击该按钮以打开字体对话框并选择一种字体样式和大小。

2.3 草 图 编 辑

SolidWorks 为用户提供了比较完整的辅助绘图工具，使草图的后期修改更为方便。

2.3.1 剪切、粘贴草图

在草图绘制中，可以在同一草图中或者在不同草图之间进行剪切、复制、粘贴一个或多个草图实体的操作，可以复制整个草图并将其粘贴到当前零件的一个面上，或者粘贴到另一个草图、零件、装配体或工程图文件(目标文件必须是打开的)中。要在同一文件中复制或者复制到另一个文件，可以在特征管理器设计树中选择、拖动草图实体，在拖动时按住 Ctrl 键。

要在同一草图内部移动，可以在特征管理器设计树中选择、拖动草图实体，在拖动时按住 Shift 键，来完成草图的移动功能。

2.3.2 移动、旋转、缩放、复制草图

如果要移动、旋转、按比例缩放、复制草图，可以选择【工具】|【草图工具】菜单命令，然后选择以下命令。

- ▦【移动】：移动草图。
- ▨【旋转】：旋转草图。
- ▨【缩放比例】：按比例缩放草图。
- ▨【复制】：复制草图。

下面分别进行详细的介绍。

1. 移动和复制

使用▦【移动】命令可以将实体移动一定距离，或者以实体上某一点为基准，将实体移至已有的草图点。使用【移动】命令的方法如下。

(1) 绘制一个草图实体，如图 2-18 所示。

(2) 选择【工具】|【草图工具】|【移动】菜单命令。

(3) 弹出【移动】属性管理器，各项设置如图 2-19 所示。

(4) 拖动起点到合适的位置，单击鼠标左键，完成移动实体的操作，如图 2-20 所示。

【复制】命令的使用方法与【移动】相同，在此不再赘述。

2. 旋转

使用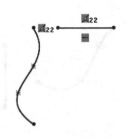【旋转】命令可以使实体沿旋转中心旋转一定的角度。【旋转】属性管理器如图 2-21 所示。

图 2-18　绘制草图的操作

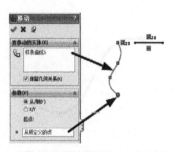

图 2-19　【移动】属性管理器

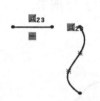

图 2-20　完成移动实体

图 2-21　【旋转】属性管理器

添加旋转特征的步骤如下。

(1) 绘制一个草图实体，如图 2-22 所示。

(2) 选择【工具】|【草图工具】|【旋转】菜单命令。

(3) 弹出【旋转】属性管理器，将![]【旋转角度】设为 60 度，其他设置如图 2-23 所示。

图 2-22　绘制草图

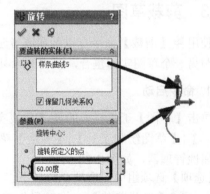

图 2-23　【旋转】属性管理器

(4) 单击 ✔【确定】按钮，完成旋转实体的操作，如图 2-24 所示。

3. 按比例缩放

使用![]【缩放比例】命令可以将实体放大或缩小一定的倍数，还可以绘制一系列尺寸成等比例的实体。

添加按比例缩放特征的步骤如下。

(1) 绘制一个草图实体，如图 2-25 所示。

图 2-24　完成旋转实体的操作　　　　　图 2-25　绘制草图

(2) 选择【工具】|【草图工具】|【缩放比例】菜单命令。

(3) 弹出【比例】属性管理器，各项设置如图 2-26 所示。

(4) 单击 ✔【确定】按钮，完成放大实体的操作，如图 2-27 所示。

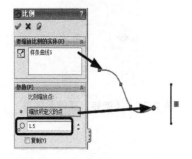

图 2-26　【比例】属性管理器

图 2-27　完成放大实体的操作

2.3.3　剪裁草图

使用 ✄【剪裁】命令可以裁剪或者延伸某一草图实体，使之与另一个草图实体重合，或者删除某一草图实体。

1. 命令启动

单击【草图】工具栏中的 ✄【剪裁实体】按钮或者选择【工具】|【草图绘制工具】|【剪裁】菜单命令，弹出【剪裁】属性管理器，如图 2-28 所示。

【选项】选项组中的选项介绍如下。

- 　【强劲剪裁】：拖动鼠标指针时，剪裁一个或者多个草图实体到最近的草图实体并与该草图实体交叉。

- 　【边角】：修改所选的两个草图实体，直到它们以虚拟边角交叉。

图 2-28　【剪裁】属性管理器

- ⊧【在内剪除】：剪裁交叉于两个所选边界上或者位于两个所选边界之间的开环实体。
- ⊧【在外剪除】：剪裁位于两个所选边界之外的开环草图实体。
- ✛【剪裁到最近端】：删除草图实体，直到另一草图实体。

在草图上移动鼠标指针，直到希望剪裁(或者删除)的草图实体以红色高亮显示，然后单击草图实体。如果草图实体没有和其他草图实体相交，则整个草图实体被删除。草图剪裁也可以删除草图实体剩下的部分。

2. 添加剪裁

添加剪裁的步骤如下。

1)　强劲剪裁

(1)　选择【工具】|【草图工具】|【剪裁】菜单命令。

(2)　弹出【剪裁】属性管理器，单击▦【强劲剪裁】按钮，按住鼠标拖动光标，如图 2-29 所示。

(3)　拖动鼠标至合适位置后，剪裁完毕，如图 2-30 所示。

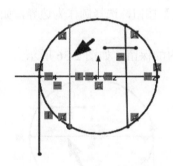

图 2-29　剪裁的目标直线

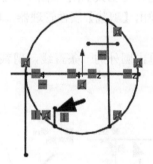

图 2-30　剪裁完成

2)　边角剪裁

(1)　选择【工具】|【草图工具】|【剪裁】菜单命令。

(2)　弹出【剪裁】属性管理器，单击✛【边角】按钮，选择两条成一定夹角的直线，如图 2-31 所示，在边角之外的直线会被剪裁。

(3)　单击这两条直线后，剪裁完毕，如图 2-32 所示。

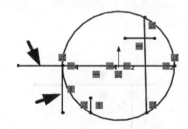

图 2-31　选择两条成一定夹角的直线

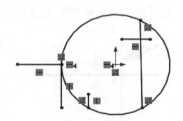

图 2-32　剪裁完成

3) 在内剪裁

(1) 选择【工具】|【草图工具】|【剪裁】菜单命令。

(2) 弹出【剪裁】属性管理器，单击 ╪【在内剪裁】按钮，选择圆作为边界，如图 2-33 所示。

(3) 单击圆内的一条直线，剪裁完毕，如图 2-34 所示。

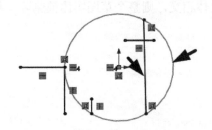 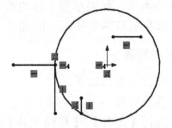

图 2-33　选择圆作为边界　　　　　　　　图 2-34　剪裁完成

4) 在外剪裁

(1) 选择【工具】|【草图工具】|【剪裁】菜单命令。

(2) 弹出【剪裁】属性管理器，单击 ╫【在外剪裁】按钮，选择圆作为边界，如图 2-35 所示。

(3) 单击圆外的一条直线，剪裁圆外的直线，圆内的保留，如图 2-36 所示。

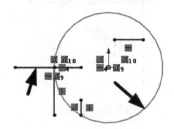 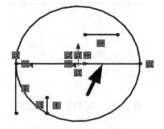

图 2-35　选择圆作为边界　　　　　　　　图 2-36　剪裁完成

5) 剪裁到最近端

(1) 选择【工具】|【草图工具】|【剪裁】菜单命令。

(2) 弹出【剪裁】属性管理器，单击 ╪【剪裁到最近端】按钮，单击一条直线，如图 2-37 所示。

(3) 将线段剪裁到最近的交叉点，如图 2-38 所示。

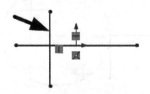 

图 2-37　选择一条直线　　　　　　　　　图 2-38　剪裁完成

2.3.4　延伸草图

使用 $\boxed{T}$【延伸】命令可以延伸草图实体以增加草图实体的长度，如直线、圆弧或者中心线等。草图延伸通常用于将一个草图实体延伸到另一个草图实体。使用【延伸】命令的方法如下。

(1)　绘制草图，如图 2-39 所示。

(2)　选择【工具】|【草图工具】|$\boxed{T}$【延伸】菜单命令。

(3)　光标自动变成 $\boxed{\uparrow \tau}$，单击要延伸的直线，直线会自动延伸到与矩形相接触，如图 2-40 所示。

| 图 2-39　绘制草图 | 图 2-40　完成延伸 |

2.3.5　分割、合并草图

$\nearrow$【分割实体】命令是通过添加分割点将一个草图实体分割成两个草图实体。使用【分割实体】命令的方法如下。

(1)　绘制一条曲线，如图 2-41 所示。

(2)　选择【工具】|【草图工具】| $\nearrow$【分割实体】菜单命令。

(3)　在需要分割的地方单击，将曲线分割成两个部分，如图 2-42 所示。

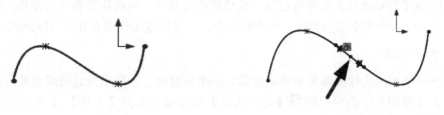

| 图 2-41　绘制草图 | 图 2-42　将曲线分割成两个部分 |

2.3.6　派生草图

可以从属于同一零件的另一草图派生草图，或者从同一装配体中的另一草图派生草图。从现有草图派生草图时，这两个草图将保持相同的特性，对原始草图所做的更改将反映到派生草图中。更改原始草图时，派生的草图会自动更新。

如果要解除派生草图与原始草图之间的链接，则在特征管理器设计树中右击派生草图或者零件的名称，然后在弹出的快捷菜单中选择【解除派生】命令。链接解除后，即使对原始草图进行修改，派生的草图也不会再自动更新。

使用【派生草图】命令的方法如下。

(1) 选择需要派生新草图的草图。

(2) 按住 Ctrl 键并单击将放置新草图的面。

(3) 选择【插入】|【派生草图】菜单命令，草图在所选面的基准面上出现。

2.3.7　转换实体引用

使用【转换实体引用】命令可以将其他特征上的边线投影到草图平面上，此边线可以是作为等距的模型边线，也可以是作为等距的外部草图实体。使用【转换实体引用】命令的方法如下。

(1) 新建一个拉伸模型，选择【工具】|【草图工具】|【转换实体引用】菜单命令。

(2) 弹出【转换实体引用】属性管理器，选择要转换为实体引用的面和边线，如图 2-43 所示。

(3) 单击 ✔ 【确定】按钮，转换实体引用绘制的草图如图 2-44 所示。

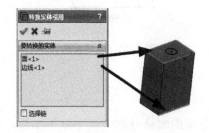

图 2-43　【转换实体引用】属性管理器　　　　图 2-44　转换实体引用绘制的草图

2.3.8　等距实体

使用 ⋥ 【等距实体】命令可以将其他特征的边线以一定的距离和方向偏移，偏移的特征可以是一个或者多个草图实体、一个模型面、一条模型边线或者外部草图曲线。

1. 命令启动

选择一个草图实体或者多个草图实体、一个模型面、一条模型边线或者外部草图曲线等，单击【草图】工具栏中的 ⋥ 【等距实体】按钮或者选择【工具】|【草图绘制工具】|【等距实体】菜单命令，弹出【等距实体】属性管理器，如图 2-45 所示。

【等距实体】属性管理器的【参数】选项组中的选项介绍如下。

● ⟋₆ 【等距距离】：设置等距数值。

● 【添加尺寸】：在草图中包含等距距离。

● 【反向】：更改单向等距的方向。

● 【选择链】：绘制所有连续草图实体的等距实体。

● 【双向】：在两个方向绘制等距实体。

● 【制作基体结构】：将原有草图实体转换为构造性直线。

- 【顶端加盖】：通过选中【双向】复选框并添加顶盖以延伸原有非相交草图实体。

图 2-45　【等距实体】属性管理器

2. 绘制等距实体

绘制等距实体的步骤如下。

(1)　选择要等距实体的草图，再选择【工具】|【草图工具】|【等距实体】菜单命令。

(2)　弹出【等距实体】属性管理器，设置 $\stackrel{\cdot}{\swarrow}$【距离】为 10mm，其余设置如图 2-46 所示。

(3)　单击 ✔【确定】按钮，绘制草图的等距实体，如图 2-47 所示。

图 2-46　设置等距实体参数

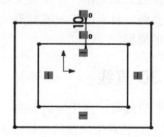

图 2-47　等距实体

2.4　3D 草 图

3D 草图由系列直线、圆弧以及样条曲线构成。3D 草图可以作为扫描路径，也可以用作放样或者扫描的引导线、放样的中心线等。

2.4.1　3D 草图简介

1. 3D 草图坐标系

绘制 3D 草图时，在默认情况下，通常是相对于模型中默认的坐标系进行绘制的。如果要切换到另外两个默认基准面中的一个，则单击所需的草图绘制工具，然后按 Tab 键，当前草图基准面的原点显示出来。如果要改变 3D 草图的坐标系，则单击所需的草图绘制工具，按住 Ctrl 键，然后单击一个基准面、一个平面或者一个用户定义的坐标系。如果选择一个基准面或者平面，3D 草图基准面将进行旋转，使 x、y 草图基准面与所选项目对正。如果选择一个坐标系，3D 草图基准面将进行旋转，使 x、y 草图基准面与该坐标系的 x、y 基准面平行。在开始 3D 草图绘制前，将视图方向改为【等轴测】，因为在此方向中 x、y、z 方向均可见，可以更方便地绘制 3D 草图。

2．空间控标

当使用 3D 草图绘图时，一个图形化的助手可以帮助定位方向，此助手被称为空间控标。在所选基准面上定义直线或者样条曲线的第 1 个点时，空间控标就会显示出来。使用空间控标可以提示当前绘图的坐标，如图 2-48 所示。

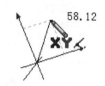

图 2-48　空间控标

3．3D 草图的尺寸标注

使用 3D 草图时，先按照近似长度绘制直线，然后再按照精确尺寸进行标注。选择两个点、一条直线或者两条平行线，可以添加一个长度尺寸。选择 3 个点或者两条直线，可以添加一个角度尺寸。

4．直线捕捉

在 3D 草图中绘制直线时，可以使直线捕捉到零件中现有的几何体，如模型表面或者顶点及草图点。如果沿一个主要坐标方向绘制直线，则不会激活捕捉功能；如果在一个平面上绘制直线，且系统推理捕捉到一个空间点，则会显示一个暂时的 3D 图形框以指示不在平面上的捕捉。

2.4.2　3D 直线

当绘制直线时，直线捕捉到的一个主要方向(即 x、y、z)将分别被约束为水平、竖直或者沿 z 轴方向(相对于当前的坐标系为 3D 草图添加几何关系)，但并不一定要求沿着这 3 个主要方向之一绘制直线，可以在当前基准面中与一个主要方向成任意角度进行绘制。如果直线端点捕捉到现有的几何模型，可以在基准面之外进行绘制。

一般是相对于模型中的默认坐标系进行绘制。如果需要转换到其他两个默认基准面，则选择草图绘制工具，然后按 Tab 键，当前草图基准面的原点显示出来。绘制 3D 直线的方法如下。

(1) 选择【插入】|【3D 草图】菜单命令，进入 3D 草图绘制状态。

(2) 单击【草图】工具栏中的 \ 【直线】按钮，弹出【插入线条】属性管理器。在图形区域中单击鼠标左键开始绘制直线，此时出现空间控标，帮助用户在不同的基准面上绘制草图。

(3) 拖动鼠标指针至直线段的终点处。如果要继续绘制直线，可以选择线段的终点，然后按 Tab 键转换到另一个基准面。

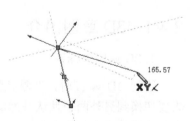

(4) 拖动鼠标指针直至出现第 2 段直线，然后释放鼠标，如图 2-49 所示。

图 2-49　绘制 3D 直线

2.4.3　3D 圆角

绘制 3D 圆角的方法如下。

(1) 选择【插入】|【3D 草图】菜单命令，进入 3D 草图绘制状态。

(2) 单击【草图】工具栏中的 🗂 【绘制圆角】按钮或者选择【工具】|【草图绘制工具】|【圆角】菜单命令，弹出【绘制圆角】属性管理器。在【圆角参数】选项组中设置 ↗ 【半径】数值，如图 2-50 所示。

(3) 选择两条相交的线段或者其交叉点，即可绘制出圆角，如图 2-51 所示。

图 2-50　【绘制圆角】属性管理器

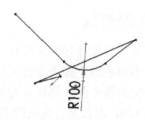

图 2-51　绘制圆角

2.4.4　3D 样条曲线

绘制 3D 样条曲线的方法如下。

(1) 选择【插入】|【3D 草图】菜单命令，进入 3D 草图绘制状态。

(2) 单击【草图】工具栏中的 ∿ 【样条曲线】按钮或者选择【工具】|【草图绘制实体】|【样条曲线】菜单命令。在图形区域中单击鼠标左键以放置第 1 个点，拖动鼠标指针定义曲线的第 1 段，打开【样条曲线】属性管理器，如图 2-52 所示，它比 2D 的【样条曲线】属性管理器多了 ∿z 【Z 坐标】参数。

图 2-52　【样条曲线】属性管理器

（3）每次单击鼠标左键时，都会出现空间控标来帮助在不同的基准面上绘制草图(如果想改变基准面，可按 Tab 键)。

（4）重复前面的步骤，直到完成 3D 样条曲线的绘制。

2.4.5 3D 草图点

绘制 3D 草图点的方法如下。

（1）选择【插入】|【3D 草图】菜单命令，进入 3D 草图绘制状态。

（2）单击【草图】工具栏中的 ＊ 【点】按钮或者选择【工具】|【草图绘制实体】|【点】菜单命令。在图形区域中单击鼠标左键以放置点，打开【点】属性管理器，它比 2D 的【点】属性管理器多了 Z 坐标参数。

（3）保持【点】命令激活，可以继续插入点。如果需要改变点的属性，可以在 3D 草图中选择 1 个点，然后在【点】属性管理器中编辑其属性。

2.4.6 面部曲线

当使用从其他软件导入文件时，可以从一个面或者曲面上提取 iso-参数(UV)曲线，然后使用 ✏ 【面部曲线】命令进行局部清理。

由此绘制的每个曲线都将成为单独的 3D 草图。然而如果使用【面部曲线】命令时正在编辑 3D 草图，那么所有提取的曲线都将被添加到激活的 3D 草图中。

输入一个零件，提取 iso-参数曲线的步骤如下。

（1）选择【工具】|【草图绘制工具】|【面部曲线】菜单命令，然后选择一个面或者曲面。

（2）弹出【面部曲线】属性管理器，曲线的预览显示在面上，不同的颜色表示曲线的不同方向，与【面部曲线】属性管理器中的颜色相对应。该面的名称显示在【选择】选项组的 ▢ 【面】选择框中，如图 2-53 所示。

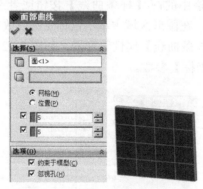

图 2-53 【面部曲线】属性管理器

（3）在【选择】选项组中，可以选中【网格】、【位置】两个单选按钮之一。在【选项】选项组中，可以选中【约束于模型】和【忽视孔】复选框。

（4）单击 ✅ 【确定】按钮，绘制面部曲线。

2.5　几　何　关　系

2.5.1　几何关系概述

　　绘制草图时使用几何关系可以更容易地控制草图形状，表达设计意图，充分体现人机交互的便利。几何关系与捕捉是相辅相成的，捕捉到的特征就是具有某种几何关系的特征。表 2-1 详细说明了各种几何关系要选择的草图实体及使用后的效果。

表 2-1　几何关系选项与效果

图标	几何关系	要选择的草图实体	使用后的效果
──	水平	一条或者多条直线，两个或者多个点	使直线水平，使点水平对齐
│	竖直	一条或者多条直线，两个或者多个点	使直线竖直，使点竖直对齐
╱	共线	两条或者多条直线	使草图实体位于同一条无限长的直线上
◯	全等	两段或者多段圆弧	使草图实体位于同一个圆周上
⊥	垂直	两条直线	使草图实体相互垂直
╲	平行	两条或者多条直线	使草图实体相互平行
⌔	相切	直线和圆弧、椭圆弧或者其他曲线，曲面和直线，曲面和平面	使草图实体保持相切
◎	同心	两个或者多段圆弧	使草图实体共用一个圆心
╱	中点	一条直线或者一段圆弧和一个点	使点位于圆弧或者直线的中心
✕	交叉点	两条直线和一个点	使点位于两条直线的交叉点处
⦨	重合	一条直线、一段圆弧或者其他曲线和一个点	使点位于直线、圆弧或者曲线上
=	相等	两条或者多条直线，两段或者多段圆弧	使草图实体的所有尺寸参数保持相等
⊠	对称	两个点、两条直线、两个圆、椭圆或者其他曲线和一条中心线	使草图实体保持相对于中心线对称
⊠	固定	任何草图实体	使草图实体的尺寸和位置保持固定，不可更改
⊠	穿透	一个基准轴、一条边线、直线或者样条曲线和一个草图点	草图点与基准轴、边线或者曲线在草图基准面上穿透的位置重合
⦟	合并	两个草图点或者端点	使两个点合并为一个点

2.5.2　添加几何关系

　　⊥【添加几何关系】命令是为已有的实体添加约束，此命令只能在草图绘制状态中使用。

绘制草图实体后，单击【尺寸/几何关系】工具栏中的
└ 【添加几何关系】按钮或者选择【工具】|【几何关
系】|【添加】菜单命令，弹出【属性】属性管理器，可以
在草图实体之间或者在草图实体与基准面、轴、边线、顶
点之间生成几何关系，如图 2-54 所示。

生成几何关系时，其中至少必须有一个项目是草图实
体，其他项目可以是草图实体或者边线、面、顶点、原
点、基准面、轴，也可以是其他草图的曲线投影到草图基
准面上所形成的直线或者圆弧。

2.5.3 显示/删除几何关系

⿰ 【显示/删除几何关系】命令用来显示已经应用到草
图实体中的几何关系，或者删除不再需要的几何关系。

图 2-54 【属性】属性管理器

单击【尺寸/几何关系】工具栏中的 ⿰ 【显示/删除几何
关系】按钮，可以显示手动或者自动应用到草图实体的几何关系，并可以用来删除不再需
要的几何关系，还可以通过替换列出的参考引用修正错误的草图实体。

2.6 尺 寸 标 注

绘制完成草图后，需要标注草图的尺寸。

2.6.1 智能尺寸

通常在绘制草图实体时标注尺寸数值，按照此尺寸数值生成零件特征，然后将这些尺
寸数值插入到各个工程视图中。工程图中的尺寸标注是与模型相关联的，模型中的更改会
反映在工程图中，在工程图中更改插入的尺寸也会改变模型；还可以在工程图文件中添加
尺寸数值，但是这些尺寸数值是"参考"尺寸，并且是"从动"尺寸，不能通过编辑其数
值改变模型。然而当更改模型的标注尺寸数值时，参考尺寸的数值也会随之发生改变。

在默认情况下，插入的尺寸显示为黑色，包括零件或者装配体文件中显示为蓝色的尺寸
(如拉伸深度等)，参考尺寸显示为灰色，并带有括号。当尺寸被选中时，尺寸箭头上出现
圆形控标。单击箭头控标，箭头向外或者向内翻转(如果尺寸有两个控标，可以单击任一
控标)。

使用 ◇ 【智能尺寸】命令可以给草图实体和其他对象标注尺寸。对于某些形式的智能
尺寸(如点到点、角度、圆等)，尺寸所放置的位置也会影响其形式。在 ◇ 【智能尺寸】命
令被激活时，可以拖动或者删除尺寸。

1. 添加智能尺寸

添加智能尺寸的步骤如下。

(1) 选择【工具】|【尺寸标注】|【智能尺寸】菜单命令。

（2）单击要标注的草图实体，会自动出现草图当前的尺寸，如图 2-55 所示。

（3）单击该尺寸，弹出【修改】对话框，在该对话框中将尺寸修改为所需要的尺寸，如图 2-56 所示。

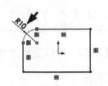

图 2-55　标注当前尺寸

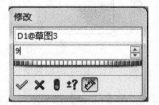

图 2-56　【修改】对话框

（4）单击 ✔【确定】按钮，完成尺寸标注，如图 2-57 所示。

2. 添加水平尺寸

添加水平尺寸的步骤如下。

（1）选择【工具】|【尺寸标注】| 【水平尺寸】菜单命令。

（2）单击要标注的草图，会自动出现草图当前的尺寸，如图 2-58 所示。

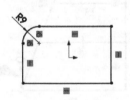

图 2-57　完成尺寸标注

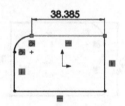

图 2-58　标注当前尺寸

（3）单击该尺寸，弹出【修改】对话框，在该对话框中将尺寸修改为所需要的尺寸，如图 2-59 所示。

（4）单击 ✔【确定】按钮，完成尺寸标注，如图 2-60 所示。

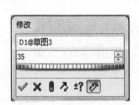

图 2-59　【修改】对话框

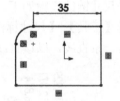

图 2-60　完成尺寸标注

3. 添加竖直尺寸

添加竖直尺寸的步骤如下。

（1）选择【工具】|【尺寸标注】| 【竖直尺寸】菜单命令。

（2）单击要标注的草图实体，会自动出现草图当前的尺寸，如图 2-61 所示。

（3）单击该尺寸，弹出【修改】对话框，在该对话框中将尺寸修改为所需要的尺寸，如图 2-62 所示。

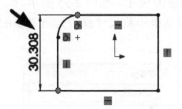

图 2-61 标注当前尺寸

图 2-62 修改竖直尺寸

(4) 单击✔【确定】按钮，标注尺寸完成，如图 2-63 所示。

4. 生成尺寸链

生成尺寸链的步骤如下。

(1) 选择【工具】|【尺寸标注】| 🖊【尺寸链】菜单命令。

(2) 单击第一个点，以该点作为其他点尺寸的基准，如图 2-64 所示。

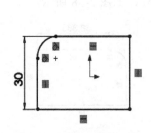

图 2-63 完成尺寸标注

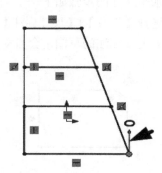

图 2-64 选择一个点作为基准

(3) 依次单击要标注的其他点，形成尺寸链，如图 2-65 所示。

5. 生成水平尺寸链

生成水平尺寸链的步骤如下。

(1) 选择【工具】|【尺寸标注】|🔲【水平尺寸链】菜单命令。

(2) 单击一条直线，以该直线作为其他点尺寸的基准，如图 2-66 所示。

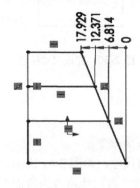

图 2-65 生成尺寸链

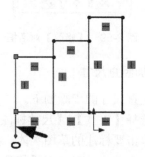

图 2-66 选择一条直线作为基准

(3)　依次单击要标注的其他直线，形成水平尺寸链，如图 2-67 所示。

6. 生成竖直尺寸链

生成竖直尺寸链的步骤如下。

(1)　选择【工具】|【尺寸标注】| 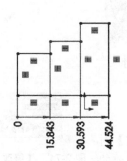【竖直尺寸链】菜单命令。

(2)　单击一条直线，以该直线作为其他点尺寸的基准，如图 2-68 所示。

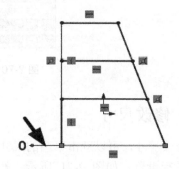

图 2-67　生成水平尺寸链　　　　　　　图 2-68　选择一条直线作为基准

(3)　依次单击要标注的其他直线，形成竖直尺寸链，如图 2-69 所示。

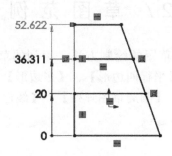

图 2-69　生成竖直尺寸链

2.6.2　自动标注草图尺寸

使用自动标注草图尺寸的方法如下。

(1)　保持草图处于激活状态，单击【尺寸/几何关系】工具栏中的 【完全定义草图】按钮或者选择【工具】|【标注尺寸】|【完全定义草图】菜单命令，弹出【完全定义草图】属性管理器。

(2)　在【要完全定义的实体】选项组中，选中【草图中所有实体】单选按钮，可以标注所有草图实体的尺寸，单击【计算】按钮，显示出标注的尺寸，如图 2-70 所示。如果选中【所选实体】单选按钮，则通过单击图形区域中的实体来标注尺寸。

(3)　在【几何关系】选项组中，可以选择要标注尺寸的多种几何关系，单击 【确定】按钮，尺寸根据所做的设置显示在草图中。

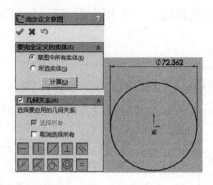

图 2-70　自动标注所有的尺寸

2.6.3　修改尺寸

要修改尺寸，可以双击草图的尺寸，在弹出的【修改】对
话框中进行设置，如图 2-71 所示，然后单击 ☑【保存当前的
数值并退出此对话框】按钮完成操作。

图 2-71　【修改】对话框

2.7　草　图　范　例

下面通过具体范例来讲解草图的绘制方法，用到的草图绘制命令主要有：【中心
线】、【矩形】、【槽口】、【平行四边形】、【多边形】、【圆】、【圆弧】、【切线
弧】、【转折线】、【椭圆】、【圆周草图阵列】、【线性草图阵列】、【圆角】、【倒
角】，最终效果如图 2-72 所示。

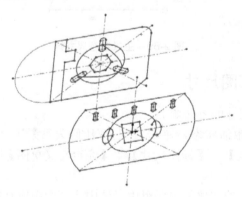

图 2-72　草图范例

2.7.1　进入草图绘制状态

(1) 启动 SolidWorks 2015 中文版，单击【标准】工具栏中的 ▭【新建】按钮，弹出
【新建 SolidWorks 文件】对话框，单击【零件】按钮，再单击【确定】按钮，生成新
文件。

(2) 单击【草图】工具栏中的 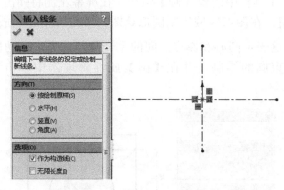 【草图绘制】按钮，进入草图绘制状态。在特征管理器设计树中单击【前视基准面】图标，使前视基准面成为草图绘制平面。

2.7.2 绘制草图基本图形

(1) 单击【草图】工具栏中的 【中心线】按钮，在屏幕左侧将弹出【插入线条】属性管理器，在屏幕右侧的绘图区移动鼠标，当鼠标与屏幕中的原点处于同一水平线时，屏幕中将出现一条水平虚线，在原点的左侧单击，将产生中心线的第一个端点；水平移动鼠标，屏幕将出现一条中心线，移动鼠标到原点的右侧并再次单击，将产生中心线的第二个端点，双击鼠标，则水平的中心线绘制完毕。按同样方法，绘制竖直方向的中心线。单击【草图】工具栏中的 【中心线】按钮，关闭绘制中心线命令，绘制的中心线如图 2-73 所示。

图 2-73 绘制中心线草图

(2) 单击【草图】工具栏中的 【中心矩形】按钮，在屏幕左侧将弹出【矩形】属性管理器，移动鼠标至原点，拖动鼠标生成矩形，在【矩形】属性管理器中单击 按钮，以结束矩形，如图 2-74 所示。

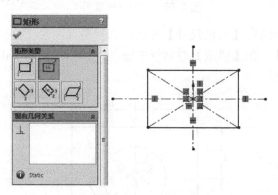

图 2-74 生成矩形

(3) 单击工具栏中的 【智能尺寸】按钮，选择要标注尺寸的中心矩形，将指针移到图形的右侧，单击以添加尺寸，在【修改】对话框中输入"80"和"100"，然后单击【修改】对话框中的 按钮，如图 2-75 所示。

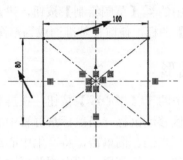

图 2-75　标注尺寸

2.7.3　绘制圆弧和平行四边形

（1）单击【草图】工具栏中的⊕【圆】按钮，在屏幕左侧将弹出【圆】属性管理器。选中【中央创建】按钮，在图形区域绘制圆形草图。单击将中心点放置在原点上，指针形状将变为🔑形状，这表示圆心和原点之间的重合几何关系。移动鼠标，可以看到圆动态跟随指针，单击结束圆的绘制，并在【圆】属性管理器中单击✅按钮，如图 2-76 所示。

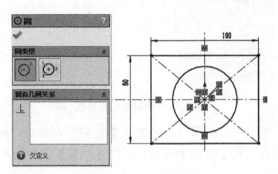

图 2-76　绘制圆形草图

（2）单击工具栏中的🖋【智能尺寸】按钮，选择要标注尺寸的圆，将指针移到图形的右侧，单击以添加尺寸，在【修改】对话框中输入"50"，然后单击【修改】对话框中的✅按钮，如图 2-77 所示。

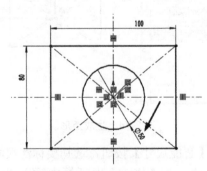

图 2-77　标注尺寸

（3）单击【草图】工具栏中的▱【平行四边形】按钮，在屏幕左侧将弹出【矩形】属性管理器，在图形区域绘制平行四边形草图。单击圆弧内任意一点作为平行四边形的一个端点，平行移动鼠标，单击圆弧内任意一点作为平行四边形的另一个端点，移动鼠标，可以看到平行四边形动态跟随指针，单击结束平行四边形的绘制并在【矩形】属性管理器中单击 ✓ 按钮，如图 2-78 所示。

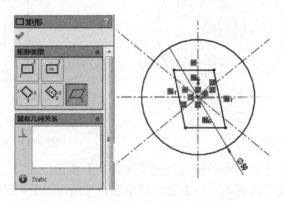

图 2-78　绘制平行四边形草图

(4)　单击工具栏中的 ✐【智能尺寸】按钮，选择要标注尺寸的平行四边形，将指针移到图形的右侧，单击以添加尺寸，在【修改】对话框中输入"7"、"12"、"18"、"25"，然后单击【修改】对话框中的 ✓ 按钮，如图 2-79 所示。

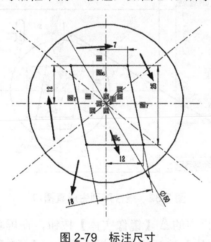

图 2-79　标注尺寸

2.7.4　绘制槽口及椭圆

(1)　单击【草图】工具栏中的 ▭【直槽口】按钮，在屏幕左侧将弹出【槽口】属性管理器，在屏幕右侧的绘图区移动鼠标，单击直线 1 与圆弧 1 交汇处作为直槽口的一个端点，再单击直线 1 上任意一点，将产生直槽口的另一个端点；移动鼠标，直槽口绘制完毕。在【槽口】属性管理器中单击 ✓ 按钮，则生成直槽口，如图 2-80 所示。

(2)　单击工具栏中的 ✐【智能尺寸】按钮，选择要标注尺寸的三点圆弧槽口，将指针移到图形的右侧，单击以添加尺寸，在【修改】对话框中输入"2"、"8"，然后单击【修改】对话框中的 ✓ 按钮，如图 2-81 所示。

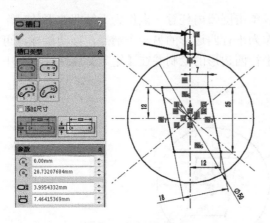

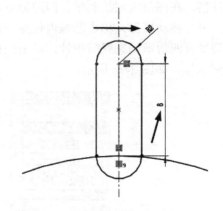

图 2-80　绘制直槽口　　　　　　　　　　图 2-81　标注尺寸

（3）单击【草图】工具栏中的 【线性草图阵列】按钮，在屏幕左侧将弹出【线性阵列】属性管理器，在【要阵列的实体】选项组中选择【槽口 1】，并设置 【实例数】为"3"，在 【间距】微调框中输入"20"，最后在【线性阵列】属性管理器中单击 按钮，则生成线性阵列，如图 2-82 所示。

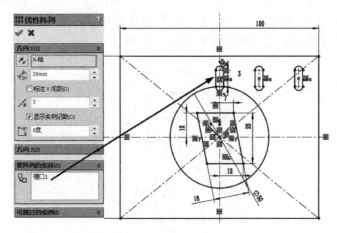

图 2-82　线性阵列生成直槽口

（4）单击【草图】工具栏中的 【镜像实体】按钮，在屏幕左侧将弹出【镜像】属性管理器。在 【要镜像的实体】选项组中选择【槽口 2】和【槽口 3】，单击 【镜像点】，单击竖直中心线，使之高亮，此时【镜像点】处显示【直线 1】，在【镜像】属性管理器中单击 按钮，以结束镜像，如图 2-83 所示。

（5）单击工具栏中的 【智能尺寸】按钮，选择要标注的尺寸，将指针移到图形的右侧，单击以添加尺寸，在【修改】对话框中输入"25"、"40"，然后单击【修改】对话框中的 按钮，如图 2-84 所示。

（6）单击【草图】工具栏中的 【部分椭圆】按钮，在屏幕左侧将弹出【椭圆】属性管理器，在屏幕右侧的绘图区移动鼠标，单击直线 2 与圆弧 1 交汇处作为椭圆的中心点，单击圆弧 1 上任意一点将产生圆弧的一个端点；移动鼠标，单击圆弧 1 内任意一点绘制椭圆。在【椭圆】属性管理器中单击 按钮，则生成部分椭圆，如图 2-85 所示。

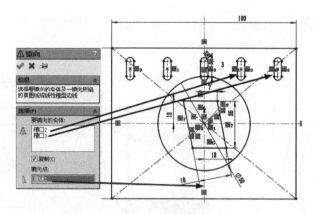

图 2-83　镜像的效果

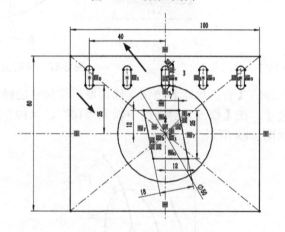

图 2-84　标注尺寸

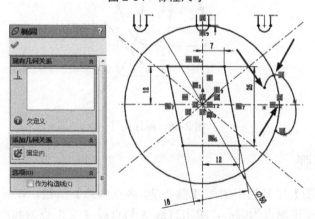

图 2-85　绘制部分椭圆

(7)　单击工具栏中的 【智能尺寸】按钮，选择要标注尺寸的部分椭圆，将指针移到图形的右侧，单击以添加尺寸，在【修改】对话框中输入"10"、"19"，然后单击【修改】对话框中的 按钮，如图 2-86 所示。

(8)　单击【草图】工具栏中的 【椭圆】按钮，在屏幕左侧将弹出【椭圆】属性管理器，在屏幕右侧的绘图区移动鼠标，单击直线 2 与圆弧 1 交汇处作为椭圆的中心点，单击圆弧 1 上任意一点将产生圆弧的一个端点；移动鼠标，椭圆绘制完毕。在【椭圆】属性管理器中单击 ✔ 按钮，则生成椭圆，如图 2-87 所示。

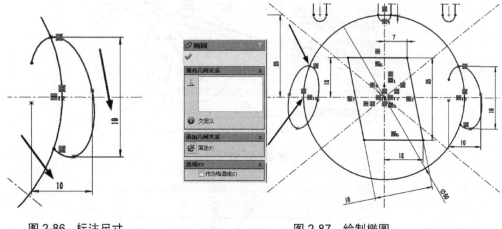

图 2-86　标注尺寸　　　　　　　　　　　图 2-87　绘制椭圆

(9) 单击工具栏中的 ◇ 【智能尺寸】按钮，选择要标注尺寸的椭圆，将指针移到图形的右侧，单击以添加尺寸，在【修改】对话框中输入 "10"、"19"，然后单击【修改】对话框中的 ✔ 按钮，如图 2-88 所示。

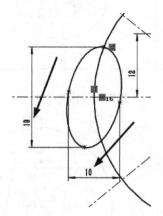

图 2-88　标注尺寸

2.7.5　绘制圆弧

(1) 单击【草图】工具栏中的 ⌖ 【圆心/起/终点画弧】按钮，在屏幕左侧将弹出【圆弧】属性管理器，单击原点为圆心，单击直线 3 与直线 4 交汇点为起点，移动鼠标，单击直线 4 与直线 5 交汇点为终点画弧；在【圆弧】属性管理器中单击 ✔ 按钮，则生成圆弧，如图 2-89 所示。

(2) 单击【草图】工具栏中的 ⚠ 【镜像实体】按钮，在屏幕左侧将弹出【镜像】属性管理器。在 ⚠ 【要镜像的实体】选项组中选择【圆弧 12】，单击 ⫶ 【镜像点】，并单击竖直中心线，使之高亮，此时【镜像点】处显示【直线 1】，在【镜像】属性管理器中单击 ✔ 按钮，以结束镜像，如图 2-90 所示。

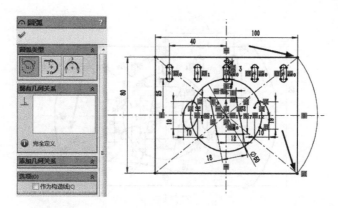

图 2-89 圆弧的效果

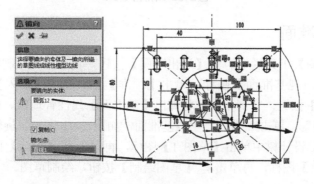

图 2-90 镜像的效果

(3) 单击【草图】工具栏中的 【剪裁实体】按钮,在屏幕左侧将弹出【剪裁】属性管理器。选中【剪裁到最近端】按钮,移动鼠标至剪裁处,单击鼠标剪裁,在【剪裁】属性管理器中单击 ✔ 按钮,以结束剪裁,如图 2-91 所示。

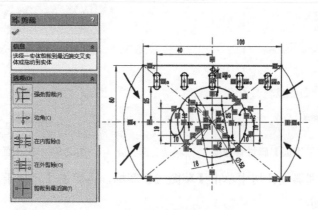

图 2-91 剪裁实体

(4) 单击工具栏中的 ✐ 【智能尺寸】按钮,选择要标注尺寸的圆弧,将指针移到图形的右侧,单击以添加尺寸,在【修改】对话框中输入"65",然后单击【修改】对话框中的 ✔ 按钮,如图 2-92 所示。

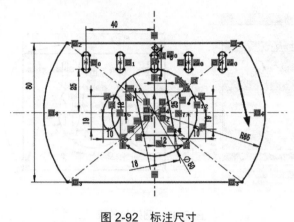

图 2-92　标注尺寸

2.7.6　绘制基准面

(1)　单击【草图】工具栏中的 <!-- icon -->【退出草图】按钮，退出草图绘制状态。在特征管理器设计树中单击【前视基准面】图标，单击【标准】工具栏中【插入】下的【参考几何体】的 <!-- icon -->【基准面】按钮，在屏幕左侧将弹出【基准面】属性管理器。在 <!-- icon -->【偏移距离】微调框中输入"100"，单击 <!-- icon -->按钮，生成基准面，如图 2-93 所示。旋转草图，如图 2-94 所示。在特征管理器设计树中单击【草图 1】图标，再单击 <!-- icon -->【隐藏】按钮，将草图 1 隐藏。单击【基准面 1】图标，再单击 <!-- icon -->【草图绘制】按钮，绘制草图。

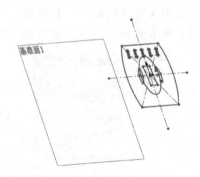

图 2-93　【基准面】属性管理器　　　　　　图 2-94　基准面 1 草图

(2)　在特征管理器设计树中单击【草图 2】图标，再单击【正视于】按钮，使基准面 1 成为草图绘制平面。

2.7.7　绘制草图基本图形

(1)　单击【草图】工具栏中的 <!-- icon -->【中心线】按钮，绘制草图中心线，绘制的中心线如图 2-95 所示。

(2)　单击【草图】工具栏中的 <!-- icon -->【3 点中心矩形】按钮，在屏幕左侧将弹出【矩形】

属性管理器，分别单击原点与竖直中心线上任意一点，拖动鼠标生成矩形，在【矩形】属性管理器中单击✔按钮，以结束矩形绘制，如图 2-96 所示。

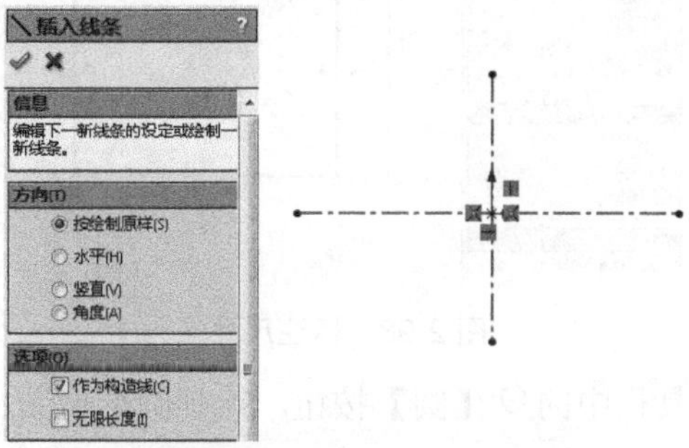

图 2-95　绘制的中心线草图

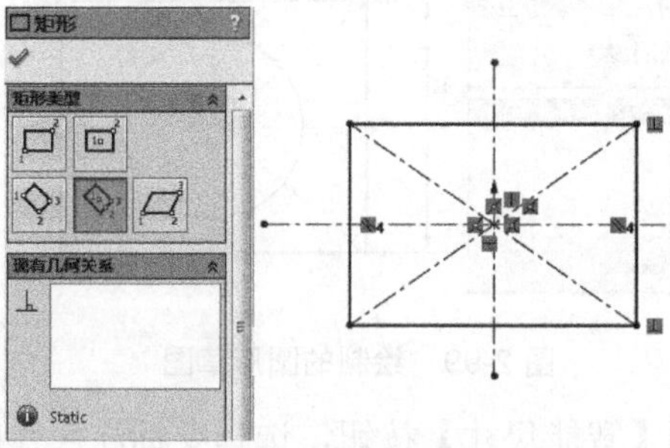

图 2-96　生成 3 点中心矩形

(3)　单击工具栏中的【水平尺寸】按钮，选择要标注尺寸的 3 点中心矩形，在屏幕左侧将弹出【线条属性】属性管理器，在【添加几何关系】选项组中选中【水平】按钮，将指针移到图形的右侧，单击以添加尺寸，在【修改】对话框中输入“80”，然后单击【修改】对话框中的✔按钮，如图 2-97 所示。

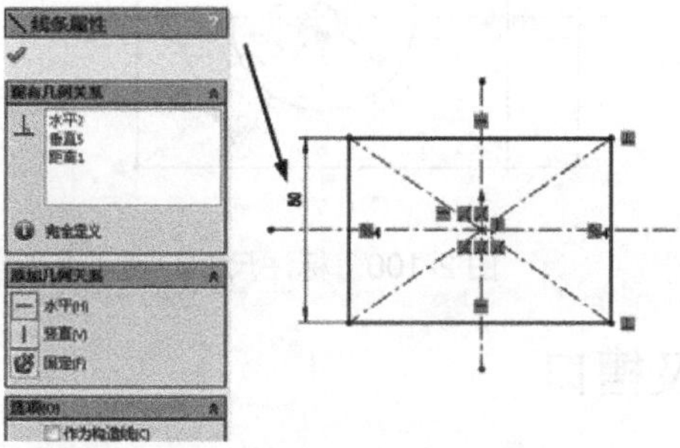

图 2-97　标注尺寸

(4)　单击工具栏中的【竖直尺寸】按钮，选择要标注尺寸的 3 点中心矩形，在屏幕左侧将弹出【线条属性】属性管理器，在【添加几何关系】选项组中选中【竖直】按钮，将指针移到图形的右侧，单击以添加尺寸，在【修改】对话框中输入“100”，然后单击【修改】对话框中的✔按钮，如图 2-98 所示。

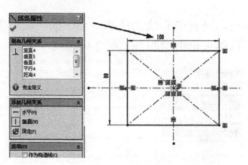

图 2-98　标注尺寸

（5）单击【草图】工具栏中的 ⊙【圆】按钮，绘制圆形草图，如图 2-99 所示。

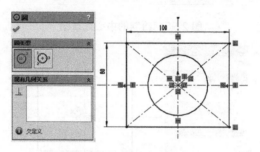

图 2-99　绘制的圆形草图

（6）单击工具栏中的 ◆【智能尺寸】按钮，选择要标注尺寸的圆，将指针移到图形的右侧，单击以添加尺寸，在【修改】对话框中输入"50"，然后单击【修改】对话框中的 ✔按钮，如图 2-100 所示。

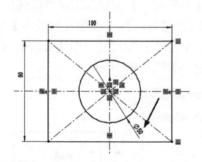

图 2-100　标注尺寸

2.7.8　绘制多边形及槽口

（1）单击【草图】工具栏中的 ⊙【多边形】按钮，在屏幕左侧将弹出【多边形】属性管理器，在图形区域绘制多边形草图。单击将中心点放置在原点上，移动鼠标，可以看到多边形动态跟随指针，单击结束多边形的绘制并在【多边形】属性管理器中单击 ✔按钮，如图 2-101 所示。

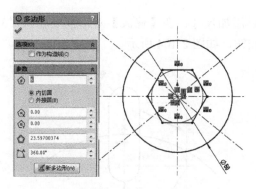

图 2-101   绘制的多边形草图

(2) 单击工具栏中的 【智能尺寸】按钮，选择要标注尺寸的多边形，将指针移到多边形的两侧，单击以添加尺寸，在【修改】对话框中输入"10"，然后单击【修改】对话框中的 按钮，如图 2-102 所示。

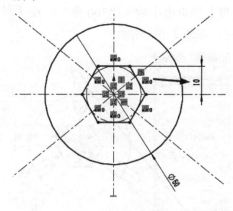

图 2-102   标注尺寸

(3) 单击【草图】工具栏中的 【中心点直槽口】按钮，在屏幕左侧将弹出【槽口】属性管理器，在屏幕右侧的绘图区移动鼠标，单击直线 1 与圆弧 1 交汇处作为中心点，再单击直线 1 上的任意一点，将产生中心点直槽口的两个端点；移动鼠标，直槽口绘制完毕。在【槽口】属性管理器中单击 按钮，则生成中心点直槽口，如图 2-103 所示。

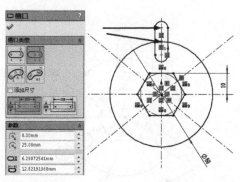

图 2-103   绘制中心点直槽口

(4) 单击工具栏中的 【智能尺寸】按钮，选择要标注尺寸的中心点直槽口，将指针

移到图形的右侧，单击以添加尺寸，在【修改】对话框中输入"3"、"12"，然后单击
【修改】对话框中的 ✅ 按钮，如图 2-104 所示。

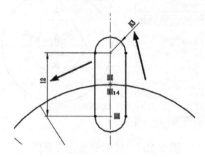

图 2-104　标注尺寸

(5)　单击【草图】工具栏中的 ❀【圆周草图阵列】按钮，在屏幕左侧将弹出【圆周阵
列】属性管理器，在 ❀【要阵列的实体】选项组中选择【槽口 1】，设置 ❀【要阵列的
数量】为"3"，在 ⌐【角度】微调框中输入"360度"，在【圆周阵列】属性管理器中单
击 ✅ 按钮，则生成圆周阵列，如图 2-105 所示。

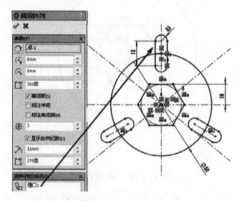

图 2-105　圆周阵列生成槽口

(6)　单击工具栏中的 ◇【智能尺寸】按钮，选择要标注的尺寸，将指针移到图形的右
侧，单击以添加尺寸，在【修改】对话框中输入"27"，然后单击【修改】对话框中的 ✅
按钮，如图 2-106 所示。

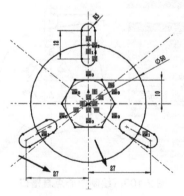

图 2-106　标注尺寸

2.7.9 绘制样条曲线及转折线

(1) 单击【草图】工具栏中的 ∿【样条曲线】按钮，在屏幕左侧将弹出【样条曲线】属性管理器，依次单击槽口 1、2 中心点，双击槽口 3 中心点生成样条曲线，在【样条曲线】属性管理器中单击 ✔ 按钮，以结束样条曲线的绘制，如图 2-107 所示。

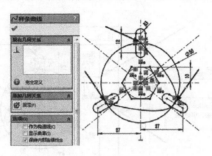

图 2-107　绘制样条曲线

(2) 单击【草图】工具栏中的 ╲【直线】按钮，在屏幕左侧将弹出【插入线条】属性管理器，选择在直线 4 与直线 6 之间绘制直线，单击直线 4 上的任意一点，产生直线的第一个端点，移动鼠标到直线 6，再次单击，将产生直线的第二个端点，双击鼠标，在【插入线条】属性管理器中单击 ✔ 按钮，以结束直线的绘制，如图 2-108 所示。

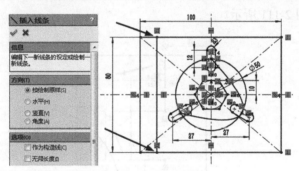

图 2-108　绘制直线草图

(3) 单击工具栏中的 ◈【智能尺寸】按钮，选择要标注的尺寸，将指针移到图形的右侧，单击以添加尺寸，在【修改】对话框中输入"12"，然后单击【修改】对话框中的 ✔ 按钮，如图 2-109 所示。

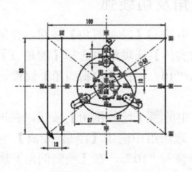

图 2-109　标注尺寸

（4）单击【草图】工具栏中的 ⊓ 【转折线】按钮，在屏幕左侧将弹出【转折线】属性管理器。选择要生成转折线的实体"直线 25"，单击要生成转折线的位置，移动鼠标，生成转折线，在【转折线】属性管理器中单击 ✖ 按钮，以结束转折线的绘制，如图 2-110 所示。

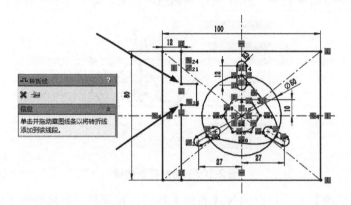

图 2-110　生成转折线

（5）单击工具栏中的 ◇ 【智能尺寸】按钮，选择要标注的尺寸，将指针移到图形的右侧，单击以添加尺寸，在【修改】对话框中输入"10"、"14"，然后单击【修改】对话框中的 ✔ 按钮，如图 2-111 所示。

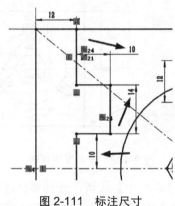

图 2-111　标注尺寸

2.7.10　绘制圆角和倒角及切线弧

（1）单击【草图】工具栏中的 ⌐ 【绘制圆角】按钮，在屏幕左侧将弹出【绘制圆角】属性管理器。在【要圆角化的实体】选项组中选择【圆角 1】，在【圆角参数】选项组的 ⌐ 【圆角半径】微调框中输入"10"，在【绘制圆角】属性管理器中单击 ✔ 按钮，以结束圆角的绘制，如图 2-112 所示。

（2）单击【草图】工具栏中的 ⌐ 【绘制倒角】按钮，在屏幕左侧将弹出【绘制倒角】属性管理器。在【倒角参数】选项组中选中【距离-距离】单选按钮、【相等距离】复选框，在 ⌐ 【距离 1】微调框中输入"10"，在【绘制倒角】属性管理器中单击 ✔ 按钮，以结束倒角的绘制，如图 2-113 所示。

（3）单击【草图】工具栏中的 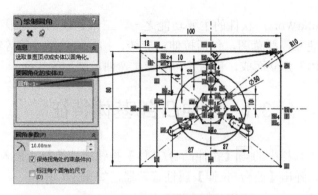 【切线弧】按钮，在屏幕左侧将弹出【圆弧】属性管理器。单击直线 6 与直线 7 的交汇处作为切线弧的起点，单击直线 4 与直线 7 的交汇处作为切线弧的终点，移动鼠标，生成切线弧，在【圆弧】属性管理器中单击 ✅ 按钮，如图 2-114 所示。

图 2-112　绘制圆角

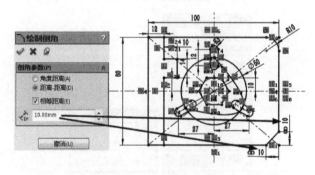

图 2-113　绘制倒角

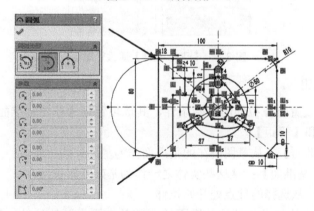

图 2-114　生成切线弧

（4）至此，草图范例全部完成，将其保存。

第3章 特征建模

三维建模是 SolidWorks 软件的主要功能之一，三维建模的命令很多，可以分为两大类，第一类特征的建立需要草图，包括拉伸、旋转、扫描、放样、筋等特征；第二类特征是直接在已有的实体上建立而成，包括孔、变形、弯曲、圆顶等特征。

3.1 拉伸凸台/基体特征

单击【特征】工具栏中的  【拉伸凸台/基体】按钮或者选择【插入】|【凸台/基体】|【拉伸】菜单命令，弹出【凸台-拉伸】属性管理器，如图 3-1 所示。

图 3-1 【凸台-拉伸】属性管理器

1. 【从】选项组

该选项组用来设置特征拉伸的开始条件，其选项包括【草图基准面】、【曲面/面/基准面】、【顶点】和【等距】。

- 【草图基准面】：从草图所在的基准面作为基础开始拉伸。
- 【曲面/面/基准面】：从这些实体之一作为基础开始拉伸。
- 【顶点】：从选择的顶点处开始拉伸。
- 【等距】：从与当前草图基准面等距的基准面上开始拉伸，等距距离可以手动键入。

2. 【方向1】选项组

(1) 【终止条件】：设置特征拉伸的终止条件，其选项如图 3-2 所示。单击 【反向】按钮，可以沿预览中所示的相反方向拉伸特征。

图 3-2　【终止条件】选项

- 　【给定深度】：设置给定的 【深度】数值以终止拉伸。
- 　【成形到一顶点】：拉伸到在图形区域中选择的顶点处。
- 　【成形到一面】：拉伸到在图形区域中选择的一个面或者基准面处。
- 　【到离指定面指定的距离】：拉伸到在图形区域中选择的一个面或者基准面处，然后设置 【等距距离】数值。
- 　【成形到实体】：拉伸到在图形区域中所选择的实体或者曲面实体处。
- 　【两侧对称】：设置 【深度】数值，按照所在平面的两侧对称距离建立拉伸特征。

(2)　 【拉伸方向】：在图形区域中选择方向向量，并以垂直于草图轮廓的方向拉伸草图。

(3)　 【拔模开/关】：可以设置【拔模角度】数值，如果有必要，选中【向外拔模】复选框。

3.　【方向 2】选项组

该选项组中的参数用来设置同时从草图基准面向两个方向拉伸的相关参数，用法和【方向 1】选项组基本相同。

4.　【薄壁特征】选项组

该选项组中的参数可以控制拉伸的 【厚度】(不是 【深度】)数值。薄壁特征基体是做钣金零件的基础。

定义【薄壁特征】拉伸的类型有以下几种。

- 　【单向】：以同一 【厚度】数值，沿一个方向拉伸草图。
- 　【两侧对称】：以同一 【厚度】数值，沿相反方向拉伸草图。
- 　【双向】：以不同 【方向 1 厚度】、 【方向 2 厚度】数值，沿相反方向拉伸草图。

5.　【所选轮廓】选项组

　 【所选轮廓】：允许使用部分草图建立拉伸特征，在图形区域中可以选择草图轮廓和模型边线。

3.2　拉伸切除特征

单击【特征】工具栏中的 【拉伸切除】按钮或者选择【插入】|【切除】|【拉伸】菜单命令，弹出【切除-拉伸】属性管理器，如图 3-3 所示。

图 3-3 【切除-拉伸】属性管理器

该属性管理器的设置与【凸台-拉伸】属性管理器基本一致。不同的地方是，该属性管理器在【方向 1】选项组中多了【反侧切除】复选框。

【反侧切除】(仅限于拉伸的切除)：移除轮廓外的所有部分，如图 3-4 所示。在默认情况下，从轮廓内部移除，如图 3-5 所示。

图 3-4 反侧切除

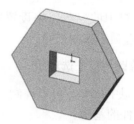

图 3-5 默认切除

3.3 旋转凸台/基体特征

单击【特征】工具栏中的 【旋转凸台/基体】按钮或者选择【插入】|【凸台/基体】|【旋转】菜单命令，弹出【旋转】属性管理器，如图 3-6 所示。

1. 【旋转轴】选项组

【旋转轴】：选择旋转所围绕的轴，根据所建立的旋转特征的类型，此轴可以为中心线、直线或者边线。

2. 【方向】选项组

(1) 【旋转类型】：从草图基准面中定义旋转方向。

● 【给定深度】：从草图以单一方向建立旋转。

- 【成形到一顶点】：从草图基准面建立旋转到指定顶点。
- 【成形到一面】：从草图基准面建立旋转到指定曲面。
- 【到离指定面指定的距离】：从草图基准面建立旋转到指定曲面的指定等距。
- 【两侧对称】：从草图基准面以顺时针和逆时针方向建立旋转相同角度。

图 3-6　【旋转】属性管理器

(2) 　【反向】：单击该按钮，反转旋转方向。

(3) 　【角度】：设置旋转角度，默认的角度为 360°，角度以顺时针方向从所选草图开始测量。

3. 【薄壁特征】选项组

- 【单向】：以同一　【方向 1 厚度】数值，从草图沿单一方向添加薄壁特征的体积。
- 【两侧对称】：以同一　【方向 1 厚度】数值，并以草图为中心，在草图两侧使用均等厚度的体积添加薄壁特征。
- 【双向】：在草图两侧添加不同厚度的薄壁特征的体积。

4. 【所选轮廓】选项组

单击 　【所选轮廓】选择框，拖动鼠标指针　，在图形区域中选择适当轮廓，此时显示出旋转特征的预览，可以选择任何轮廓建立单一或者多实体零件，然后单击　【确定】按钮，建立旋转特征。

3.4　扫　描　特　征

扫描特征是通过沿着一条路径移动轮廓以建立基体、凸台、切除或者曲面的一种特征。

单击【特征】工具栏中的　【扫描】按钮或者选择【插入】|【凸台/基体】|【扫描】菜单命令，弹出【扫描】属性管理器，如图 3-7 所示。

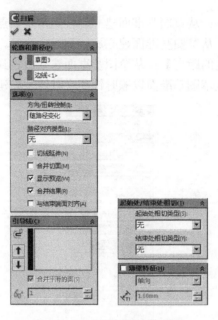

图 3-7   【扫描】属性管理器

1. 【轮廓和路径】选项组

- 【轮廓】：设置用来建立扫描的草图轮廓。
- 【路径】：设置轮廓扫描的路径。

2. 【选项】选项组

(1) 【方向/扭转控制】：控制轮廓在沿路径扫描时的方向。

- 【随路径变化】：轮廓相对于路径时刻保持处于同一角度。
- 【保持法向不变】：使轮廓总是与起始轮廓保持平行。
- 【随路径和第一引导线变化】：中间轮廓的扭转由路径到第 1 条引导线的向量决定，在所有中间轮廓的草图基准面中，该向量与水平方向之间的角度保持不变。
- 【随第一和第二引导线变化】：中间轮廓的扭转由第 1 条引导线到第 2 条引导线的向量决定。
- 【沿路径扭转】：沿路径扭转轮廓。可以按照度数、弧度或者旋转圈数定义扭转。
- 【以法向不变沿路径扭曲】：在沿路径扭曲时，保持与开始轮廓平行而沿路径扭转轮廓。

(2) 【路径对齐类型】：当路径上出现少许波动或者不均匀波动使轮廓不能对齐时，可以将轮廓稳定下来。

- 【无】：垂直于轮廓而对齐轮廓，不进行纠正。
- 【最小扭转】：阻止轮廓在随路径变化时自我相交。
- 【方向向量】：按照所选择的向量方向对齐轮廓，选择设置方向向量的实体。
- 【所有面】：当路径包括相邻面时，使扫描轮廓在几何关系可能的情况下与相邻面相切。

（3）【合并切面】：如果扫描轮廓具有相切线段，可以使所产生的扫描中的相应曲面相切。

（4）【显示预览】：显示扫描的上色预览。取消选中此复选框，则只显示轮廓和路径。

（5）【合并结果】：将多个实体合并成一个实体。

（6）【与结束端面对齐】：将扫描轮廓延伸到路径所遇到的最后一个面。

3．【引导线】选项组

- ✍【引导线】：在轮廓沿路径扫描时加以引导以建立特征。
- ⬆【上移】、⬇【下移】：调整引导线的顺序。
- 【合并平滑的面】：改进带引导线扫描的性能，并在引导线或者路径不是曲率连续的所有点处分割扫描。
- 👓【显示截面】：显示扫描的截面。

4．【起始处/结束处相切】选项组

（1）【起始处相切类型】：其选项如下。
- 【无】：不应用相切。
- 【路径相切】：垂直于起始点路径而建立扫描。
（2）【结束处相切类型】：与起始处相切类型的选项相同。

5．【薄壁特征】选项组

建立薄壁特征扫描，如图 3-8 所示。

(a) 使用实体特征的扫描　　(b) 使用薄壁特征的扫描

图 3-8　建立薄壁特征扫描

【类型】：设置薄壁特征扫描的类型。
- 【单向】：设置同一🔩【厚度】数值，以单一方向从轮廓建立薄壁特征。
- 【两侧对称】：设置同一🔩【厚度】数值，以两个方向从轮廓建立薄壁特征。
- 【双向】：设置不同【厚度 1】、【厚度 2】数值，以相反的两个方向从轮廓建立薄壁特征。

3.5　放样特征

放样特征通过在轮廓之间进行过渡以建立特征，放样的对象可以是基体、凸台、切除或者曲面，可以使用两个或者多个轮廓建立放样，但仅第 1 个或者最后 1 个对象的轮廓可以是点。

选择【插入】|【凸台/基体】|【放样】菜单命令，弹出【放样】属性管理器，如图 3-9 所示。

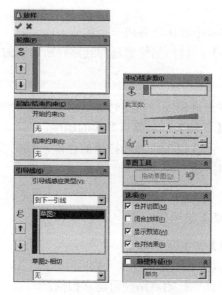

图 3-9 【放样】属性管理器

1. 【轮廓】选项组

- 【轮廓】：用来建立放样的轮廓，可以选择要放样的草图轮廓、面或者边线。
- 【上移】、【下移】：调整轮廓的顺序。

2. 【起始/结束约束】选项组

(1) 【开始约束】、【结束约束】：应用约束以控制开始和结束轮廓的相切。

- 【无】：不应用相切约束(即曲率为零)。
- 【方向向量】：根据所选的方向向量应用相切约束。
- 【垂直于轮廓】：应用在垂直于开始或者结束轮廓处的相切约束。

(2) 【方向向量】：按照所选择的方向向量应用相切约束，放样与所选线性边线或者轴相切。

(3) 【拔模角度】：为起始或者结束轮廓应用拔模角度。

(4) 【起始/结束处相切长度】：控制对放样的影响量。

(5) 【应用到所有】：显示一个为整个轮廓控制所有约束的控标。

3. 【引导线】选项组

(1) 【引导线感应类型】：控制引导线对放样的影响力。

- 【到下一引线】：只将引导线延伸到下一引导线。
- 【到下一尖角】：只将引导线延伸到下一尖角。
- 【到下一边线】：只将引导线延伸到下一边线。
- 【整体】：将引导线影响力延伸到整个放样。

(2)　🎭【引导线】：选择引导线来控制放样。

(3)　⬆【上移】、⬇【下移】：调整引导线的顺序。

(4)　【草图<n>-相切】：控制放样与引导线相交处的相切关系(n 为所选引导线标号)。

● 　【无】：不应用相切约束。

● 　【方向向量】：根据所选的方向向量应用相切约束。

● 　【与面相切】：在位于引导线路径上的相邻面之间添加边侧相切，从而在相邻面之间建立更平滑的过渡。

4.【中心线参数】选项组

● 　【中心线】：使用中心线引导放样形状。

● 　【截面数】：在轮廓之间并围绕中心线添加截面。

● 　🎭【显示截面】：显示放样截面。

5.【草图工具】选项组

● 　【拖动草图】：激活拖动模式，当编辑放样特征时，可以从任何已经为放样定义了轮廓线的 3D 草图中拖动 3D 草图线段、点或者基准面，3D 草图在拖动时自动更新。

● 　↺【撤销草图拖动】：撤销先前的草图拖动并将预览返回到其先前状态。

6.【选项】选项组

● 　【合并切面】：如果对应的线段相切，则保持放样中的曲面相切。

● 　【闭合放样】：沿放样方向建立闭合实体，选择此选项会自动连接最后 1 个和第 1 个草图实体。

● 　【显示预览】：显示放样的上色预览。取消选中此复选框，则只能查看路径和引导线。

● 　【合并结果】：合并所有放样要素。

3.6　筋　特　征

筋特征在轮廓与现有零件之间指定方向和厚度以进行延伸，可以使用单一或者多个草图建立筋特征，也可以使用拔模建立筋特征，或者选择要拔模的参考轮廓。

单击【特征】工具栏中的🎭【筋】按钮或者选择【插入】|【特征】|【筋】菜单命令，弹出【筋】属性管理器，如图 3-10 所示。

1.【参数】选项组

(1)　【厚度】：在草图边缘添加筋的厚度。

● 　☰【第一边】：只延伸草图轮廓到草图的一边。

● 　☰【两侧】：均匀延伸草图轮廓到草图的两边。

图 3-10　【筋】属性管理器

- 【第二边】：只延伸草图轮廓到草图的另一边。
(2) 【筋厚度】：设置筋的厚度。
(3) 【拉伸方向】：设置筋的拉伸方向。
- 【平行于草图】：平行于草图建立筋拉伸。
- 【垂直于草图】：垂直于草图建立筋拉伸。
(4) 【反转材料方向】：更改拉伸的方向。
(5) 【拔模开/关】：添加拔模特征到筋，可以设置【拔模角度】。
【向外拔模】：建立向外拔模角度。
(6) 【类型】(在【拉伸方向】中单击 【垂直于草图】按钮时可用)。
- 【线性】：建立与草图方向相垂直的筋。
- 【自然】：建立沿草图轮廓延伸方向的筋。例如，如果草图为圆的圆弧，则自然使用圆形延伸筋，直到与边界汇合。

2. 【所选轮廓】选项组

【所选轮廓】参数用来列举建立筋特征的草图轮廓。

3.7 孔 特 征

孔特征是在模型上建立各种类型的孔。在平面上放置孔并设置深度，可以通过标注尺寸的方法定义其位置。

1. 简单直孔

选择【插入】|【特征】|【孔】|【简单直孔】菜单命令，弹出【孔】属性管理器，如图 3-11 所示。

图 3-11 【孔】属性管理器

1) 【从】选项组
【从】选项组包含以下几个选项。
- 【草图基准面】：从草图所在的同一基准面开始建立简单直孔。
- 【曲面/面/基准面】：从这些实体之一开始建立简单直孔。
- 【顶点】：从所选择的顶点位置处开始建立简单直孔。

● 　【等距】：从与当前草图基准面等距的基准面上建立简单直孔。

2)　【方向1】选项组

● 　终止条件：包括以下几个选项。

◆ 　【给定深度】：从草图的基准面以指定的距离延伸特征。

◆ 　【完全贯穿】：从草图的基准面延伸特征直到贯穿所有现有的几何体。

◆ 　【成形到下一面】：从草图的基准面延伸特征到下一面以建立特征。

◆ 　【成形到一顶点】：从草图基准面延伸特征到某一平面，这个平面平行于草图基准面且穿越指定的顶点。

◆ 　【成形到 面】：从草图的基准面延伸特征到所选的曲面以建立特征。

◆ 　【到离指定面指定的距离】：从草图的基准面到某面的特定距离处建立特征。

● 　↗【拉伸方向】：用于在除了垂直于草图轮廓以外的其他方向拉伸孔。

● 　⬠【深度】或者【等距距离】：设置深度数值。

● 　⊘【孔直径】：设置孔的直径。

● 　▦【拔模开/关】：设置拔模角度。

2. 异型孔

单击【特征】工具栏中的⬛【异型孔向导】按钮或者选择【插入】|【特征】|【孔】|【向导】菜单命令，弹出【孔规格】属性管理器，如图3-12所示。

图3-12　【孔规格】属性管理器

【孔规格】属性管理器包括两个选项卡。

- 【类型】：设置孔类型参数。
- 【位置】：在平面或者非平面上找出异型孔向导孔，使用尺寸和其他草图绘制工具定位孔中心。

1) 【收藏】选项组

用于管理可以在模型中重新使用的常用异型孔清单，包括以下几个选项。

- 【应用默认/无常用类型】：重设到【没有选择最常用的】及默认设置。
- 【添加或更新常用类型】：将所选异型孔添加到常用类型清单中。
- 【删除常用类型】：删除所选的常用类型。
- 【保存常用类型】：保存所选的常用类型。
- 【装入常用类型】：载入常用类型。

2) 【孔类型】选项组

该选项组会根据孔类型而有所不同，孔类型包括【柱孔】、【锥孔】、【孔】、【螺纹孔】、【管螺纹孔】、【旧制孔】、【柱孔槽口】、【锥孔槽口】、【槽口】。

- 【标准】：选择孔的标准，如 ANSI Inch 或者 JIS 等。
- 【类型】：选择孔的类型。

3) 【孔规格】选项组

- 【大小】：为螺纹件选择尺寸大小。
- 【配合】：为扣件选择配合形式。

4) 【截面尺寸】选项组

双击任一数值可以进行编辑。

5) 【终止条件】选项组

该选项组中的参数根据孔类型的变化而有所不同。

6) 【选项】选项组

该选项组包括【带螺纹标注】、【螺纹线等级】、【近端锥孔】、【近端锥孔直径】、【近端锥孔角度】等选项，会根据孔类型的不同而发生变化。

3.8 变形特征

变形特征是改变复杂曲面和实体模型的局部或者整体形状，无须考虑用于建立模型的草图或者特征约束。

变形有 3 种类型，包括【点】、【曲线到曲线】和【曲面推进】。

1. 点

选择【插入】|【特征】|【变形】菜单命令，弹出【变形】属性管理器。在【变形类型】选项组中选中【点】单选按钮，其属性管理器如图 3-13 所示。

1) 【变形点】选项组

- 【变形点】：设置变形的中心，可以选择平面、边线、顶点上的点或者空间中的点。

- 　【变形方向】：选择线性边线、草图直线、平面、基准面或者两个点作为变形方向。
- 　【变形距离】：指定变形的距离(即点位移)。
- 　【显示预览】：使用线框视图或者上色视图预览结果。

2) 【变形区域】选项组

- 　【变形半径】：更改通过变形点的球状半径数值，变形区域的选择不会影响变形半径的数值。
- 　【变形区域】：选中该复选框，可以激活 【固定曲线/边线/面】和 【要变形的其他面】选项，如图 3 14 所示。
- 　【要变形的实体】：在使用空间中的点时，允许选择多个实体或者一个实体。

图 3-13　选中【点】单选按钮后的属性管理器

图 3-14　【变形区域】选项组

3) 【形状选项】选项组

- 　【变形轴】：通过建立平行于一条线性边线或者草图直线、垂直于一个平面或者基准面、沿着两个点或者顶点的折弯轴以控制变形形状。
- 　【刚度】：控制变形过程中变形形状的刚性。
- 　【形状精度】：控制曲面品质。

2. 曲线到曲线

选择【插入】|【特征】|【变形】菜单命令，弹出【变形】属性管理器。在【变形类型】选项组中选中【曲线到曲线】单选按钮，其属性管理器如图 3-15 所示。

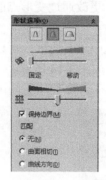

图 3-15　选中【曲线到曲线】单选按钮后的属性管理器

1)　【变形曲线】选项组

- ↗【初始曲线】：设置变形特征的初始曲线。
- ↗【目标曲线】：设置变形特征的目标曲线。
- 【组[n]】：允许添加、删除以及循环选择组以进行修改。
- 【显示预览】：使用线框视图或者上色视图预览结果。

2)　【变形区域】选项组

- 【固定的边线】：防止所选曲线、边线或者面被移动。
- 【统一】：在变形操作过程中保持原始形状的特性。
- ✍【固定曲线/边线/面】：防止所选曲线、边线或者面被变形和移动。
- ▤【要变形的其他面】：允许添加要变形的特定面。
- ▤【要变形的实体】：如果 ↗【初始曲线】不是实体面或者曲面中草图曲线的一部分，或者要变形多个实体，则使用此选项。

3)　【形状选项】选项组

- ▦【重量】：控制变形大小。
- 【保持边界】：确保所选边界是固定的。
- 【匹配】：允许应用这些条件，将变形曲面或者面匹配到目标曲面或者面边线。
  - ◆　【无】：不应用匹配条件。
  - ◆　【曲面相切】：使用平滑过渡匹配面和曲面的目标边线。
  - ◆　【曲线方向】：使用 ↗【目标曲线】的法线形成变形。

3.曲面推进

与点变形相比，曲面推进变形可以对变形形状提供更有效的控制，同时还是基于工具实体形状建立特定特征的可预测的方法。使用曲面推进变形，可以设计自由形状的曲面、模具、塑料、软包装、钣金等，这对合并工具实体的特性到现有设计中很有帮助。

选择【插入】|【特征】|【变形】菜单命令，弹出【变形】属性管理器。在【变形类型】选项组中选中【曲面推进】单选按钮，其属性管理器如图3-16所示。

1)　【推进方向】选项组

● 【变形方向】：设置推进变形的方向。

● 【显示预览】：使用线框视图或者上色视图预览结果。

2)　【变形区域】选项组

● 📋【要变形的其他面】：允许添加要变形的特定面，仅变形所选面。

● 📋【要变形的实体】：即目标实体，决定要被工具实体变形的实体。

● 🔔【要推进的工具实体】：设置对 📋【要变形的实体】进行变形的工具实体。

● 🔔【变形误差】：为工具实体与目标面或者实体的相交处指定圆角半径数值。

图 3-16　选中【曲面推进】单选按钮后的属性管理器

3)　【工具实体位置】选项组

以下选项允许通过键入正确的数值重新定位工具实体。此方法比使用三重轴更精确。

● Delta X、Delta Y、Delta Z：沿 x、y、z 轴移动工具实体的距离。

● 🔲【X 旋转角度】、🔲【Y 旋转角度】、🔲【Z 旋转角度】：围绕 x、y、z 轴以及旋转原点旋转工具实体的旋转角度。

● ⊙ₓ【X 旋转原点】、⊙ᵧ【Y 旋转原点】、⊙z【Z 旋转原点】：定位由图形区域中三重轴表示的旋转中心。

3.9　弯　曲　特　征

弯曲特征以直观的方式对复杂的模型进行变形。

1. 折弯

选择【插入】|【特征】|【弯曲】菜单命令，弹出【弯曲】属性管理器。在【弯曲输入】选项组中选中【折弯】单选按钮，其属性管理器如图3-17所示。

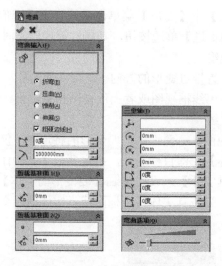

图 3-17　选中【折弯】单选按钮后的属性管理器

1)　　【弯曲输入】选项组

● 　【粗硬边线】：建立如圆锥面、圆柱面以及平面等的分析曲面，通常会形成剪裁基准面与实体相交的分割面。

● 　【角度】：设置折弯角度，需要配合折弯半径。

● 　【半径】：设置折弯半径。

2)　　【剪裁基准面 1】选项组

● 　【为剪裁基准面 1 选择一参考实体】：将剪裁基准面 1 的原点锁定到模型上的所选点。

● 　【基准面 1 剪裁距离】：沿三重轴的剪裁基准面轴(蓝色 z 轴)，从实体的外部界限移动到剪裁基准面上的距离。

3)　　【剪裁基准面 2】选项组

该选项组的属性设置与【剪裁基准面 1】选项组基本相同，在此不再赘述。

4)　　【三重轴】选项组

使用这些参数来设置三重轴的位置和方向。

● 　【为枢轴三重轴参考选择一坐标系特征】：将三重轴的位置和方向锁定到坐标系上。

● 　【X 旋转原点】、　【Y 旋转原点】、　【Z 旋转原点】：沿指定轴移动三重轴位置(相对于三重轴的默认位置)。

● 　【X 旋转角度】、　【Y 旋转角度】、　【Z 旋转角度】：围绕指定轴旋转三重轴(相对于三重轴自身)，此角度表示围绕零部件坐标系的旋转角度，且按照 z、y、x 顺序进行旋转。

5)　　【弯曲选项】选项组

　【弯曲精度】：控制曲面品质，提高品质还将会提高弯曲特征的成功率。

2. 扭曲

选择【插入】｜【特征】｜【弯曲】菜单命令，弹出【弯曲】属性管理器。在【弯曲输入】选项组中选中【扭曲】单选按钮，如图 3-18 所示。

【角度】：设置扭曲的角度。

其他选项组的属性设置不再赘述。

3．锥削

选择【插入】｜【特征】｜【弯曲】菜单命令，弹出【弯曲】属性管理器。在【弯曲输入】选项组中选中【锥削】单选按钮，如图 3-19 所示。

图 3-18　选中【扭曲】单选按钮　　　　图 3-19　选中【锥削】单选按钮

【锥剃因子】：设置锥削量。调整 【锥剃因子】时，剪裁基准面不移动。

其他选项组的属性设置不再赘述。

4．伸展

选择【插入】｜【特征】｜【弯曲】菜单命令，弹出【弯曲】属性管理器。在【弯曲输入】选项组中选中【伸展】单选按钮，如图 3-20 所示。

图 3-20　选中【伸展】单选按钮

【伸展距离】：设置伸展量。

其他选项组的属性设置不再赘述。

3.10　压凹特征

压凹特征是通过使用厚度和间隙而建立的特征，其应用包括封装、冲印、铸模以及机器的压入配合等。根据所选实体类型，指定目标实体和工具实体之间的间隙数值，并为压凹特征指定厚度数值。

选择【插入】|【特征】|【压凹】菜单命令，弹出【压凹】属性管理器，如图 3-21 所示。

1. 【选择】选项组

- 🏠【目标实体】：选择要压凹的实体或者曲面实体。
- 🏠【工具实体区域】：选择一个或者多个实体。
- 【保留选择】、【移除选择】：选择要保留或者移除的模型边界。
- 【切除】：选中该复选框，则移除目标实体的交叉区域。

2. 【参数】选项组

- ⬡【厚度】(仅限实体)：确定压凹特征的厚度。
- 【间隙】：确定目标实体和工具实体之间的间隙。

图 3-21　【压凹】属性管理器

3.11　圆　顶　特　征

圆顶特征可以在同一模型上同时建立一个或者多个圆顶。

选择【插入】|【特征】|【圆顶】菜单命令，弹出【圆顶】属性管理器，如图 3-22 所示。

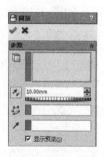

图 3-22　【圆顶】属性管理器

- 🗔【到圆顶的面】：选择一个或者多个平面或者非平面。
- 【距离】：设置圆顶扩展的距离。
- ⬀【反向】：单击该按钮，可以建立凹陷圆顶(默认为凸起)。
- 😃【约束点或草图】：选择一个点或者草图，通过对其形状进行约束以控制圆顶。
- ➚【方向】：从图形区域选择方向向量以垂直于面以外的方向拉伸圆顶，可以使用线性边线或者由两个草图点所建立的向量作为方向向量。

3.12　边界凸台/基体特征

单击【特征】工具栏中的 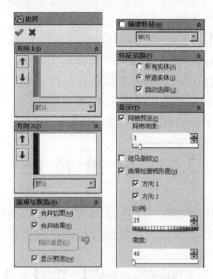【边界凸台/基体】按钮或者选择【插入】|【凸台/基体】|
【边界】菜单命令，弹出【边界】属性管理器，如图 3-23 所示。

图 3-23　【边界】属性管理器

1. 【方向 1】选项组

(1)　【曲线】：确定用于以此方向建立边界特征的曲线。

● ↑【上移】：选择曲线向上移动。

● ↓【下移】：选择曲线向下移动。

(2)　【相切类型】：设置边界特征的相切类型。

● 【无】：没应用相切约束(曲率为 0)。

● 【方向向量】：根据用户所选的实体应用相切约束。

● 【默认】：近似在第一个和最后一个轮廓之间刻划的抛物线。

● 【垂直于轮廓】：垂直曲线应用相切约束。

2. 【方向 2】选项组

该选项组中的参数用法和【方向 1】选项组中的基本相同。

3. 【选项与预览】选项组

(1)　【合并切面】：如果对应的线段相切，则会使所建立的边界特征中的曲面保持
相切。

(2)　【合并结果】：沿边界特征方向建立一闭合实体。

(3)　【拖动草图】：激活拖动模式。

(4)　 ↰【撤消草图拖动】：撤消先前的草图拖动并将预览返回到其先前状态。

(5) 【显示预览】：对边界进行预览。

4. 【显示】选项组

(1) 【网格预览】：对边界进行预览。

【网格密度】：调整网格的行数。

(2) 【斑马条纹】：斑马条纹可查看曲面中标准显示难以分辨的小变化。斑马条纹模仿在光泽表面上反射的长光线条纹。

(3) 【曲率检查梳形图】：按照不同方向显示曲率梳形图。

- 【方向1】：切换沿方向 1 的曲率检查梳形图显示。
- 【方向2】：切换沿方向 2 的曲率检查梳形图显示。
- 【比例】：调整曲率检查梳形图的大小。
- 【密度】：调整曲率检查梳形图的显示行数。

3.13　拔　模　特　征

拔模特征是用指定的角度斜削模型中所选的面，使型腔零件更容易脱出模具，可以在现有的零件中插入拔模，或者在进行拉伸特征时拔模，也可以将拔模应用到实体或者曲面模型中。

在【手工】模式中，可以指定拔模类型，包括【中性面】、【分型线】和【阶梯拔模】。

1. 中性面

选择【插入】|【特征】|【拔模】菜单命令，弹出【拔模】属性管理器。在【拔模类型】选项组中，选中【中性面】单选按钮，如图 3-24 所示。

1) 【拔模角度】选项组

【拔模角度】：垂直于中性面进行测量的角度。

2) 【中性面】选项组

【中性面】：选择一个面或者基准面。

3) 【拔模面】选项组

- 【拔模面】：在图形区域中选择要拔模的面。
- 【拔模沿面延伸】：可以将拔模延伸到额外的面。
  - ◆ 【无】：只在所选的面上进行拔模。
  - ◆ 【沿切面】：将拔模延伸到所有与所选面相切的面。
  - ◆ 【所有面】：将拔模延伸到所有从中性面拉伸的面。
  - ◆ 【内部的面】：将拔模延伸到所有从中性面拉伸的内部面。
  - ◆ 【外部的面】：将拔模延伸到所有在中性面旁边的外部面。

2. 分型线

选中【分型线】单选按钮，可以对分型线周围的曲面进行拔模。

选择【插入】|【特征】|【拔模】菜单命令，弹出【拔模】属性管理器。在【拔模类型】选项组中，选中【分型线】单选按钮，如图 3-25 所示。

图 3-24　选中【中性面】单选按钮后的
　　　　　属性管理器

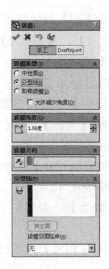

图 3-25　选中【分型线】单选按钮后的
　　　　　属性管理器

1)　【拔模方向】选项组

【拔模方向】：在图形区域中选择一条边线或者一个
面指示拔模的方向。

2)　【分型线】选项组

● 　【分型线】：在图形区域中选择分型线。

● 　【拔模沿面延伸】：可以将拔模延伸到额外的
　　　面。

　　　◆　【无】：只在所选的面上进行拔模。

　　　◆　【沿切面】：将拔模延伸到所有与所选面相
　　　　　切的面。

图 3-26　选中【阶梯拔模】
　　　　　单选按钮后的
　　　　　属性管理器

3. 阶梯拔模

阶梯拔模是分型线拔模的变体，阶梯拔模围绕作为
拔模方向的基准面旋转而建立一个面。

选择【插入】|【特征】|【拔模】菜单命令，弹出
【拔模】属性管理器。在【拔模类型】选项组中，选中
【阶梯拔模】单选按钮，如图 3-26 所示。

选中【阶梯拔模】单选按钮后的属性管理器与选中【分
型线】单按按钮后的属性管理器基本相同，在此不再赘述。

3.14　草 图 阵 列

3.14.1　草图线性阵列的属性设置

对于基准面、零件或者装配体中的草图实体，使用【插入】|【阵列/镜像】|⊞【线性
阵列】命令可以建立草图线性阵列。选择【工具】|【草图工具】|【线性阵列】菜单命

令，弹出【线性阵列】属性管理器，如图 3-27 所示。

1) 【方向 1】、【方向 2】选项组

【方向 1】选项组显示了沿 x 轴线性阵列的特征参数；
【方向 2】选项组显示了沿 y 轴线性阵列的特征参数。

- **⚡【反向】**：可以改变线性阵列的排列方向。
- **🔧、🔧【间距】**：线性阵列 x、y 轴相邻两个特征参数之间的距离。
- **【添加间距尺寸】**：形成线性阵列后，在草图上自动标注特征尺寸。
- **⚡【数量】**：经过线性阵列后草图最后形成的总个数。
- **🔧、🔧【角度】**：线性阵列的方向与 x、y 轴之间的夹角。

2) 【可跳过的实例】选项组

- **⚡【要跳过的部分】**：建立线性阵列时跳过在图形区域中选择的阵列实例。

其他属性设置不再赘述。

图 3-27 【线性阵列】
属性管理器

3.14.2 草图圆周阵列的属性设置

对于基准面、零件或者装配体上的草图实体，使用 ⚡【圆周阵列】菜单命令可以建立草图圆周阵列。选择【工具】｜【草图工具】｜【圆周阵列】菜单命令，弹出【圆周阵列】属性管理器，如图 3-28 所示。

1) 【参数】选项组

- **⚡【反向旋转】**：草图圆周阵列围绕原点旋转的方向。
- **⚡【中心 X】**：草图圆周阵列旋转中心的横坐标。
- **⚡【中心 Y】**：草图圆周阵列旋转中心的纵坐标。
- **⚡【数量】**：经过圆周阵列后草图最后形成的总个数。
- **⚡【半径】**：圆周阵列的旋转半径。
- **⚡【圆弧角度】**：圆周阵列旋转中心与要阵列的草图中心之间的夹角。
- **【等间距】**：圆周阵列中草图之间的夹角是相等的。
- **【添加间距尺寸】**：形成圆周阵列后，在草图上自动标注出特征尺寸。

2) 【可跳过的实例】选项组

⚡【要跳过的部分】：建立圆周阵列时跳过在图形区域中选择的阵列实例。

其他属性设置不再赘述。

图 3-28 【圆周阵列】
属性管理器

3.15 特 征 阵 列

特征阵列与草图阵列相似，都是复制一系列相同的要素。不同之处在于草图阵列复制的是草图，特征阵列复制的是结构特征；草图阵列得到的是一个草图，而特征阵列得到的是一个复杂的特征。

特征阵列包括线性阵列、圆周阵列、表格驱动的阵列、草图驱动的阵列和曲线驱动的阵列等。选择【插入】｜【阵列/镜像】菜单命令，弹出特征阵列的菜单，如图 3-29 所示。

图 3-29 特征阵列的菜单

3.15.1 线性阵列

特征的线性阵列是在一个或者几个方向上建立多个指定的源特征。

单击【特征】工具栏中的 ⣿ 【线性阵列】按钮或者选择【插入】｜【阵列/镜像】｜【线性阵列】菜单命令，弹出【线性阵列】属性管理器，如图 3-30 所示。

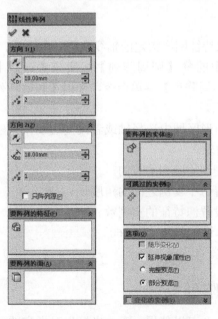

图 3-30 【线性阵列】属性管理器

1) 【方向1】、【方向2】选项组
● 【阵列方向】：设置阵列方向，可以选择线性边线、直线、轴或者尺寸。

- 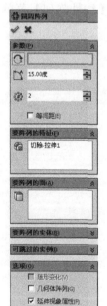 【反向】：改变阵列方向。
- 【间距】：设置阵列实例之间的间距。
- 【实例数】：设置阵列实例之间的数量。
- 【只阵列源】：只使用源特征而不复制【方向 1】选项组的阵列实例在【方向 2】选项组中建立的线性阵列。

2) 【要阵列的特征】选项组

可以使用所选择的特征作为源特征以建立线性阵列。

3) 【要阵列的面】选项组

可以使用构成源特征的面建立阵列。在图形区域中选择源特征的所有面，这对于只输入构成特征的面而不是特征本身的模型很有用。

4) 【要阵列的实体】选项组

可以使用在多实体零件中选择的实体建立线性阵列。

5) 【可跳过的实例】选项组

可以在建立线性阵列时跳过在图形区域中选择的阵列实例。

6) 【选项】选项组

- 【随形变化】：允许重复时更改阵列。
- 【几何体阵列】：只使用特征的几何体建立线性阵列，而不阵列和求解特征的每个实例。
- 【延伸视象属性】：将 SolidWorks 的颜色、纹理和装饰螺纹数据延伸到所有阵列实例。

3.15.2 圆周阵列

特征的圆周阵列是将源特征围绕指定的轴线复制多个特征。

单击【特征】工具栏中的 【圆周阵列】按钮或者选择【插入】|【阵列/镜像】|【圆周阵列】菜单命令，弹出【圆周阵列】属性管理器，如图 3-31 所示。

- 【阵列轴】：在图形区域中选择轴或者模型边线作为建立圆周阵列所围绕的轴。
- 【反向】：改变圆周阵列的方向。
- 【角度】：设置每个实例之间的角度。
- 【实例数】：设置源特征的实例数。
- 【等间距】：自动设置总角度为 360°。

其他属性设置不再赘述。

3.15.3 表格驱动的阵列

【表格驱动的阵列】命令可以使用 x、y 坐标来对指定的源特征进行阵列。使用 x、y 坐标的孔阵列是【表格驱动的阵列】的常见应用，但也可以由【表格驱动的阵列】使用其他源特征(如凸台等)。

图 3-31 【圆周阵列】
属性管理器

选择【插入】|【阵列/镜像】|【表格驱动的阵列】菜单命令,弹出【由表格驱动的阵列】属性管理器,如图 3-32 所示。

(1)　【读取文件】:输入含 x、y 坐标的阵列表或者文字文件。

(2)　【参考点】:指定在放置阵列实例时 x、y 坐标所适用的点。

● 　【所选点】:将参考点设置到所选顶点或者草图点。

● 　【重心】:将参考点设置到源特征的重心。

(3)　【坐标系】:设置用来建立表格阵列的坐标系,包括原点、从特征管理器设计树中选择所建立的坐标系。

(4)　【要复制的实体】:根据多实体零件建立阵列。

(5)　【要复制的特征】:根据特征建立阵列,可以选择多个特征。

(6)　【要复制的面】:根据构成特征的面建立阵列,选择图形区域中的所有面。

(7)　【几何体阵列】:只使用特征的几何体(如面和边线等)建立阵列。

(8)　【延伸视象属性】:将 SolidWorks 的颜色、纹理和装饰螺纹数据延伸到所有阵列实体。

可以使用 x、y 坐标作为阵列实例建立位置点。如果要为表格驱动的阵列的每个实例输入 x、y 坐标,双击数值框输入坐标值即可,如图 3-33 所示。

点	X	Y
0	-22.9mm	19.63mm
1	100mm	-100mm
2	200mm	-200mm
3		

图 3-32　【由表格驱动的阵列】属性管理器　　　　图 3-33　输入坐标数值

3.15.4　草图驱动的阵列

草图驱动的阵列是通过草图中的特征点复制源特征的一种阵列方式。

选择【插入】|【阵列/镜像】|【草图驱动的阵列】菜单命令,弹出【由草图驱动的阵列】属性管理器,如图 3-34 所示。

(1)　 【参考草图】:在特征管理器设计树中选择草图用作阵列。

(2)　【参考点】:进行阵列时所需的位置点。

● 　【重心】:根据源特征的类型决定重心。

● 　【所选点】:在图形区域中选择一个点作为参考点。

其他属性设置不再赘述。

图 3-34　【由草图驱动的阵列】属性管理器

3.15.5　曲线驱动的阵列

曲线驱动的阵列是通过草图中的平面或者 3D 曲线复制源特征的一种阵列方式。

选择【插入】|【阵列/镜像】|【曲线驱动的阵列】菜单命令，弹出【曲线驱动的阵列】属性管理器，如图 3-35 所示。

图 3-35　【曲线驱动的阵列】属性管理器

（1）【阵列方向】：选择曲线、边线、草图实体或者在特征管理器设计树中选择草图作为阵列的路径。

（2）【反向】：改变阵列的方向。

(3) 【实例数】：为阵列中源特征的实例数设置数值。

(4) 【等间距】：使每个阵列实例之间的距离相等。

(5) 【间距】：沿曲线为阵列实例之间的距离设置数值。

(6) 【曲线方法】：使用所选择的曲线定义阵列的方向。

● 【转换曲线】：为每个实例保留从所选曲线原点到源特征的距离。

● 【等距曲线】：为每个实例保留从所选曲线原点到源特征的垂直距离。

(7) 【对齐方法】：使用所选择的对齐方法将特征进行对齐。

● 【与曲线相切】：对齐所选择的与曲线相切的每个实例。

● 【对齐到源】：对齐每个实例以与源特征的原有对齐匹配。

(8) 【面法线】：(仅对于 3D 曲线)选择 3D 曲线所处的面以建立曲线驱动的阵列。

其他属性设置不再赘述。

3.15.6 填充阵列

填充阵列是在限定的实体平面或者草图区域中进行的阵列复制。

选择【插入】│【阵列/镜像】│【填充阵列】菜单命令，弹出【填充阵列】属性管理器，如图 3-36 所示。

1) 【填充边界】选项组

【选择面或共平面上的草图、平面曲线】：定义要使用阵列填充的区域。

2) 【阵列布局】选项组

定义填充边界内实例的布局阵列，可以自定义形状进行阵列或者对特征进行阵列，阵列实例以源特征为中心呈同轴心分布。

● 【穿孔】：为钣金穿孔式阵列建立网格，其参数如图 3-37 所示。

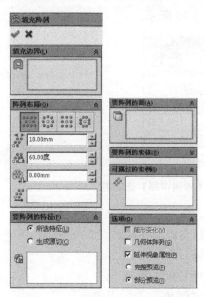

图 3-36 【填充阵列】属性管理器

图 3-37 选中【穿孔】按钮后的
【阵列布局】选项组

- ◆ 🔡【实例间距】：设置实例中心之间的距离。
- ◆ 🔡【交错断续角度】：设置各实例行之间的交错断续角度。
- ◆ 🔡【边距】：设置填充边界与最远端实例之间的边距，可以将边距的数值设置为0。
- ◆ 🔡【阵列方向】：设置方向参考。如果未指定方向参考，系统将使用最合适的参考。
- ● 🔡【圆周】：建立圆周形阵列，其参数如图3-38所示。

图 3-38 选中【圆周】按钮后的【阵列布局】选项组

- ◆ 🔡【环间距】：设置实例环间的距离。
- ◆ 【目标间距】：设置每个环内实例间距离以填充区域。
- ◆ 【每环的实例】：使用实例数(每环)填充区域。
- ◆ 🔡【实例间距】：设置每个环内实例中心间的距离。
- ◆ 🔡【实例数】：设置每环的实例数。
- ◆ 🔡【边距】：设置填充边界与最远端实例之间的边距。
- ◆ 🔡【阵列方向】：设置方向参考。
- ● 🔡【方形】：建立方形阵列，其参数如图3-39所示。

图 3-39 选中【方形】按钮后的【阵列布局】选项组

- ◆ 🔡【环间距】：设置实例环间的距离。
- ◆ 【目标间距】：设置每个环内实例间距离以填充区域。
- ◆ 【每边的实例】：使用实例数填充区域。
- ◆ 🔡【实例间距】：设置每个环内实例中心间的距离。
- ◆ 🔡【实例数】：设置每个方形各边的实例数。
- ◆ 🔡【边距】：设置填充边界与最远端实例之间的边距。
- ◆ 🔡【阵列方向】：设置方向参考。

● ▦【多边形】：建立多边形阵列，其参数如图 3-40 所示。

图 3-40 选中【多边形】按钮后的【阵列布局】选项组

◆ ▨【环间距】：设置实例环间的距离。

◆ ⬠【多边形边】：设置阵列中的边数。

◆ 【目标间距】：设置每个环内实例间距离以填充区域。

◆ 【每边的实例】：使用实例数填充区域。

◆ ▧【实例间距】：设置每个环内实例中心间的距离。

◆ ▧【实例数】：设置每个多边形每边的实例数。

◆ ▩【边距】：设置填充边界与最远端实例之间的边距。

◆ ▨【阵列方向】：设置方向参考。

3) 【要阵列的特征】选项组

● 【所选特征】：选择要阵列的特征。

● 【生成源切】：为要阵列的源特征自定义切除形状。

● ▣【圆】：建立圆形切割作为源特征，其参数如图 3-41 所示。

◆ ⊘【直径】：设置直径。

◆ ◉【顶点或草图点】：将源特征的中心定位在所选顶点或者草图点处。

● ▣【方形】：建立方形切割作为源特征，其参数如图 3-42 所示。

图 3-41 选中【圆】按钮后的　　　　图 3-42 选中【方形】按钮后的
　【要阵列的特征】选项组　　　　　　　　【要阵列的特征】选项组

◆ ▣【尺寸】：设置各边的长度。

◆ ▣【顶点或草图点】：将源特征的中心定位在所选顶点或者草图点处。

◆ ▱【旋转】：逆时针旋转每个实例。

● ◈【菱形】：建立菱形切割作为源特征，其参数如图 3-43 所示。

- ◆ ◇【尺寸】：设置各边的长度。
- ◆ ◁【对角】：设置对角线的长度。
- ◆ ◈【顶点或草图点】：将源特征的中心定位在所选顶点或者草图点处。
- ◆ ◹【旋转】：逆时针旋转每个实例。

● ▣【多边形】：建立多边形切割作为源特征，其参数如图 3-44 所示。

图 3-43　选中【菱形】按钮后的　　　　　图 3-44　选中【多边形】按钮后的
　　　　　【要阵列的特征】选项组　　　　　　　　　【要阵列的特征】选项组

- ◆ ⬠【多边形边】：设置边数。
- ◆ ◯【外径】：根据外径设置阵列大小。
- ◆ ◌【内径】：根据内径设置阵列大小。
- ◆ ⬠【顶点或草图点】：将源特征的中心定位在所选顶点或者草图点处。
- ◆ ◹【旋转】：逆时针旋转每个实例。

● 【反转形状方向】：围绕在填充边界中所选择的面反转源特征的方向。

3.16　镜　　像

3.16.1　镜像特征

镜像特征是沿面或者基准面镜像以建立一个特征(或者多个特征)的复制操作。

单击【特征】工具栏中的 ▣【镜像】按钮或者选择【插入】|【阵列/镜像】|【镜像】菜单命令，弹出【镜像】属性管理器，如图 3-45 所示。

(1) 【镜像面/基准面】选项组：在图形区域中选择一个面或基准面作为镜像面。

(2) 【要镜像的特征】选项组：单击模型中一个或者多个特征，也可以在特征管理器设计树中选择要镜像的特征。

(3) 【要镜像的面】选项组：在图形区域中单击构成要镜像的特征的面，此选项组参数对于在输入的过程中仅包括特征的面且不包括特征本身的零件很有用。

图 3-45　【镜像】属性管理器

3.16.2 镜像零部件

选择一个对称基准面以及零部件以进行镜像操作。在装配体窗口中，选择【插入】|
【镜像零部件】菜单命令，弹出【镜像零部件】属性管理器，如图 3-46 所示。

图 3-46 【镜像零部件】属性管理器

用鼠标右键单击要镜像的零部件的名称，在弹出的快捷菜单中可以进行以下操作。

- 【镜像所有子关系】：镜像子装配体及其所有子关系。
- 【镜像所有实例】：镜像所选零部件的所有实例。
- 【复制所有子实例】：复制所选零部件的所有实例。
- 【镜像所有零部件】：镜像装配体中所有的零部件。
- 【复制所有零部件】：复制装配体中所有的零部件。

3.17 建模范例 1

下面应用本章所讲解的知识完成一个模型的制作，最终效果如图 3-47 所示。

图 3-47 连杆模型

3.17.1 生成连杆部分

(1) 单击特征管理器设计树中的【前视基准面】图标，使其成为草图绘制平面。单击

【标准视图】工具栏中的↥【正视于】按钮，并单击【草图】工具栏中的❷【草图绘制】按钮，进入草图绘制状态。使用【草图】工具栏中的🔅【圆弧】、♦【智能尺寸】工具，绘制如图 3-48 所示的草图并标注尺寸。单击❷【退出草图】按钮，退出草图绘制状态。

（2）单击【特征】工具栏中的🔓【拉伸凸台/基体】按钮，弹出【拉伸】属性管理器。在【方向 1】选项组中，设置【终止条件】为【两侧对称】，🔧【深度】为 30.00mm，单击✔【确定】按钮，生成拉伸特征，如图 3-49 所示。

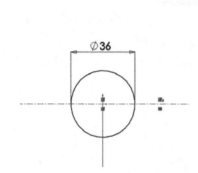

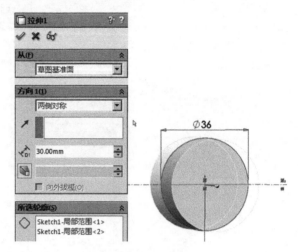

图 3-48　绘制草图并标注尺寸　　　　　　　图 3-49　拉伸特征

（3）单击特征管理器设计树中的【前视基准面】图标，使其成为草图绘制平面。单击【标准视图】工具栏中的↥【正视于】按钮，并单击【草图】工具栏中的❷【草图绘制】按钮，进入草图绘制状态。使用【草图】工具栏中的🔅【圆弧】、♦【智能尺寸】工具，绘制如图 3-50 所示的草图并标注尺寸。单击❷【退出草图】按钮，退出草图绘制状态。

（4）单击【特征】工具栏中的🔓【拉伸凸台/基体】按钮，弹出【拉伸】属性管理器。在【方向 1】选项组中，设置【终止条件】为【两侧对称】，🔧【深度】为 21.00mm，单击✔【确定】按钮，生成拉伸特征，如图 3-51 所示。

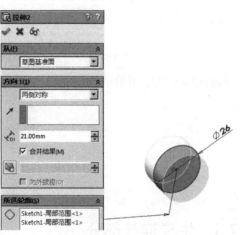

图 3-50　绘制草图并标注尺寸　　　　　　　图 3-51　拉伸特征

(5) 单击特征管理器设计树中的【上视基准面】图标，使其成为草图绘制平面。单击【标准视图】工具栏中的 ⌁【正视于】按钮，并单击【草图】工具栏中的 ⌇【草图绘制】按钮，进入草图绘制状态。使用【草图】工具栏中的 ╲【直线】、⌂【圆弧】、◇【智能尺寸】工具，绘制如图 3-52 所示的草图并标注尺寸。单击 ⌇【退出草图】按钮，退出草图绘制状态。

(6) 单击【特征】工具栏中的 ⋒【切除-旋转】按钮，弹出【旋转切除】属性管理器。在【旋转轴】选项组中，选择【直线 4】作为旋转轴，单击 ✔【确定】按钮，生成切除旋转特征，如图 3-53 所示。

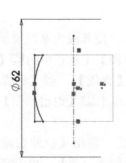

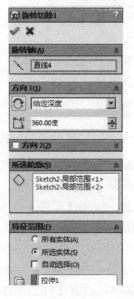

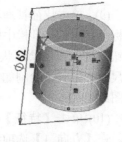

图 3-52　绘制草图并标注尺寸　　　　　图 3-53　切除旋转特征

(7) 单击特征管理器设计树中的【前视基准面】图标，使其成为草图绘制平面。单击【标准视图】工具栏中的 ⌁【正视于】按钮，并单击【草图】工具栏中的 ⌇【草图绘制】按钮，进入草图绘制状态。使用【草图】工具栏中的 ╲【直线】、⌂【圆弧】、◇【智能尺寸】工具，绘制如图 3-54 所示的草图并标注尺寸。单击 ⌇【退出草图】按钮，退出草图绘制状态。

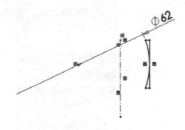

图 3-54　绘制草图并标注尺寸

(8) 单击【特征】工具栏中的 ⋒【切除-旋转】按钮，弹出【旋转切除】属性管理器。在【旋转轴】选项组中，选择【直线 2】作为旋转轴，单击 ✔【确定】按钮，生成切除旋转特征，如图 3-55 所示。

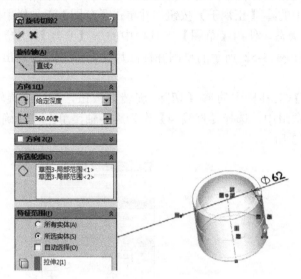

图 3-55　生成切除旋转特征

(9)　单击特征管理器设计树中的【前视基准面】图标，使其成为草图绘制平面。单击【标准视图】工具栏中的⊥【正视于】按钮，并单击【草图】工具栏中的【草图绘制】按钮，进入草图绘制状态。使用【草图】工具栏中的＼【直线】、⚬【圆弧】、◇【智能尺寸】工具，绘制如图 3-56 所示的草图并标注尺寸。单击【退出草图】按钮，退出草图绘制状态。

(10) 单击【特征】工具栏中的【切除-拉伸】按钮，弹出【拉伸切除】属性管理器。在【方向 1】选项组中，设置【终止条件】为【成形到下一面】，单击✔【确定】按钮，生成拉伸切除特征，如图 3-57 所示。

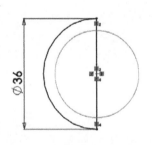

图 3-56　绘制草图并标注尺寸

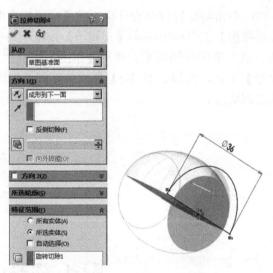

图 3-57　拉伸切除特征

(11) 单击特征管理器设计树中的【左视基准面】图标，使其成为草图绘制平面。单击

【标准视图】工具栏中的 ⊥【正视于】按钮，并单击【草图】工具栏中的 ☒【草图绘制】按钮，进入草图绘制状态。使用【草图】工具栏中的 ❖【直线】、❖【圆弧】、◊【智能尺寸】工具，绘制如图 3-58 所示的草图并标注尺寸。单击 ☒【退出草图】按钮，退出草图绘制状态。

(12) 单击【特征】工具栏中的 ☒【拉伸凸台/基体】按钮，弹出【拉伸】属性管理器。在【方向 1】选项组中，设置【终止条件】为【给定深度】，◊【深度】为 14.00mm，单击 ✔【确定】按钮，生成拉伸特征，如图 3-59 所示。

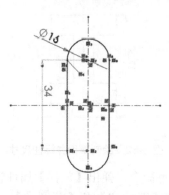

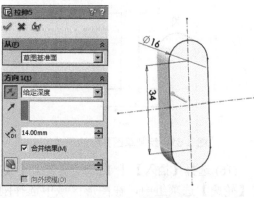

图 3-58　绘制草图并标注尺寸　　　　　　图 3-59　拉伸特征

(13) 单击【参考几何体】工具栏中的 ◈【基准面】按钮，弹出【基准面】属性管理器。在【第一参考】选项组中，在图形区域中选择面 1，单击 ◊【距离】按钮，在文本框中输入 200.00mm，如图 3-60 所示，在图形区域中显示出新建基准面的预览，单击 ✔【确定】按钮，生成基准面。

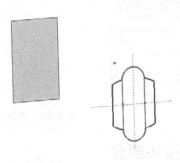

图 3-60　生成基准面

(14) 单击椭圆拉伸特征的上表面，使其成为草图绘制平面。单击【标准视图】工具栏中的 ⊥【正视于】按钮，并单击【草图】工具栏中的 ☒【草图绘制】按钮，进入草图绘制状态。使用【草图】工具栏中的 ❖【直线】、◊【智能尺寸】工具，绘制如图 3-61 所示的草图并标注尺寸。单击 ☒【退出草图】按钮，退出草图绘制状态。

(15) 单击特征管理器设计树中的【基准面 1】图标，使其成为草图绘制平面。单击【标准视图】工具栏中的【正视于】按钮，并单击【草图】工具栏中的【草图绘制】按钮，进入草图绘制状态。使用【草图】工具栏中的【直线】、【圆弧】、【智能尺寸】工具，绘制如图 3-62 所示的草图并标注尺寸。单击【退出草图】按钮，退出草图绘制状态。

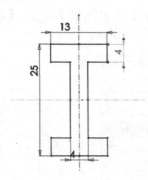

图 3-61　绘制草图并标注尺寸

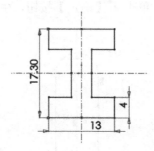

图 3-62　绘制草图并标注尺寸

(16) 选择【插入】|【凸台/基体】|【放样】菜单命令，弹出【放样】属性管理器。在【轮廓】选项组中，在图形区域中选择刚刚绘制的【草图 7】和【草图 8】，单击【确定】按钮，如图 3-63 所示，生成放样特征。

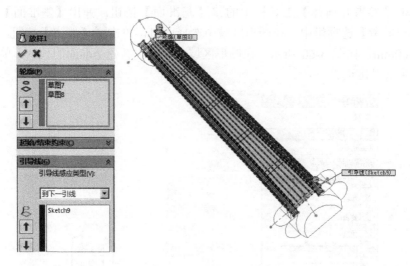

图 3-63　生成放样特征

3.17.2　生成接头部分

(1) 单击模型的侧面，使其成为草图绘制平面。单击【标准视图】工具栏中的【正视于】按钮，并单击【草图】工具栏中的【草图绘制】按钮，进入草图绘制状态。使用【草图】工具栏中的【圆弧】、【智能尺寸】工具，绘制如图 3-64 所示的草图并标注尺寸。单击【退出草图】按钮，退出草图绘制状态。

图 3-64　绘制草图并标注尺寸

（2）单击【特征】工具栏中的 【切除-拉伸】按钮，弹出【拉伸切除】属性管理器。在【方向 1】选项组中，设置【终止条件】为【成形到下一面】，单击 【确定】按钮，生成拉伸切除特征，如图 3-65 所示。

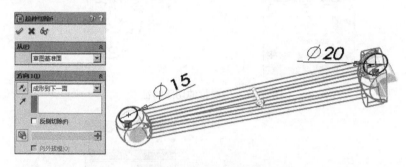

图 3-65　生成拉伸切除特征

（3）单击椭圆拉伸特征的表面，使其成为草图绘制平面。单击【标准视图】工具栏中的 【正视于】按钮，并单击【草图】工具栏中的 【草图绘制】按钮，进入草图绘制状态。使用【草图】工具栏中的 【直线】、【圆弧】、【智能尺寸】工具，绘制如图 3-66 所示的草图并标注尺寸。单击 【退出草图】按钮，退出草图绘制状态。

图 3-66　绘制草图并标注尺寸

（4）单击【特征】工具栏中的 【切除-拉伸】按钮，弹出【拉伸切除】属性管理器。在【方向 1】选项组中，设置【终止条件】为【成形到下一面】，单击 【确定】按钮，生成拉伸切除特征，如图 3-67 所示。

（5）单击模型的下表面，使其成为草图绘制平面。单击【标准视图】工具栏中的 【正视于】按钮，并单击【草图】工具栏中的 【草图绘制】按钮，进入草图绘制状态。使用【草图】工具栏中的 【直线】、【圆弧】、【智能尺寸】工具，绘制如图 3-68 所示的草图并标注尺寸。单击 【退出草图】按钮，退出草图绘制状态。

（6）选择【插入】|【曲线】|【螺旋线/涡状线】菜单命令，弹出【螺旋线】属性管理器。在【定义方式】选项组中选择【高度和螺距】选项；在【参数】选项组中选中【恒定

螺距】单选按钮，将【高度】设置为 14.80mm，将【螺距】设置为 0.80mm，选中【反向】复选框，设置【起始角度】为 135 度，单击 ✔【确定】按钮，生成螺旋线，如图 3-69 所示。

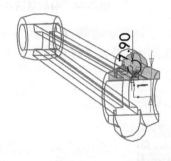

图 3-67　生成拉伸切除特征

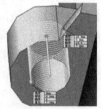

图 3-68　绘制草图并标注尺寸　　　　　　　　　图 3-69　生成螺旋线特征

(7)　单击【参考几何体】工具栏中的 ◈【基准面】按钮，弹出【基准面】属性管理器。在【第一参考】选项组中，在图形区域中选择边线 1，单击 ⊥【垂直】按钮；在【第二参考】选项组中，在图形区域中选择螺旋线草图的一个点，单击 ⊼【重合】按钮，如图 3-70 所示，在图形区域中显示出新建基准面的预览，单击 ✔【确定】按钮，生成基准面。

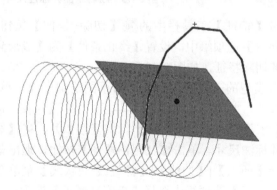

图 3-70　生成基准面

(8)　单击新建立的基准面，使其成为草图绘制平面。单击【标准视图】工具栏中的 ![] 【正视于】按钮，并单击【草图】工具栏中的 ![] 【草图绘制】按钮，进入草图绘制状态。使用【草图】工具栏中的 ![] 【直线】、![] 【圆弧】、![] 【智能尺寸】工具，绘制如图 3-71 所示的草图并标注尺寸。单击 ![] 【退出草图】按钮，退出草图绘制状态。

(9)　选择【插入】|【特征】|【倒角】菜单命令，弹出【倒角】属性管理器。在【倒角参数】选项组中，单击 ![] 【边线和面或顶点】选择框，在绘图区域中选择模型中拉伸特征的轮廓面 1，设置 ![] 【距离】为 0.50mm，设置 ![] 【角度】为 45.00 度，单击 ![] 【确定】按钮，生成倒角特征，如图 3-72 所示。

 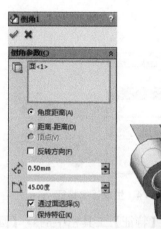

图 3-71　绘制草图并标注尺寸　　　　　　　图 3-72　生成倒角特征

(10) 选择【插入】|【切除】|【扫描】菜单命令，弹出【扫描切除】属性管理器。在【轮廓与路径】选项组中，选择【草图 13】作为轮廓，【螺旋线】作为路径；在【方向/扭转控制】下拉列表框中选择【随路径变化】选项，其他保持默认设置，单击【确定】按钮，如图 3-73 所示。

图 3-73　扫描切除特征

(11) 单击【特征】工具栏中的 ![] 【镜像】按钮，弹出【镜像】属性管理器。在【镜像面/基准面】选项组中，单击 ![] 【镜像面/基准面】选择框，在绘图区中选择上视基准面特

征；在【要镜像的特征】选项组中，单击 【要镜像的特征】选择框，在绘图区中选择
【扫描切除 1】、【倒角 1】、【拉伸切除 7】特征，单击 ✓【确定】按钮，生成镜像特征，如图 3-74 所示。

(12) 选择【插入】|【特征】|【倒角】菜单命令，弹出【倒角】属性管理器。在
【倒角参数】选项组中，单击 🗔【边线和面或顶点】选择框，在绘图区域中选择模型中的
两条边线和面，设置 ⬡【距离】为 1mm，设置 ⬡【角度】为 45 度，单击 ✓【确定】按
钮，生成倒角特征，如图 3-75 所示。

图 3-74　生成镜像特征

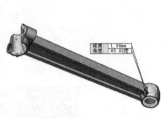

图 3-75　生成倒角特征

(13) 单击【特征】工具栏中的 🔘【圆角】按钮，弹出【圆角】属性管理器。在【圆角
参数】选项组中，设置 ⬠【半径】为 0.50mm，单击 🗔【边线、面、特征和环】选择框，
在图形区域中选择模型的两条边线，单击 ✓【确定】按钮，生成圆角特征，如图 3-76 所示。

(14) 单击【特征】工具栏中的 🔘【圆角】按钮，弹出【圆角】属性管理器。在【圆角
参数】选项组中，设置 ⬠【半径】为 5.00mm，单击 🗔【边线、面、特征和环】选择框，
在图形区域中选择模型的 6 条边线，单击 ✓【确定】按钮，生成圆角特征，如图 3-77 所示。

图 3-76　生成圆角特征

图 3-77　生成圆角特征

(15) 单击【特征】工具栏中的 🔘【圆角】按钮，弹出【圆角】属性管理器。在【圆角

参数】选项组中，设置 $\nwarrow$【半径】为 1.00mm，单击 $\square$【边线、面、特征和环】选择框，在图形区域中选择模型的 6 个面，单击 ✔【确定】按钮，生成圆角特征，如图 3-78 所示。

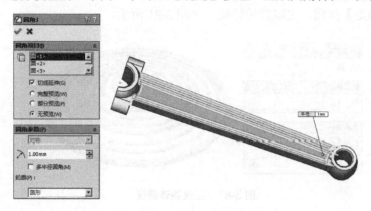

图 3-78　生成圆角特征

3.18　建模范例 2

下面应用本章所讲解的知识完成一个模型的制作，最终效果如图 3-79 所示。

图 3-79　通风井栏模型

3.18.1　生成圆环部分

(1) 单击特征管理器设计树中的【前视基准面】图标，使其成为草图绘制平面。单击【标准视图】工具栏中的 $\perp$【正视于】按钮，并单击【草图】工具栏中的 $\square$【草图绘制】按钮，进入草图绘制状态。单击【草图】工具栏中的 $\searrow$【直线】、$\cdot\cdot$【圆弧】、$\square$【矩形】按钮和 $\diamond$【智能尺寸】按钮，绘制草图并标注尺寸，如图 3-80 所示。

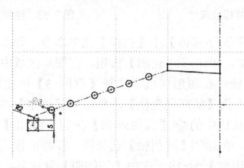

图 3-80　绘制草图并标注尺寸

(2) 单击【特征】工具栏中的 【旋转凸台/基体】按钮，弹出【旋转】属性管理器。在【旋转轴】选项组中，单击 【旋转轴】选择框，在图形区域中选择草图中的竖直线，单击 【确定】按钮，生成旋转特征，如图 3-81 所示。

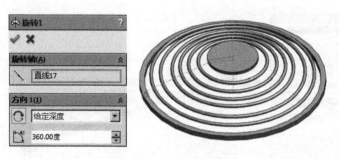

图 3-81　生成旋转特征

(3) 单击实体外缘上表面，使其成为草图绘制平面。单击【标准视图】工具栏中的 【正视于】按钮，并单击【草图】工具栏中的 【草图绘制】按钮，进入草图绘制状态。使用【草图】工具栏中的 【圆弧】、 【智能尺寸】工具，绘制如图 3-82 所示的草图并标注尺寸。单击 【退出草图】按钮，退出草图绘制状态。

(4) 单击特征管理器设计树中的【前视基准面】图标，使其成为草图绘制平面。单击【标准视图】工具栏中的 【正视于】按钮，并单击【草图】工具栏中的 【草图绘制】按钮，进入草图绘制状态。使用【草图】工具栏中的 【直线】、 【圆弧】、 【智能尺寸】工具，绘制如图 3-83 所示的草图并标注尺寸。单击 【退出草图】按钮，退出草图绘制状态。

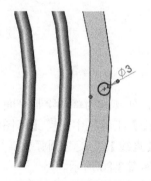

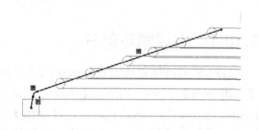

图 3-82　绘制草图并标注尺寸　　　　　图 3-83　绘制草图并标注尺寸

(5) 选择【插入】|【凸台/基体】|【扫描】菜单命令，弹出【扫描】属性管理器。在【轮廓和路径】选项组中，单击 【轮廓】按钮，在图形区域中选择【草图 2】中的圆曲线，单击 【路径】按钮，在图形区域中选择【草图 3】的曲线；在【选项】选项组中，设置【方向/扭转控制】为【随路径变化】，单击 【确定】按钮，如图 3-84 所示。

(6) 单击【特征】工具栏中的 【圆周阵列】按钮，弹出【阵列(圆周)】属性管理器。在【参数】选项组中，单击 【阵列轴】选择框，在特征管理器设计树中单击【基准轴 1】图标，设置 【实例数】为 16，选中【等间距】复选框；在【特征和面】选项组中，单击 【要阵列的特征】选择框，在图形区域中选择模型的【扫描 1】特征，单击

【确定】按钮，生成特征圆周阵列，如图 3-85 所示。

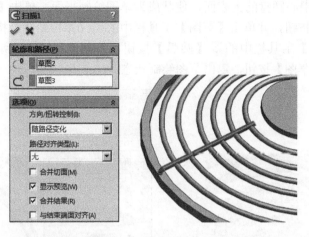

图 3-84 生成扫描特征

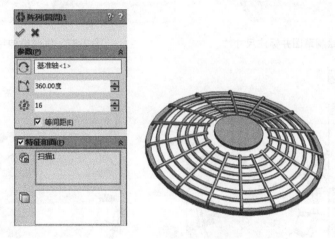

图 3-85 生成特征圆周阵列

3.18.2 生成连接部分

(1) 单击扫描特征的一个端面，使其成为草图绘制平面。单击【标准视图】工具栏中的 ⤓【正视于】按钮，并单击【草图】工具栏中的 ⬭【草图绘制】按钮，进入草图绘制状态。使用【草图】工具栏中的 ⬭【圆弧】按钮，绘制如图 3-86 所示的草图并标注尺寸。单击 ⬭【退出草图】按钮，退出草图绘制状态。

(2) 单击【特征】工具栏中的 ⬭【拉伸凸台/基体】按钮，弹出【凸台-拉伸】属性管理器。在【方向 1】选项组中，设置【终止条件】为【成形到一面】，选中【合并结果】复选框，单击 ✔【确定】按钮，生成拉伸特征，如图 3-87 所示。

(3) 单击【特征】工具栏中的 ✿【圆周阵列】按钮，弹出【阵列(圆周)】属性管理器。在【参数】选项组中，单击 ⤴【阵列轴】选择框，在特征管理器设计树中单击【面1】，设置 ✿【实例数】为 16，选中【等间距】复选框；在【特征和面】选项组中，单击 ⬭【要阵列的特征】选择框，在图形区域中选择模型的旋转特征，单击 ✔【确定】按钮，生成特征圆周阵列，如图 3-88 所示。

(4) 单击实体中心圆盘的上表面，使其成为草图绘制平面。单击【标准视图】工具栏中的【正视于】按钮，并单击【草图】工具栏中的【草图绘制】按钮，进入草图绘制状态。使用【草图】工具栏中的【圆弧】按钮，绘制如图 3-89 所示的草图并标注尺寸。单击【退出草图】按钮，退出草图绘制状态。

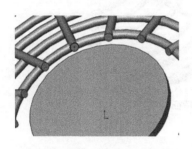

图 3-86　绘制草图并标注尺寸

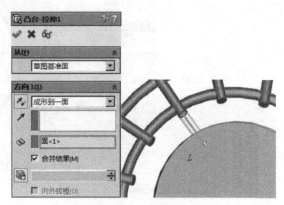

图 3-87　生成拉伸特征

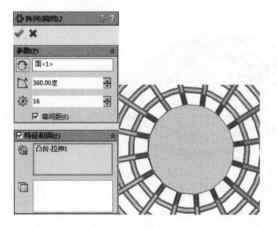

图 3-88　生成特征圆周阵列

图 3-89　绘制草图并标注尺寸

(5) 单击【特征】工具栏中的【拉伸凸台/基体】按钮，弹出【凸台-拉伸】属性管理器。在【方向 1】选项组中，设置【终止条件】为【给定深度】，设置【深度】为3.00mm，选中【合并结果】复选框，单击【确定】按钮，生成拉伸特征，如图 3-90 所示。

(6) 单击模型的上表面，使其处于被选择状态。选择【插入】|【特征】|【圆顶】菜单命令，弹出【圆顶】属性管理器。在【参数】选项组中的【到圆顶的面】选择框中显示出模型上表面的名称，设置【距离】为 10.00mm，单击【确定】按钮，生成圆顶特征，如图 3-91 所示。

图 3-90　生成拉伸特征

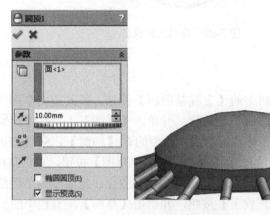

图 3-91　生成圆顶特征

(7) 选择【插入】|【特征】|【抽壳】菜单命令，弹出【抽壳】属性管理器。在【参数】选项组中，设置 【厚度】为 1mm，在 【移除的面】选项中，选择绘图区中模型的底面，单击 【确定】按钮，生成抽壳特征，如图 3-92 所示。

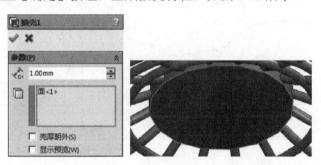

图 3-92　生成抽壳特征

3.19　建模范例 3

本范例将介绍一个三维模型的建立过程，模型如图 3-93 所示。

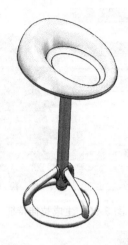

图 3-93　座椅三维模型

3.19.1　建立座体部分

　　(1)　单击特征管理器设计树中的【上视基准面】图标，使其成为草图绘制平面。单击【标准视图】工具栏中的 🔲【正视于】按钮，并单击【草图】工具栏中的🖉【草图绘制】按钮，进入草图绘制状态。使用【草图】工具栏中的 ⊘【椭圆】、◈【智能尺寸】工具，绘制如图 3-94 所示的草图并标注尺寸。单击🖉【退出草图】按钮，退出草图绘制状态。

　　(2)　单击特征管理器设计树中的【上视基准面】图标，使其成为草图绘制平面。单击【标准视图】工具栏中的 🔲【正视于】按钮，并单击【草图】工具栏中的🖉【草图绘制】按钮，进入草图绘制状态。使用【草图】工具栏中的 ⊘【椭圆】、◈【智能尺寸】工具，绘制如图 3-95 所示的草图并标注尺寸。单击🖉【退出草图】按钮，退出草图绘制状态。

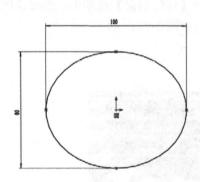

图 3-94　绘制草图并标注尺寸

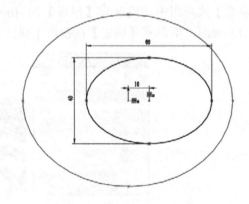

图 3-95　绘制草图并标注尺寸

　　(3)　单击特征管理器设计树中的【前视基准面】图标，使其成为草图绘制平面。单击【标准视图】工具栏中的 🔲【正视于】按钮，并单击【草图】工具栏中的🖉【草图绘制】按钮，进入草图绘制状态。使用【草图】工具栏中的 ╲【直线】、⊘【椭圆】工具，绘制如图 3-96 所示的草图。单击🖉【退出草图】按钮，退出草图绘制状态。

　　(4)　选择【插入】|【凸台/基体】|【扫描】菜单命令，弹出【扫描】属性管理器。

在【轮廓和路径】选项组中，单击 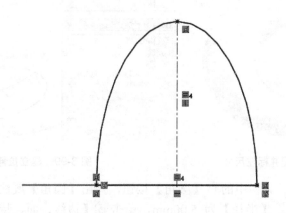【轮廓】按钮，在图形区域中选择封闭曲线，单击 【路径】按钮，在图形区域中选择【草图 2】中的椭圆曲线；在【引导线】选项组中，设置 【引导线】为草图 1 中的椭圆曲线，选中【合并平滑的面】复选框，单击 【确定】按钮，如图 3-97 所示。

图 3-96　绘制草图

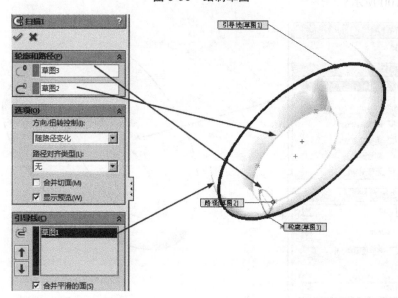

图 3-97　生成扫描特征

（5）单击特征管理器设计树中的【上视基准面】图标，使其成为草图绘制平面。单击【标准视图】工具栏中的 【正视于】按钮，并单击【草图】工具栏中的 【草图绘制】按钮，进入草图绘制状态。使用【草图】工具栏中的 【椭圆】、 【智能尺寸】工具，绘制如图 3-98 所示的草图并标注尺寸。单击 【退出草图】按钮，退出草图绘制状态。

（6）单击【特征】工具栏中的 【拉伸凸台/基体】按钮，弹出【凸台-拉伸】属性管理器。在【方向 1】选项组中，设置 【终止条件】为【给定深度】，设置 【深度】为

5.00mm，选中【合并结果】复选框，单击 ✔ 【确定】按钮，建立拉伸特征，如图 3-99 所示。

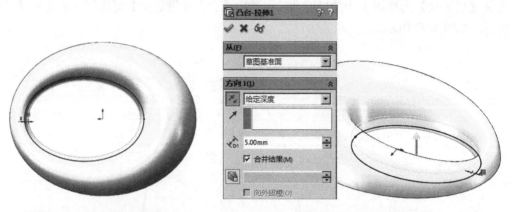

图 3-98　绘制草图并标注尺寸　　　　　　　　图 3-99　建立拉伸特征

　　（7）单击【特征】工具栏中的 ◎ 【圆角】按钮，弹出【圆角】属性管理器。在【圆角参数】选项组中，设置 ⅄ 【半径】为 5.00mm，单击 ▱ 【边线、面、特征和环】选择框，在图形区域中选择模型拉伸特征和扫描特征的交线，单击 ✔ 【确定】按钮，建立圆角特征，如图 3-100 所示。

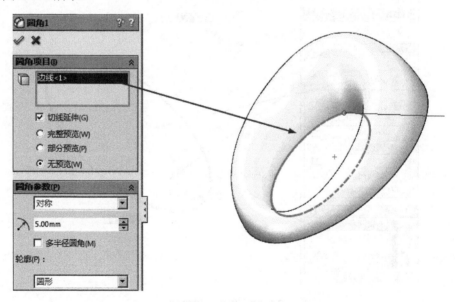

图 3-100　建立圆角特征

　　（8）单击【特征】工具栏中的 ◎ 【圆角】按钮，弹出【圆角】属性管理器。在【圆角参数】选项组中，设置 ⅄ 【半径】为 4.00mm，单击 ▱ 【边线、面、特征和环】选择框，在图形区域中选择模型扫描特征的底部边线，单击 ✔ 【确定】按钮，建立圆角特征，如图 3-101 所示。

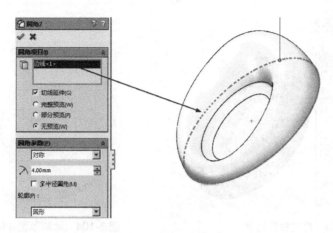

图 3-101 建立圆角特征

3.19.2 建立支架部分

(1) 单击扫描特征的底面，使其成为草图绘制平面。单击【标准视图】工具栏中的 ⚓【正视于】按钮，并单击【草图】工具栏中的 ✎【草图绘制】按钮，进入草图绘制状态。使用【草图】工具栏中的 ⟳【圆弧】、◈【智能尺寸】工具，绘制如图 3-102 所示的草图并标注尺寸。单击 ✎【退出草图】按钮，退出草图绘制状态。

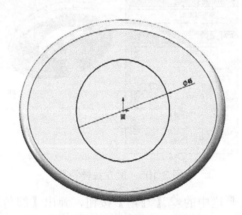

图 3-102 绘制草图并标注尺寸

(2) 单击【特征】工具栏中的 🗔【拉伸凸台/基体】按钮，弹出【凸台-拉伸】属性管理器。在【方向 1】选项组中，设置 ⟰【终止条件】为【给定深度】，设置 ⟰【深度】为 10.00mm，选中【合并结果】复选框，单击 ✔【确定】按钮，建立拉伸特征，如图 3-103 所示。

(3) 单击凸台拉伸 2 特征的底面，使其成为草图绘制平面。单击【标准视图】工具栏中的 ⚓【正视于】按钮，并单击【草图】工具栏中的 ✎【草图绘制】按钮，进入草图绘制状态。使用【草图】工具栏中的 ⟳【圆弧】、◈【智能尺寸】工具，绘制如图 3-104 所示的草图并标注尺寸。单击 ✎【退出草图】按钮，退出草图绘制状态。

图 3-103　建立拉伸特征

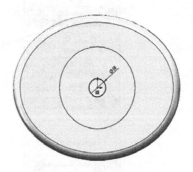

图 3-104　绘制草图并标注尺寸

（4）单击【特征】工具栏中的 【拉伸凸台/基体】按钮，弹出【凸台-拉伸】属性管理器。在【方向 1】选项组中，设置 【终止条件】为【给定深度】，设置 【深度】为120.00mm，选中【合并结果】复选框，单击 【确定】按钮，建立拉伸特征，如图 3-105所示。

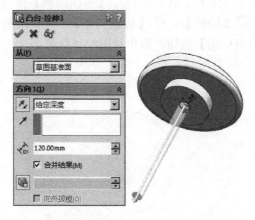

图 3-105　建立拉伸特征

（5）单击【特征】工具栏中的 【圆角】按钮，弹出【圆角】属性管理器。在【圆角参数】选项组中，设置 【半径】为 4.00mm，单击 【边线、面、特征和环】选择框，在图形区域中选择模型凸台拉伸的 3 条边线，单击 【确定】按钮，建立圆角特征，如图 3-106 所示。

（6）单击【参考几何体】工具栏中的 【基准面】按钮，弹出【基准面】属性管理器。在【第一参考】选项组中，在图形区域中选择拉伸凸台 3 特征的端面，单击 【距离】按钮，在文本框中输入 20.00mm，如图 3-107 所示，在图形区域中显示出新建基准面的预览，单击 【确定】按钮，建立基准面。

（7）单击特征管理器设计树中的【基准面 1】图标，使其成为草图绘制平面。单击【标准视图】工具栏中的 【正视于】按钮，并单击【草图】工具栏中的 【草图绘制】按钮，进入草图绘制状态。使用【草图】工具栏中的 【圆弧】、 【智能尺寸】工具，绘制如图 3-108 所示的草图并标注尺寸。单击 【退出草图】按钮，退出草图绘制状态。

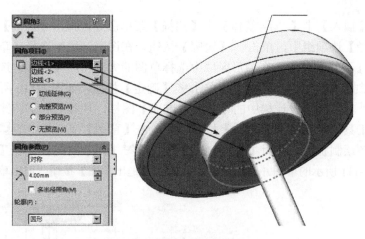

图 3-106　建立圆角特征

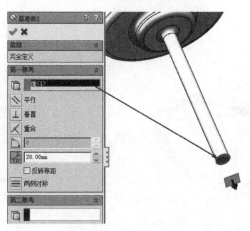

图 3-107　建立基准面特征

(8)　单击特征管理器设计树中的【前视基准面】图标，使其成为草图绘制平面。单击【标准视图】工具栏中的 ⊥【正视于】按钮，并单击【草图】工具栏中的 ┏【草图绘制】按钮，进入草图绘制状态。使用【草图】工具栏中的 ⊕【圆弧】、◇【智能尺寸】工具，绘制如图 3-109 所示的草图并标注尺寸。单击 ┏【退出草图】按钮，退出草图绘制状态。

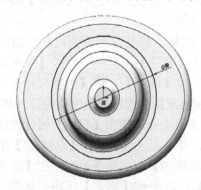

图 3-108　绘制草图并标注尺寸

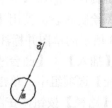

图 3-109　绘制草图并标注尺寸

(9) 选择【插入】|【凸台/基体】|【扫描】菜单命令，弹出【扫描】属性管理器。在【轮廓和路径】选项组中，单击 C【轮廓】按钮，在图形区域中选择【草图 8】中的圆曲线，单击 C【路径】按钮，在图形区域中选择草图的大圆；在【选项】选项组中，设置【方向/扭转控制】为【随路径变化】，单击 ✔【确定】按钮，如图 3-110 所示。

(10) 单击特征管理器设计树中的【前视基准面】图标，使其成为草图绘制平面。单击【标准视图】工具栏中的 ↓【正视于】按钮，并单击【草图】工具栏中的 ✍【草图绘制】按钮，进入草图绘制状态。使用【草图】工具栏中的 ∿【样条曲线】、◇【智能尺寸】工具，绘制如图 3-111 所示的草图并标注尺寸。单击 ✍【退出草图】按钮，退出草图绘制状态。

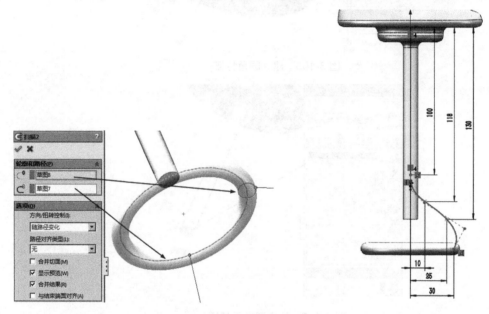

图 3-110　建立扫描特征　　　　　　图 3-111　绘制草图并标注尺寸

(11) 单击【参考几何体】工具栏中的 ◇【基准面】按钮，弹出【基准面】属性管理器。在【第一参考】选项组中，在图形区域中选择草图 9 中的样条曲线，单击 ⊥【垂直】按钮；在【第二参考】选项组中，在图形区域中选择样条曲线的端点，单击 ✕【重合】按钮，如图 3-112 所示，在图形区域中显示出新建基准面的预览，单击 ✔【确定】按钮，建立基准面。

(12) 单击特征管理器设计树中的【基准面 2】图标，使其成为草图绘制平面。单击【标准视图】工具栏中的 ↓【正视于】按钮，并单击【草图】工具栏中的 ✍【草图绘制】按钮，进入草图绘制状态。使用【草图】工具栏中的 ⌒【圆弧】、◇【智能尺寸】工具，绘制如图 3-113 所示的草图并标注尺寸。单击 ✍【退出草图】按钮，退出草图绘制状态。

(13) 选择【插入】|【凸台/基体】|【扫描】菜单命令，弹出【扫描】属性管理器。在【轮廓和路径】选项组中，单击 C【轮廓】按钮，在图形区域中选择【草图 10】中的圆曲线，单击 C【路径】按钮，在图形区域中选择【草图 9】中的样条曲线；在【选项】选项组中，设置【方向/扭转控制】为【随路径变化】，单击 ✔【确定】按钮，如图 3-114 所示。

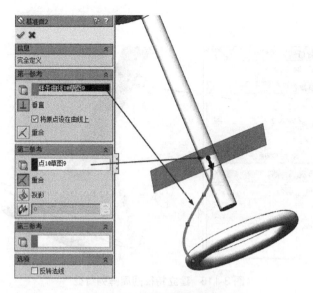

图 3-112 建立基准面特征

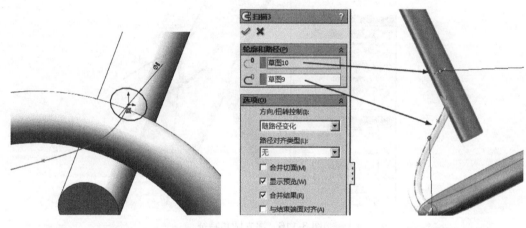

图 3-113 绘制草图并标注尺寸　　　　　　图 3-114 建立扫描特征

(14) 单击【特征】工具栏中的 ❖【圆周阵列】按钮，弹出【阵列(圆周)】属性管理器。在【参数】选项组中，单击 ❻【阵列轴】选择框，选择拉伸特征的轮廓面作为阵列基准，设置 ❀【实例数】为 3，选中【等间距】复选框；在【特征和面】选项组中，单击 ❻【要阵列的特征】选择框，在图形区域中选择模型的扫描 3 特征，单击 ✔【确定】按钮，建立特征圆周阵列，如图 3-115 所示。

(15) 单击【特征】工具栏中的 ❻【圆角】按钮，弹出【圆角】属性管理器。在【圆角参数】选项组中，设置 ⅄【半径】为 4.00mm，单击 ❺【边线、面、特征和环】选择框，在图形区域中选择模型扫描特征和凸台特征相交的 3 条边线，单击 ✔【确定】按钮，建立圆角特征，如图 3-116 所示。

(16) 单击凸台端面，使其处于被选择状态。选择【插入】|【特征】|【圆顶】菜单命令，弹出【圆顶】属性管理器。在【参数】选项组的 ❺【到圆顶的面】选择框中显示出模型下端面表面的名称，设置【距离】为 6.00mm，单击 ✔【确定】按钮，建立圆顶特

征，如图 3-117 所示。

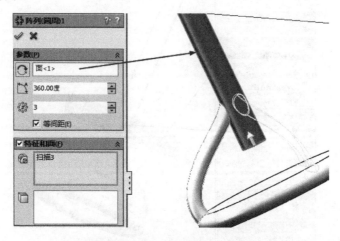

图 3-115　建立特征圆周阵列特征

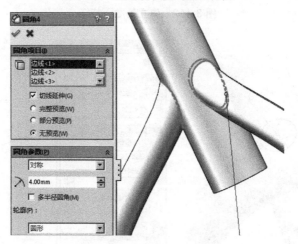

图 3-116　建立圆角特征

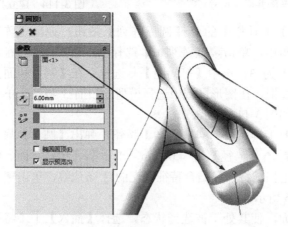

图 3-117　建立圆顶特征

第4章　装配体设计

装配体设计是 SolidWorks 三大基本功能之一。装配体文件的首要功能是描述产品零件之间的配合关系。除此之外，装配体窗口还提供了干涉检查、爆炸视图、轴测剖视图、压缩状态和装配统计等功能。

4.1　装　配　体

装配体可以生成由许多零部件所组成的复杂装配体，这些零部件可以是零件或者子装配体。当在 SolidWorks 中打开装配体时，将查找零部件文件以便在装配体中显示，同时零部件中的更改将自动反映在装配体中。

4.1.1　【插入零部件】属性管理器

选择【文件】|【从零件制作装配体】菜单命令，装配体文件会在【插入零部件】属性管理器中显示出来，如图 4-1 所示。

图 4-1　【插入零部件】属性管理器

1. 【要插入的零件/装配体】选项组

通过单击【浏览】按钮打开现有零件文件。

2. 【选项】选项组

● 【生成新装配体时开始命令】：当生成新装配体时，选择以打开此属性管理器。

- 【图形预览】：在图形区域中看到所选文件的预览。
- 【使成为虚拟】：将零件设置为虚拟零件。

在图形区域中单击鼠标左键，将零件添加到装配体。在默认情况下，装配体中的第一个零部件是固定的，但是可以随时使之浮动。

4.1.2 生成装配体的途径

1. 自下而上

"自下而上"设计法是比较传统的方法。先建立零件的三维模型，然后将其插入到装配体中，使用配合来定位零件。如果需要更改零部件，可以单独编辑零部件，更改后将自动反映在装配体中。

"自下而上"设计法对于已有的零部件，或者如皮带轮、马达等标准零部件而言属于优先技术。这些零部件不会根据设计的改变而更改其形状和大小。

2. 自上而下

在"自上而下"设计法中，零部件的形状、大小及位置可以在装配体中进行设计。"自上而下"设计法的优点是在设计发生更改后，零部件的形状可根据所生成的方法能自我更新。可以在零部件的某些特征、完整零部件或者整个装配体中使用"自上而下"设计法。

4.2 爆 炸 视 图

装配体的爆炸视图可以分离其中的零部件以便查看该装配体。一个爆炸视图由一个或者多个爆炸步骤组成，每一个爆炸视图保存在所生成的装配体配置中，而每一个配置都可以有一个爆炸视图。可以通过在图形区域中选择和拖动零部件的方式生成爆炸视图。在 SolidWorks 2015 中，每个配置中可以生成多个爆炸视图，在爆炸视图中可以进行如下操作。

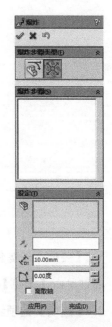

(1) 自动均分爆炸成组的零部件(如硬件和螺栓等)。

(2) 附加新的零部件到另一个零部件的现有爆炸步骤中。

单击【装配体】工具栏中的 ⚙ 【爆炸视图】按钮或者选择【插入】|【爆炸视图】菜单命令，弹出【爆炸】属性管理器，如图4-2所示。

1) 【爆炸步骤】选项组

该选项组可以显示现有的爆炸步骤。

【爆炸步骤】：爆炸到单一位置的所选零部件。

2) 【设定】选项组

- ⚙ 【爆炸步骤的零部件】：显示当前爆炸步骤所选的零部件。

图 4-2 【爆炸】属性管理器

- 【爆炸方向】：显示当前爆炸步骤所选的方向。
- 【反向】：改变爆炸的方向。
- 【爆炸距离】：显示当前爆炸步骤零部件移动的距离。
- 【应用】：单击以预览对爆炸步骤的更改。
- 【完成】：单击以完成新的或者已经更改的爆炸步骤。

4.3 干 涉 检 查

在一个复杂的装配体中，如果用视觉检查零部件之间是否存在干涉的情况是件困难的事情。在 SolidWorks 中，可以对装配体进行干涉检查，其功能如下。

- 决定零部件之间的干涉。
- 将干涉的真实体积显示为上色。
- 可以将紧密配合、螺纹扣件的干涉忽略。

单击【装配体】工具栏中的 【干涉检查】按钮或者选择【工具】|【干涉检查】菜单命令，弹出【干涉检查】属性管理器，如图 4-3 所示。

1) 【所选零部件】选项组
- 【要检查的零部件】：显示为干涉检查所选择的零部件。
- 【计算】：单击此按钮，检查干涉情况。

  检测到的干涉显示在【结果】选项组中，干涉的体积数值显示在每个列举项的右侧，如图 4-4 所示。

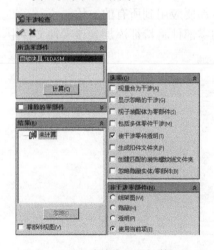

图 4-3 【干涉检查】属性管理器

图 4-4 干涉检查的结果

2) 【结果】选项组
- 【忽略】、【解除忽略】：如果设置干涉为【忽略】，则会在以后的干涉计算中始终保持在【忽略】模式中。
- 【零部件视图】：按照零部件名称而非干涉标号显示干涉。
3) 【选项】选项组
- 【视重合为干涉】：将重合实体报告为干涉。

- 【显示忽略的干涉】：显示在【结果】选项组中被设置为忽略的干涉。
- 【视子装配体为零部件】：子装配体被看作单一零部件，子装配体零部件之间的干涉将不被报告。
- 【包括多体零件干涉】：报告多实体零件中实体之间的干涉。
- 【使干涉零件透明】：以透明模式显示所选干涉的零部件。
- 【生成扣件文件夹】：将扣件之间的干涉隔离为在【结果】选项组中的单独文件夹。

4) 【非干涉零部件】选项组

该选项组以所选模式显示非干涉的零部件，包括【线架图】、【隐藏】、【透明】、【使用当前项】。

4.4　轴测剖视图

隐藏零部件、更改零件透明度等是观察装配体模型的常用手段，但在许多产品中零部件之间的空间关系非常复杂，具有多重嵌套关系，需要进行剖切才能便于观察其内部结构。借助 SolidWorks 中的装配体特征可以实现轴测剖视图的功能。

在装配体窗口中，选择【插入】|【装配体特征】|【切除】|【拉伸】菜单命令，弹出【切除-拉伸】属性管理器，如图 4-5 所示。

【特征范围】选项组中的选项介绍如下。

- 【所选零部件】：应用特征到选择的实体。
- 【所有零部件】：每次特征重新生成时，都要应用到所有的实体。
- 【将特征传播到零件】：为每个受影响的零部件将特征添加到该零件文件中。

图 4-5　【切除-拉伸】属性管理器

4.5　零部件的压缩

根据某段时间内的工作范围，可以指定合适的零部件压缩状态。这样可以减少工作时装入和计算的数据量。装配体的显示和重建速度会更快，也可以更有效地使用系统资源。

装配体零部件共有 3 种压缩状态。

1. 还原

装配体零部件的正常状态。完全还原的零部件会完全装入内存，可以使用所有功能及模型数据并可以完全访问、选取、参考、编辑、在配合中使用其实体。

2. 压缩

(1)　可以使用压缩状态暂时将零部件从装配体中移除(而不是删除)，零部件不装入内存，也不再是装配体中有功能的部分，用户无法看到压缩的零部件，也无法选择这个零部件的实体。

(2)　一个压缩的零部件将从内存中移除，所以装入速度、重建模型速度和显示性能均会提高，由于减少了复杂程度，其余的零部件计算速度会更快。

(3)　压缩零部件包含的配合关系也被压缩，因此装配体中零部件的位置可能变为"欠定义"，参考压缩零部件的关联特征也可能受影响，当恢复压缩的零部件为完全还原状态时，可能会产生矛盾，所以在生成模型时必须谨慎使用压缩状态。

3. 轻化

可以在装配体中激活的零部件完全还原或者轻化时装入装配体，零件和子装配体都可以为轻化。

(1)　当零部件完全还原时，其所有模型数据被装入内存。

(2)　当零部件为轻化时，只有部分模型数据被装入内存，其余的模型数据根据需要被装入。

通过使用轻化零部件，可以显著提高大型装配体的性能，将轻化的零部件装入装配体比将完全还原的零部件装入同一装配体速度更快。因为计算的数据少，包含轻化零部件的装配体重建速度也更快。

4.6　装配体统计

装配体统计可以在装配体中生成零部件和配合报告。

在装配体窗口中，选择【工具】| AssemblyXpert 菜单命令，弹出 AssemblyXpert 对话框，如图 4-6 所示。

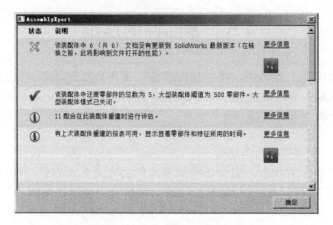

图 4-6　AssemblyXpert 对话框

4.7　飞剪装配范例

本范例将讲解飞剪机构的装配过程，模型如图 4-7 所示。

图 4-7　飞剪机构模型

4.7.1　插入零件

（1）启动中文版 SolidWorks 2015，单击【标准】工具栏中的 📄【新建】按钮，弹出【新建 SolidWorks 文件】对话框，单击【装配体】按钮，如图 4-8 所示，然后单击【确定】按钮。

图 4-8　【新建 SolidWorks 文件】对话框

(2) 弹出【开始装配体】属性管理器，单击【浏览】按钮，弹出【打开】对话框，在本书配套光盘中选择"第 4 章\范例文件\4.7\底座.SLDPRT"文件，单击【打开】按钮，如图 4-9 所示，再单击【确定】按钮。在图形区域中单击以放置零件。

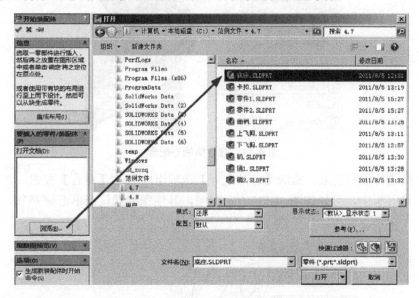

图 4-9 插入零件

(3) 单击【装配体】工具栏中的【插入零部件】 按钮，系统弹出【开始装配体】属性管理器，重复步骤 2，将装配体所需的所有零件放置在图形区域中，如图 4-10 所示。

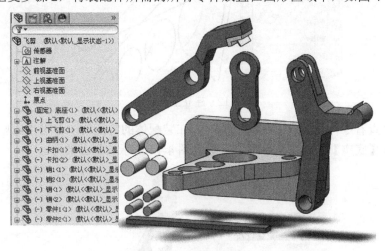

图 4-10 完成插入零件

4.7.2 设置配合

(1) 单击【装配体】工具栏中的 【配合】按钮，弹出【配合】属性管理器。激活【标准配合】选项组中的 【同轴心】按钮，在 【要配合的实体】选择框中，选择如图 4-11 所示的面，其他保持默认，单击 按钮，完成同轴心配合。

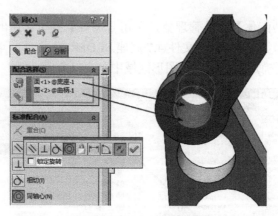

图 4-11　建立同轴心配合

(2)　继续进行配合约束，激活【标准配合】选项组中的 ⤢【重合】按钮，在 🔧【要配合的实体】选择框中，选择如图 4-12 所示的面，其他保持默认，单击 ✔ 按钮，完成重合配合。

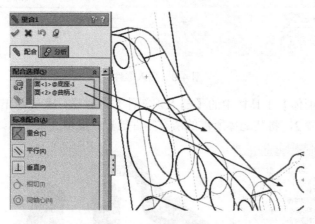

图 4-12　建立重合配合

(3)　可以查看零件【底座】的约束情况，在装配体的特征树中单击【底座】前的 ➕ 图标，展开零件【底座】的特征树，可以查看如图 4-13 所示的配合类型。

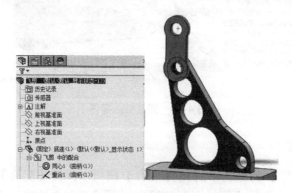

图 4-13　查看零件配合

(4)　单击【装配体】工具栏中的 ◈【配合】按钮，弹出【配合】属性管理器。激活

【标准配合】选项组中的◎【同轴心】按钮，在📇【要配合的实体】选择框中，选择如图 4-14 所示的面，其他保持默认，单击✔按钮，完成同轴心配合。

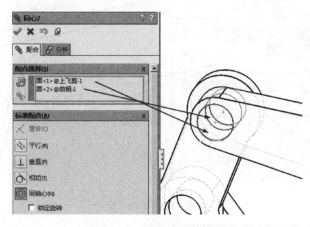

图 4-14　建立同轴心配合

(5) 继续进行配合约束，激活【标准配合】选项组中的✕【重合】按钮，在📇【要配合的实体】选择框中，选择如图 4-15 所示的面，其他保持默认，单击✔按钮，完成重合配合。

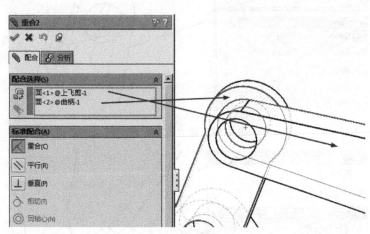

图 4-15　建立重合配合

(6) 激活【标准配合】选项组中的◎【同轴心】按钮，在📇【要配合的实体】选择框中，选择如图 4-16 所示的面，其他保持默认，单击✔按钮，完成同轴心配合。

(7) 继续进行配合约束，激活【标准配合】选项组中的✕【重合】按钮，在📇【要配合的实体】选择框中，选择如图 4-17 所示的面，其他保持默认，单击✔按钮，完成重合配合。

(8) 激活【标准配合】选项组中的◎【同轴心】按钮，在📇【要配合的实体】选择框中，选择如图 4-18 所示的面，其他保持默认，单击✔按钮，完成同轴心配合。

(9) 继续进行配合约束，激活【标准配合】选项组中的✕【重合】按钮，在📇【要配合的实体】选择框中，选择如图 4-19 所示的面，其他保持默认，单击✔按钮，完成重合配合。

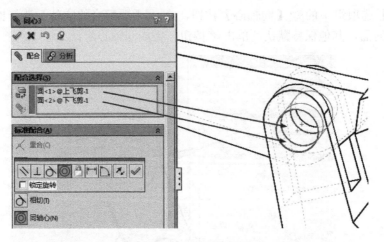

图 4-16　建立同轴心配合

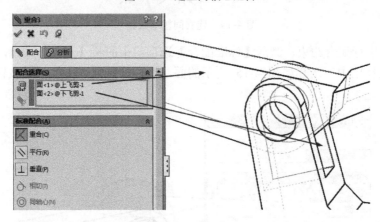

图 4-17　建立重合配合

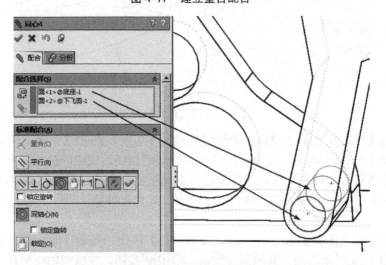

图 4-18　建立同轴心配合

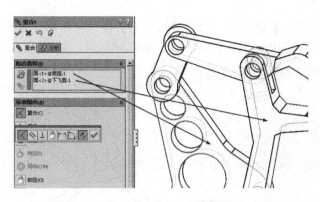

图 4-19　建立重合配合

(10) 激活【标准配合】选项组中的 ◎【同轴心】按钮，在 🔩【要配合的实体】选择框中，选择如图 4-20 所示的面，其他保持默认，单击 ✔ 按钮，完成同轴心配合。

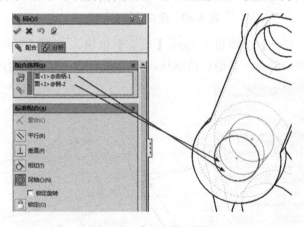

图 4-20　建立同轴心配合

(11) 继续进行配合约束，激活【标准配合】选项组中的 ◎【同轴心】按钮，在 🔩【要配合的实体】选择框中，选择如图 4-21 所示的面，其他保持默认，单击 ✔ 按钮，完成同轴心配合。

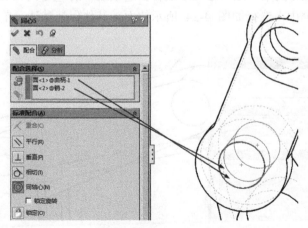

图 4-21　建立同轴心配合

(12) 激活【标准配合】选项组中的 【同轴心】按钮，在 【要配合的实体】选择框中，选择如图 4-22 所示的面，其他保持默认，单击 按钮，完成同轴心配合。

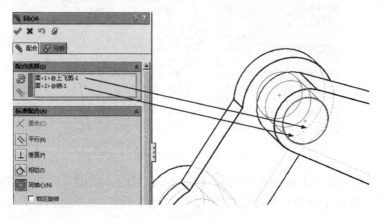

图 4-22　建立同轴心配合

(13) 激活【标准配合】选项组中的 【重合】按钮，在 【要配合的实体】选择框中，选择如图 4-23 所示的面，其他保持默认，单击 按钮，完成重合配合。

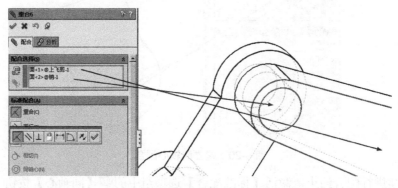

图 4-23　建立重合配合

(14) 继续进行配合约束，激活【标准配合】选项组中的 【同轴心】按钮，在 【要配合的实体】选择框中，选择如图 4-24 所示的面，其他保持默认，单击 按钮，完成同轴心配合。

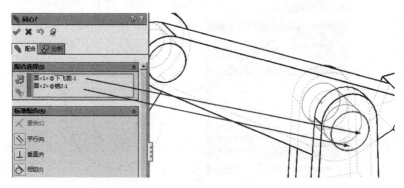

图 4-24　建立同轴心配合

(15) 激活【标准配合】选项组中的 ↗【重合】按钮，在 🔲【要配合的实体】选择框中，选择如图 4-25 所示的面，其他保持默认，单击 ✔ 按钮，完成重合配合。

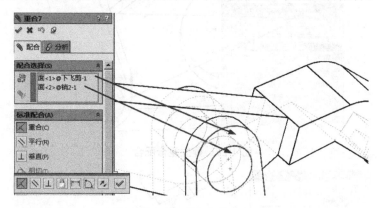

图 4-25　建立重合配合

(16) 继续进行配合约束，激活【标准配合】选项组中的 ◎【同轴心】按钮，在 🔲【要配合的实体】选择框中，选择如图 4-26 所示的面，其他保持默认，单击 ✔ 按钮，完成同轴心配合。

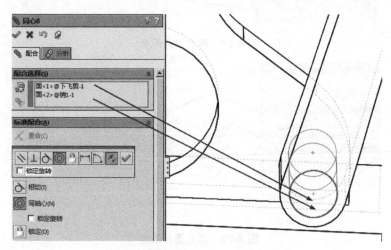

图 4-26　建立同轴心配合

(17) 激活【标准配合】选项组中的 ↗【重合】按钮，在 🔲【要配合的实体】选择框中，选择如图 4-27 所示的面，其他保持默认，单击 ✔ 按钮，完成重合配合。

(18) 激活【标准配合】选项组中的 ↗【重合】按钮，在 🔲【要配合的实体】选择框中，选择如图 4-28 所示的面，其他保持默认，单击 ✔ 按钮，完成重合配合。

(19) 激活【标准配合】选项组中的 ↗【重合】按钮，在 🔲【要配合的实体】选择框中，选择如图 4-29 所示的面，其他保持默认，单击 ✔ 按钮，完成重合配合。

(20) 激活【标准配合】选项组中的 ◻【平行】按钮，在 🔲【要配合的实体】选择框中，选择如图 4-30 所示的面，其他保持默认，单击 ✔ 按钮，完成平行配合。

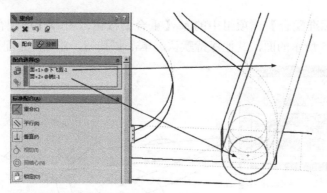

图 4-27   建立重合配合

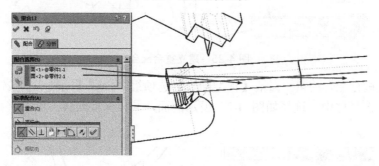

图 4-28   建立重合配合

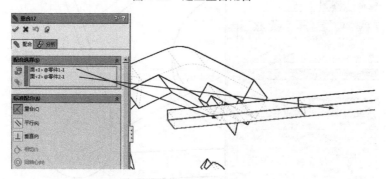

图 4-29   建立重合配合

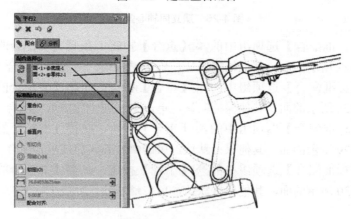

图 4-30   建立平行配合

(21) 继续进行配合约束，激活【标准配合】选项组中的 【平行】按钮，在 【要配合的实体】选择框中，选择如图 4-31 所示的面，其他保持默认，单击 ✔ 按钮，完成平行配合。

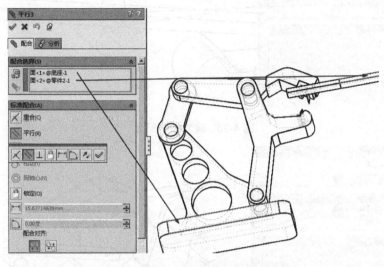

图 4-31　建立平行配合

(22) 为了便于进行配合约束，旋转【卡扣<1>】和【卡扣<2>】，单击【装配体】工具栏中的 【移动零部件】 ▼ 下拉按钮，选择 【旋转零部件】命令，弹出【旋转零部件】属性管理器，此时鼠标变为图标 ↻，旋转至合适位置，单击 ✔ 按钮，如图 4-32 所示。

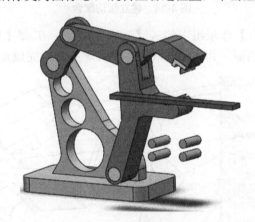

图 4-32　旋转零件

(23) 单击【装配体】工具栏中的 【配合】按钮，弹出【配合】属性管理器。激活【标准配合】选项组中的 【相切】按钮，在 【要配合的实体】选择框中，选择如图 4-33 所示的面，其他保持默认，单击 ✔ 按钮，完成相切配合。

(24) 激活【标准配合】选项组中的 【相切】按钮，在 【要配合的实体】选择框中，选择如图 4-34 所示的面，其他保持默认，单击 ✔ 按钮，完成相切配合。

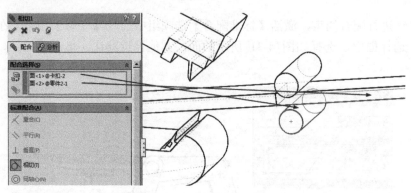

图 4-33　建立相切配合

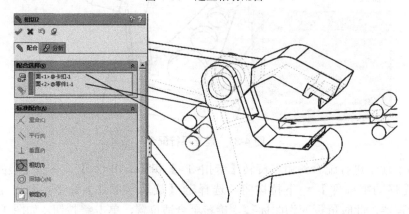

图 4-34　建立相切配合

(25) 激活【标准配合】选项组中的 ⚞ 【重合】按钮，在 🔩 【要配合的实体】选择框中，选择如图 4-35 所示的面，其他保持默认，单击 ✔ 按钮，完成重合配合。

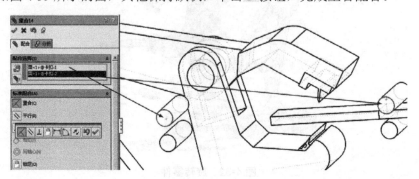

图 4-35　建立重合配合

(26) 激活【标准配合】选项组中的 ⊢⊣ 【距离】按钮，在 🔩 【要配合的实体】选择框中，选择如图 4-36 所示的面，在 ⊢⊣ 后面的文本框中输入 5mm，其他保持默认，单击 ✔ 按钮，完成距离配合。

(27) 调整好机构与工件的位置，在装配体设计树中右键单击【卡扣<1>】图标，在弹出的快捷菜单中选择【固定】命令，如图 4-37 所示。

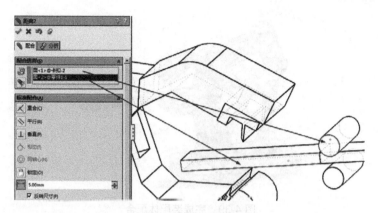

图 4-36　建立距离配合

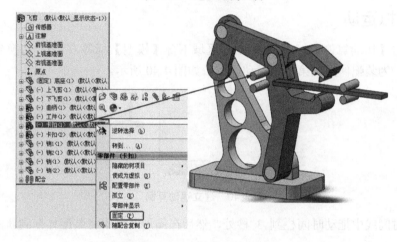

图 4-37　固定卡扣<1>零件

(28) 重复以上步骤，固定【卡扣<2>】零件，如图 4-38 所示。

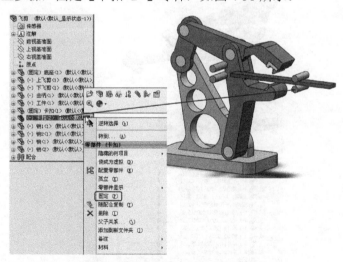

图 4-38　固定卡扣<2>零件

(29) 完成的飞剪装配体如图 4-39 所示。

图 4-39　完成装配体配合

4.7.3　模拟运动

(1)　单击【运动算例】标签(位于图形区域下部【模型】标签右边)，切换到【运动算例】选项卡，为装配体生成第一个运动算例，如图 4-40 所示。

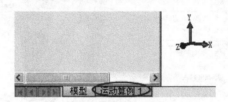

图 4-40　建立运动算例

(2)　在时间线中拖动时间栏到 3 秒处，然后在图形区域中将装配体拖到新的位置，如图 4-41 所示。

图 4-41　定义位置 1

(3) 在时间线中拖动时间栏到 6 秒处，然后在图形区域中设置新的位置，如图 4-42 所示。

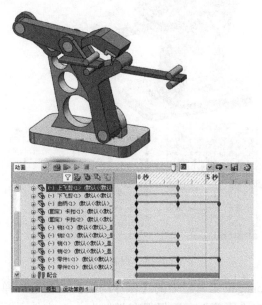

图 4-42 定义位置 2

(4) 在时间线中拖动时间栏到 10 秒处，然后在图形区域中设置新的位置，如图 4-43 所示。

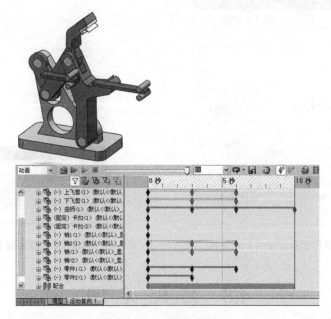

图 4-43 定义位置 3

(5) 单击 MotionManager 工具栏中的 ▷【从头播放】按钮，观看动画，如图 4-44 所示。

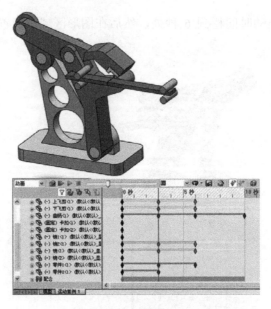

图 4-44　观看动画

(6)　单击 MotionManager 工具栏中的【保存动画】按钮，弹出【保存动画到文件】对话框。输入文件名称为"飞剪"，选择保存类型为 avi 文件，并选择保存路径，然后单击【保存】按钮，如图 4-45 所示。

(7)　弹出【视频压缩】对话框，如图 4-46 所示，适当调整后单击【确定】按钮。

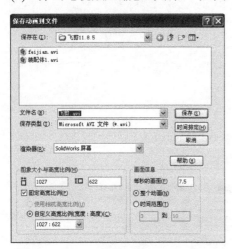

图 4-45　【保存动画到文件】对话框

图 4-46　【视频压缩】对话框

4.8　装　配　范　例

本范例将讲解机械配合的使用方法，装配体模型如图 4-47 所示。

图 4-47　装配体模型

4.8.1　插入未添加机械配合的装配体

(1)　启动中文版 SolidWorks 2015，单击【标准】工具栏中的 □【新建】按钮，弹出【新建 SolidWorks 文件】对话框，单击【装配体】按钮，单击 ✔【确定】按钮。

(2)　在菜单栏中单击【打开】按钮，弹出【打开】对话框，在本书配套光盘中选择"第 4 章\范例文件\4.8\4.8.SLDASM"文件，如图 4-48 所示，单击【打开】按钮。

图 4-48　打开未添加机械配合的装配体

(3)　单击鼠标左键，将装配体放在合适的位置，如图 4-49 所示。

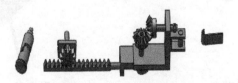

图 4-49　打开的装配体模型

4.8.2 添加铰链配合

需要添加铰链配合的零件如图 4-50 所示。

（1）在菜单栏中选择【装配体】，单击 🔩【配合】按钮，弹出【配合】属性管理器，在【机械配合】选项组中，单击 🔩【铰链】配合。在 🔩【同轴心选择】选择框中选择支架上的圆柱面和铰链钩内凹面。在 🔩【重合选择】选择框中选择支架上的一个面和铰链钩一个面，如图 4-51 所示。

图 4-50 添加铰链零件

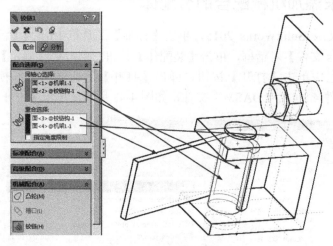

图 4-51 选择铰链配合实体

（2）在【配合】属性管理器左上方单击 ✅【确定】按钮后完成铰链配合。

（3）完成铰链配合的两个实体可以围绕对方旋转，初始状态如图 4-52 所示，旋转之后如图 4-53 所示。

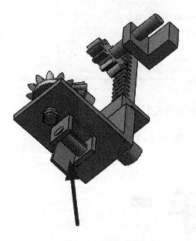

图 4-52 初始状态

图 4-53 旋转之后状态

4.8.3　添加螺旋配合

需要添加螺旋配合的零件如图 4-54 所示。

图 4-54　添加螺旋零件

(1)　在菜单栏中选择【装配体】，单击 📎【配合】按钮，弹出【配合】属性管理器，在【机械配合】选项组中，单击 🔩【螺旋】配合。在 🔩【要配合的实体】选择框中选择传动轴的圆柱面和螺母的边线，如图 4-55 所示。

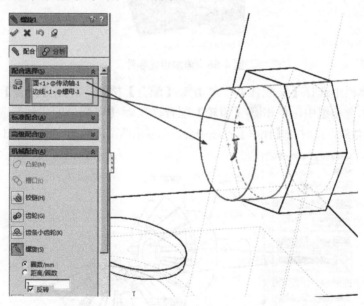

图 4-55　选择螺旋配合实体

(2)　在【配合】属性管理器左上方单击 ✅【确定】按钮后完成螺旋配合。

螺旋配合将两个零部件约束为同心，还在一个零部件的旋转和另一个零部件的平移之间添加纵倾几何关系。一零部件沿轴方向的平移会根据纵倾几何关系引起另一个零部件的旋转。同样，一个零部件的旋转可引起另一个零部件的平移。完成螺旋配合的传动轴和螺母，传动轴的转动会引起螺母的平移，如图 4-56 所示，螺母的平移会引起传动轴的旋转，如图 4-57 所示。

图 4-56 传动轴旋转

图 4-57 螺母平移

4.8.4 添加齿轮配合

需要添加齿轮配合的零件如图 4-58 所示。

图 4-58 添加齿轮零件

(1) 在菜单栏中选择【装配体】，单击 🔊【配合】按钮，弹出【配合】属性管理器，在【机械配合】选项组中，单击 🎯【齿轮】配合。在 🗔【要配合的实体】选择框中选择两个齿轮的齿顶的边线，此时在【比率】选项中会自动显示两个齿轮的比率，如图 4-59 所示。

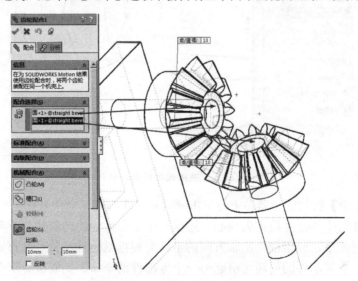

图 4-59 选择齿轮配合实体

(2) 在【配合】属性管理器左上方单击 ✔【确定】按钮后完成齿轮配合。完成齿轮配合的两个齿轮，会根据彼此的转动而转动，第一个齿轮传动轴的转动会引起第二个齿轮的转动。

4.8.5　添加凸轮配合

需要添加凸轮配合的零件如图 4-60 所示。

图 4-60　添加凸轮配合的零件

(1) 在菜单栏中选择【装配体】，单击 ◎【配合】按钮，弹出【配合】属性管理器，在【机械配合】选项组中，单击 ⊘【凸轮】配合。在 ☶【要配合的实体】选择框中选择凸轮的柱面，在【凸轮推杆】选择框中选择传动轴的右侧面，如图 4-61 所示。

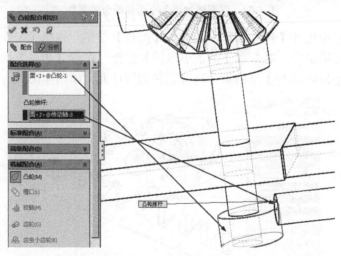

图 4-61　选择凸轮配合实体

(2) 在【配合】属性管理器左上方单击 ✔【确定】按钮后完成凸轮配合。完成凸轮配合后，凸轮的转动可带动传动轴的转动，初始位置如图 4-62 所示，转动后位置如图 4-63 所示。

图 4-62　初始位置

图 4-63　转动后位置

4.8.6　添加齿条小齿轮配合

需要添加齿条小齿轮配合的零件如图 4-64 所示。

图 4-64　需要添加齿条小齿轮配合的零件

（1）在菜单栏中选择【装配体】，单击 ◎ 【配合】按钮，弹出【配合】属性管理器，在【机械配合】选项组中，单击 ◎ 【齿条小齿轮】配合。在 ◎ 【齿条】选择框中选择两齿条的边线，在【小齿轮/齿轮】选择框中选择齿轮的圆柱面，如图 4-65 所示。

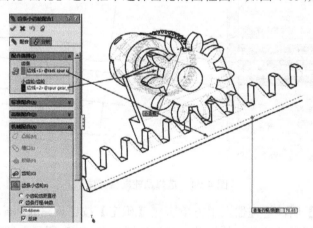

图 4-65　选择齿条小齿轮配合实体

（2）在【配合】属性管理器左上方单击 ✔【确定】按钮后完成齿条小齿轮配合。完成齿条小齿轮配合后，齿条的移动可引起齿轮的转动，初始位置如图 4-66 所示，齿轮转动后位置如图 4-67 所示。

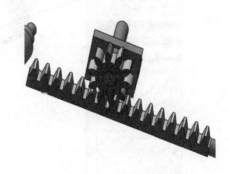

图 4-66　初始位置　　　　　　　　图 4-67　转动后位置

4.8.7　添加万向节配合

需要添加万向节配合的零件如图 4-68 所示。

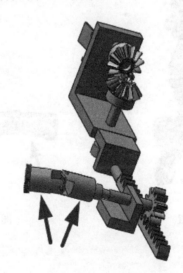

图 4-68　需要添加万向节配合的零件

（1）在菜单栏中选择【装配体】，单击🖉【配合】按钮，弹出【配合】属性管理器，在【机械配合】选项组中，单击🔘【万向节】按钮。在🔲【要配合的实体】选择框中选择两个转子的圆柱面，如图 4-69 所示。

（2）在【配合】属性管理器左上方单击 ✔【确定】按钮后完成万向节配合。完成万向节配合后，一个转子绕轴的转动由另一个转子绕该轴转动决定，初始位置如图 4-70 所示，转动后位置如图 4-71 所示。

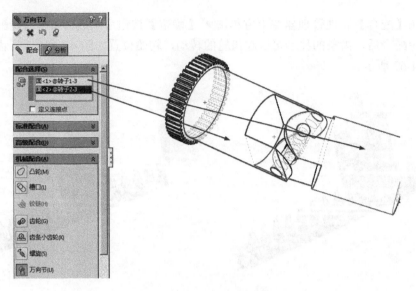

图 4-69　选择万向节配合实体

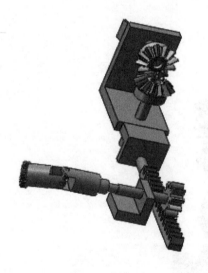

图 4-70　初始位置

图 4-71　转动后位置

第5章 工程图设计

工程图设计是用图样确切表示机械的结构形状、尺寸大小和技术要求的一种方法。零件图能表达零件的形状、大小以及制造和检验零件的技术要求；装配图表达机械中所属各零件与部件间的装配关系和工作原理；轴测图是一种立体图，直观性强，是常用的一种辅助用图样。SolidWorks 工程图模块功能强大，可以方便地直接建立零件和装配体的工程图，并可以在 AutoCAD 软件中打开和编辑。

5.1 建立工程图文件

工程图文件是 SolidWorks 设计文件的一种。在一个 SolidWorks 工程图文件中，可以包含多张图纸，这使得用户可以利用同一个文件建立一个零件的多张图纸或者多个零件的工程图，如图 5-1 所示。

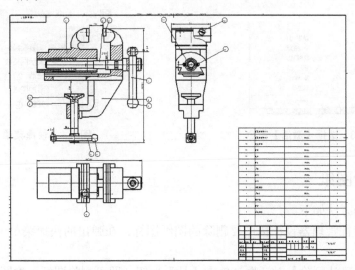

图 5-1　工程图文件

工程图文件窗口可以分成两部分。左侧区域为文件的管理区域，显示了当前文件的所有图纸、图纸中包含的工程视图等内容；右侧图纸区域可以认为是传统意义上的图纸，包含了图纸格式、工程视图、尺寸、注解、表格等工程图样所必需的内容。

5.1.1 设置多张工程图纸

在工程图文件中可以随时添加多张图纸。选择【插入】|【图纸】菜单命令，或者在特征管理器设计树中右击如图 5-2 所示的图纸图标，在弹出的快捷菜单中选择【添加图纸】命令，建立新的图纸。

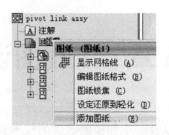

图 5-2　选择【添加图纸】命令

5.1.2　激活图纸

如果需要激活图纸，可以采用以下方法之一。

(1)　在图纸区域下方单击要激活的图纸的图标。

(2)　右击图纸区域下方要激活的图纸的图标，在弹出的快捷菜单中选择【激活】命令，如图 5-3 所示。

(3)　右击特征管理器设计树中的图纸图标，在弹出的快捷菜单中选择【激活】命令，如图 5-4 所示。

图 5-3　选择【激活】命令

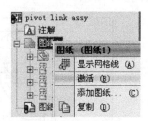

图 5-4　快捷菜单

5.1.3　删除图纸

删除图纸的方法如下。

(1)　右击特征管理器设计树中要删除的图纸图标，在弹出的快捷菜单中选择【删除】命令。

(2)　弹出【确认删除】对话框，单击【是】按钮，即可删除图纸，如图 5-5 所示。

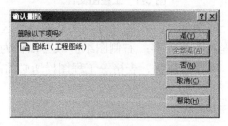

图 5-5　【确认删除】对话框

5.2　基　本　设　置

5.2.1　图纸格式的设置

1. 标准图纸格式

SolidWorks 提供了各种标准图纸大小的图纸格式。可以在【图纸格式/大小】对话框的【标准图纸大小】列表框中进行选择。单击【浏览】按钮，可以加载用户自定义的图纸格式。【图纸格式/大小】对话框如图 5-6 所示，其中，选中【显示图纸格式】复选框可以显示边框、标题栏等。

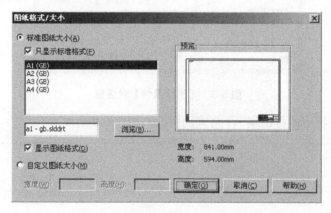

图 5-6　【图纸格式/大小】对话框

2. 无图纸格式

【自定义图纸大小】单选按钮可以定义无图纸格式，即选择无边框、无标题栏的空白图纸。此选项要求指定纸张大小，也可以定义用户自己的格式，如图 5-7 所示。

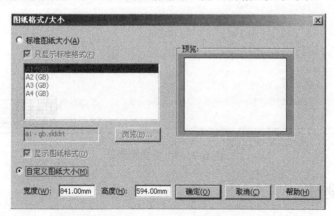

图 5-7　选中【自定义图纸大小】单选按钮

3. 使用图纸格式的操作方法

(1) 单击【标准】工具栏中的【新建】按钮，在【新建 SolidWorks 文件】对话框中选择【工程图】并单击【确定】按钮，弹出【图纸属性】对话框，选中【标准图纸大小】单选按钮，在列表框中选择 A1，然后单击【确定】按钮，如图 5-8 所示。

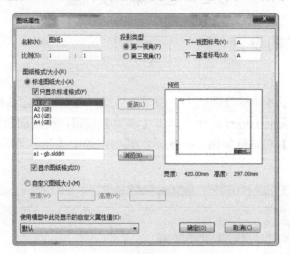

图 5-8　【图纸属性】对话框

(2)　在图形区域中即可出现 A1 格式的图纸，如图 5-9 所示。

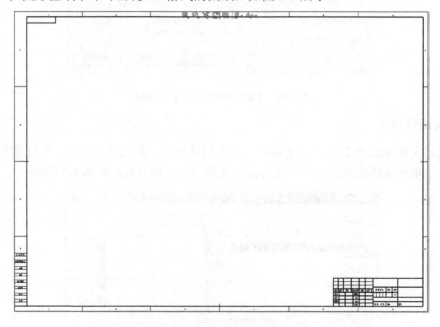

图 5-9　A1 格式图纸

5.2.2　线型设置

对于视图中图线的线色、线粗、线型、颜色显示模式等，可以利用【线型】工具栏进行设置。【线型】工具栏如图 5-10 所示，其中的工具按钮介绍如下。

* 　【图层属性】：设置图层属性(如颜色、厚度、样式等)，将实体移动到图层中，然后为新的实体选择图层。

- 【线色】：可以对图线颜色进行设置。
- ▤【线粗】：单击该按钮，会弹出如图 5-11 所示的【线粗】菜单，可以对图线粗细进行设置。
- ▦【线条样式】：单击该按钮，会弹出如图 5-12 所示的【线条样式】菜单，可以对图线样式进行设置。

图 5-10　【线型】工具栏　　　图 5-11　【线粗】菜单　　　图 5-12　【线条样式】下拉菜单

- ↹【隐藏和显示边线】：单击此按钮，切换隐藏和显示边线。
- ⌐【颜色显示模式】：单击该按钮，线色会在所设置的颜色中进行切换。

在工程图中如果需要对线型进行设置，一般在绘制草图实体之前，先利用【线型】工具栏中的【线色】、【线粗】和【线条样式】按钮对将要绘制的图线设置所需的格式，这样可以使被添加到工程图中的草图实体均使用指定的线型格式，直到重新设置另一种格式为止。

5.2.3　图层设置

在工程图文件中，可以根据用户需求建立图层，并为每个图层上建立的新实体指定线条颜色、线条粗细和线条样式。新的实体会自动添加到激活的图层中，图层可以被隐藏或者显示，另外，还可以将实体从一个图层移动到另一个图层。创建好工程图的图层后，可以分别为每个尺寸、注解、表格和视图标号等局部视图选择不同的图层设置。如果将 *.DXF 或者*.DWG 文件输入到 SolidWorks 工程图中，会自动建立图层。在最初生成*.DXF 或者*.DWG 文件的系统中指定的图层信息(如名称、属性和实体位置等)将被保留。

图层的操作方法如下。

(1) 新建一张空白的工程图。

(2) 在工程图中，单击【线型】工具栏中的▤【图层属性】按钮，弹出如图 5-13 所示的【图层】对话框。

图 5-13　【图层】对话框

(3) 单击【新建】按钮，在弹出的【图层】对话框中输入新图层名称"中心线"，如图 5-14 所示。

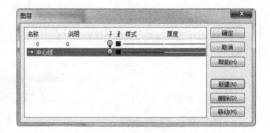

图 5-14　【图层】对话框

(4) 更改图层默认图线的颜色、样式和粗细等。

① 【颜色】：双击【颜色】下的方框，弹出【颜色】对话框，在该对话框中可以选择或者设置颜色，这里选择红色，如图 5-15 所示。

② 【样式】：双击【样式】下的图线，在弹出的菜单中选择图线样式，这里选择【中心线】样式，如图 5-16 所示。

③ 【厚度】：双击【厚度】下的直线，在弹出的菜单中选择图线的粗细，这里选择 0.18mm 所对应的线宽，如图 5-17 所示。

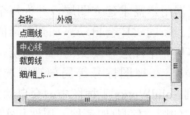

图 5-15　【颜色】对话框　　　　图 5-16　选择样式　　　　图 5-17　选择线粗

(5) 单击【确定】按钮，即完成为文件建立新图层的操作，如图 5-18 所示。

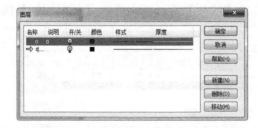

图 5-18　完成新建图层的操作

当建立新的工程图时，必须选择图纸格式。图纸格式可以采用标准图纸格式，也可以自定义和修改图纸格式。通过对图纸格式的设置，有助于建立具有统一格式的工程图。

5.3　常　规　视　图

5.3.1　标准三视图

标准三视图可以生成 3 个默认的正交视图，其中主视图方向为零件或者装配体的前视，投影类型则按照图纸格式设置的第一视角或者第三视角投影法。

建立标准三视图的步骤如下。

(1) 选择【插入】|【工程图视图】|【标准三视图】菜单命令，指针形状变为。

(2) 将三视图放在图纸的合适位置，单击左键添加完成，单击 ✔ 【确定】按钮，建立标准三视图，如图 5-19 所示。

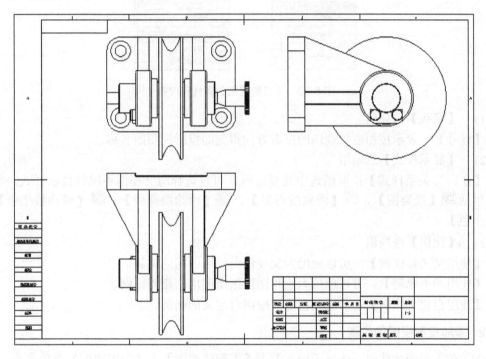

图 5-19　建立标准三视图

5.3.2　投影视图

投影视图是根据已有视图利用正交投影生成的视图。投影视图的投影方法是根据在【图纸属性】对话框中所设置的第一视角或者第三视角投影类型而确定。

1. 投影视图的属性设置

单击【工程图】工具栏中的 【投影视图】按钮，或者选择【插入】|【工程视图】|【投影视图】菜单命令，弹出【投影视图】属性管理器，如图 5-20 所示，此时鼠标指针变为 形状。

图 5-20　【投影视图】属性管理器

1)　【箭头】选项组

【标号】：表示按相应父视图的投影方向得到的投影视图的名称。

2)　【显示样式】选项组

【使用父关系样式】：取消选中此复选框，可以选择与父视图不同的显示样式，显示样式包括 【线架图】、【隐藏线可见】、【消除隐藏线】、【带边线上色】和【上色】。

3)　【比例】选项组

【使用父关系比例】：可以应用为父视图所使用的相同比例。

【使用图纸比例】：可以应用为工程图图纸所使用的相同比例。

【使用自定义比例】：可以根据需要应用自定义的比例。

2. 添加投影视图的步骤

(1)　在工程图文件中，选择【插入】|【工程图视图】|【投影视图】菜单命令。

(2)　在图形区域中选择一投影用的视图，将指针移动到所选视图的相应一侧。

(3)　当视图位于所需的位置时，单击以放置视图。投影视图放置在图纸上，与用来建立它的视图对齐，如图 5-21 所示。

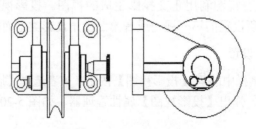

图 5-21　建立投影视图

5.3.3　剖面视图

剖面视图是通过一条剖切线切割父视图而生成，属于派生视图，可以显示模型内部的形状和尺寸。剖面视图可以是剖切面或者是用阶梯剖切线定义的等距剖面视图，并可以生成半剖视图。

单击【草图】工具栏中的 ┊【中心线】按钮，在激活的视图中绘制单一或者相互平行的中心线，也可以单击【草图】工具栏中的 ＼【直线】按钮，在激活的视图中绘制单一或者相互平行的直线段。选择绘制的中心线(或者直线段)，单击【工程图】工具栏中的 ⤵【剖面视图】按钮或者选择【插入】|【工程视图】|【剖面视图】菜单命令，弹出【剖面视图 B-B】(根据生成的剖面视图，字母顺序排序)属性管理器，如图 5-22 所示。

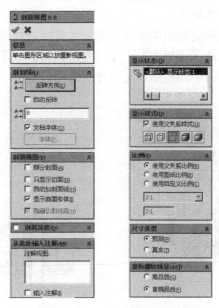

图 5-22　【剖面视图】属性管理器

1)　【剖切线】选项组

⤣【反转方向】：反转剖切的方向。

⤢【标号】：编辑与剖切线或者剖面视图相关的字母。

【字体】：可以为剖切线或者剖面视图相关字母选择其他字体。

2)　【剖面视图】选项组

【部分剖面】：当剖切线没有完全切透视图中模型的边框线时，会弹出剖切线小于视图几何体的提示信息，并询问是否生成局部剖视图。

【只显示切面】：只有被剖切线切除的曲面出现在剖面视图中。

【自动加剖面线】：选中此复选框，系统可以自动添加必要的剖面(切)线。

【显示曲面实体】：选中此复选框，系统将显示曲面实体。

3) 【剖面深度】选项组

⚸ 【深度】：设置剖切深度数值。

▣ 【深度参考】：为剖切深度选择的边线或基准轴。

5.4 特殊视图

5.4.1 辅助视图

辅助视图类似于投影视图，它的投影方向垂直于所选视图的参考边线，但参考边线一般不能为水平或者垂直，否则生成的就是投影视图。辅助视图相当于技术制图表达方法中的斜视图，可以用来表达零件的倾斜结构。

建立辅助视图的操作方法如下。

(1) 在需要添加辅助视图的视图中添加一条参考直线，如图 5-23 所示。

(2) 在工程图文件中，选择【插入】|【工程图视图】|【辅助视图】菜单命令。

(3) 单击该参考直线，将辅助视图拖动至合适位置后单击，完成后如图 5-24 所示。

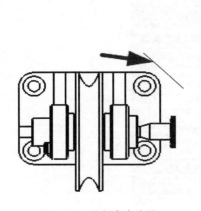

图 5-23 绘制参考直线

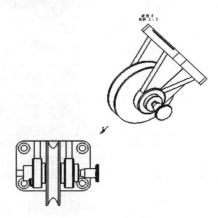

图 5-24 建立辅助视图

5.4.2 剪裁视图

在 SolidWorks 工程图中，剪裁视图是由除了局部视图、已用于生成局部视图的视图或者爆炸视图之外的任何工程视图经剪裁而生成的。剪裁视图类似于局部视图，但是由于剪裁视图没有生成新的视图，也没有放大原视图，因此可以减少视图生成的操作步骤。

建立剪裁视图的操作方法如下。

(1) 在工程图中，绘制一个圆，如图 5-25 所示。

(2) 在工程图文件中，双击该圆，选择【插入】|【工程图视图】|【剪裁视图】菜单命令，得到剪裁视图，如图 5-26 所示。

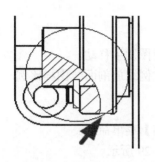

图 5-25　绘制一个圆

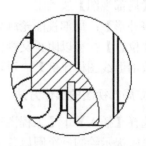

图 5-26　建立剪裁视图

5.4.3　局部视图

局部视图是一种派生视图，可以用来显示父视图的某一局部形状，通常采用放大比例显示。局部视图的父视图可以是正交视图、空间(等轴测)视图、剖面视图、剪裁视图、爆炸装配体视图或者另一局部视图，但不能在透视图中生成模型的局部视图。

1. 局部视图的属性设置

单击【工程图】工具栏中的 ⓐ【局部视图】按钮，或者选择【插入】｜【工程视图】｜【局部视图】菜单命令，弹出【局部视图】属性管理器，如图 5-27 所示。

1)　【局部视图图标】选项组

● ⓐ【样式】：可以选择一种样式，如图 5-28 所示。

● ⓐ【标号】：编辑与局部视图相关的字母。

● 【字体】：如果要为局部视图标号选择文件字体以外的字体，取消选中【文件字体】复选框，然后单击【字体】按钮。

图 5-27　【局部视图】属性管理器

图 5-28　【样式】下拉列表

2) 【局部视图】选项组

【完整外形】：局部视图轮廓外形全部显示。

【钉住位置】：可以阻止父视图比例更改时局部视图发生移动。

【缩放剖面线图样比例】：可以根据局部视图的比例缩放剖面线图样比例。

2. 建立局部视图的操作方法

(1) 选择【插入】|【工程图视图】|【局部视图】菜单命令。

(2) 系统提示绘制一个圆以建立局部视图，如图 5-29 所示。

(3) 此时可预览该局部视图，在【局部视图】属性管理器的【比例】选项组中，选中
【使用自定义比例】复选框，在下拉列表框中选择【用户定义】选项，在下方的文本框中
输入"2：3"，将该视图拖动至合适的位置后单击左键，完成后如图 5-30 所示。

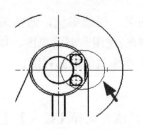

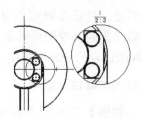

图 5-29　绘制圆　　　　　　　　　　图 5-30　建立局部视图

5.4.4　旋转剖视图

旋转剖视图可以用来表达具有回转轴的零件模型的内部形状，生成旋转剖视图的剖切
线，必须由两条连续的线段构成，并且这两条线段必须具有一定的夹角。

建立旋转剖视图的操作方法如下。

(1) 选择【插入】|【工程图视图】|【旋转剖视图】菜单命令。

(2) 系统提示绘制两条直线以建立旋转剖视图，如图 5-31 所示。

(3) 弹出【旋转剖视图】属性管理器，单击【确定】按钮，此时可预览该旋转剖视
图，将该视图拖动至合适的位置后单击左键，完成后如图 5-32 所示。

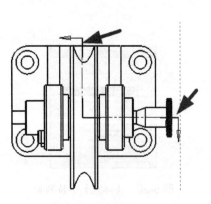

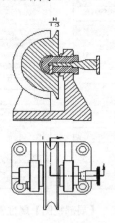

图 5-31　绘制两条直线　　　　　　　图 5-32　建立旋转剖视图

5.4.5　断裂视图

对于一些较长的零件(如轴、杆、型材等)，如果沿着长度方向的形状统一(或者按一定规律)变化时，可以用折断显示的断裂视图来表达，这样就可以将零件以较大比例显示在较小的工程图纸上。断裂视图可以应用于多个视图，并可根据要求撤消断裂视图。

单击【工程图】工具栏中的 【断裂视图】按钮，或者选择【插入】|【工程视图】|【断裂视图】菜单命令，弹出【断裂视图】属性管理器，如图 5-33 所示。

- ◎【添加竖直折断线】：生成断裂视图时，将视图沿水平方向断开。
- ◎【添加水平折断线】：生成断裂视图时，将视图沿竖直方向断开。
- 【缝隙大小】：改变折断线缝隙之间的间距。
- 【折断线样式】：定义折断线的类型，如图 5-34 所示，其效果如图 5-35 所示。

图 5-33　【断裂视图】属性管理器　　　　　图 5-34　【折断线样式】下拉列表

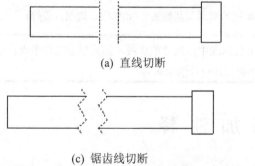

(a) 直线切断　　　　　　　　　　　　(b) 曲线切断

(c) 锯齿线切断　　　　　　　　　　　(d) 小锯齿线切断

图 5-35　不同折断线样式的效果

5.5　标 注 尺 寸

工程图中的尺寸标注是与模型相关联的，而且模型中的变更将直接反映到工程图中。

- 模型尺寸：通常在生成每个零件特征时即生成尺寸，然后将这些尺寸插入各个工程视图中。

- 参考尺寸：可以在工程图文档中添加尺寸，但是这些尺寸是参考尺寸，并且是从动尺寸，不能编辑参考尺寸的数值而更改模型。
- 颜色：在默认情况下，模型尺寸标注为黑色。
- 箭头：尺寸被选中时尺寸箭头上出现圆形控标。
- 隐藏和显示尺寸：可使用【工程图】工具栏中的隐藏/显示注解，或通过视图菜单来隐藏和显示尺寸。

添加尺寸标注的操作步骤如下。

(1) 选择【工具】|【标注尺寸】|【智能尺寸】菜单命令。

(2) 单击要标注尺寸的几何体，如表 5-1 所示。

(3) 单击以放置尺寸。

表 5-1　标注尺寸

标注项目	单击的对象
直线或边线的长度	直线
两直线之间的角度	两条直线或一直线和模型上的一边线
两直线之间的距离	两条平行直线，或一条直线与一条平行的模型边线
点到直线的垂直距离	点以及直线或模型边线
两点之间的距离	两个点
圆弧半径	圆弧
圆弧真实长度	圆弧及两个端点
圆的直径	圆周
一个或两个实体为圆弧或圆时的距离	圆心或圆弧/圆的圆周及其他实体(如直线、边线、点等)
线性边线的中点	用右键单击要标注中点尺寸的边线，然后单击选择中点；接着选择第二个要标注尺寸的实体

5.6　添 加 注 释

利用注释工具可以在工程图中添加文字信息和一些特殊要求的标注形式。注释文字可以独立浮动，也可以指向某个对象(如面、边线或者顶点等)。注释中可以包含文字、符号、参数文字或者超文本链接。如果注释中包含引线，则引线可以是直线、折弯线或者多转折引线。

单击【注解】工具栏中的 🅰【注释】按钮，或者选择【插入】|【注解】|【注释】菜单命令，弹出【注释】属性管理器，如图 5-36 所示。

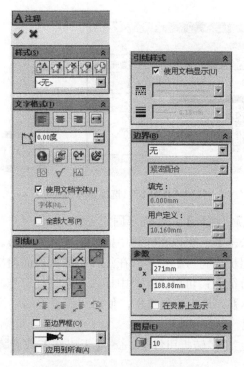

图 5-36　【注释】属性管理器

1)　【样式】选项组

- ![icon] 【将默认属性应用到所选注释】：将默认类型应用到所选注释中。
- ![icon] 【添加或更新常用类型】：单击该按钮，在弹出的对话框中输入新名称，然后单击【确定】按钮，即可将常用类型添加到文件中。
- ![icon] 【删除常用类型】：从【设定当前常用类型】中选择一种样式，单击该按钮，即可将常用类型删除。
- ![icon] 【保存常用类型】：在【设定当前常用类型】中显示一种常用类型，单击该按钮，在弹出的【另存为】对话框中，选择保存该文件的文件夹，并编辑文件名，最后单击【保存】按钮。
- ![icon] 【装入常用类型】：单击该按钮，在弹出的【打开】对话框中选择合适的文件夹，然后选择一个或者多个文件，单击【打开】按钮，装入的常用尺寸出现在【设定当前常用类型】列表中。

2)　【文字格式】选项组

- 文字对齐方式：包括![icon]【左对齐】、![icon]【居中】、![icon]【右对齐】和![icon]【两端对齐】。
- ![icon]【角度】：设置注释文字的旋转角度(正角度值表示逆时针方向旋转)。
- ![icon]【插入超文本链接】：单击该按钮，可以在注释中包含超文本链接。
- ![icon]【链接到属性】：单击该按钮，可以将注释链接到文件属性。
- ![icon]【添加符号】：将鼠标指针放置在需要显示符号的【注释】选择框中，单击【添加符号】按钮，弹出【符号】对话框，选择一种符号，单击【确定】按钮，符号显示在注释中，如图 5-37 所示。

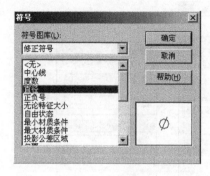

图 5-37　选择符号

- 【锁定/解除锁定注释】：将注释固定到位。
- 【插入形位公差】：可以在注释中插入形位公差符号。
- 【插入表面粗糙度符号】：可以在注释中插入表面粗糙度符号。
- 【插入基准特征】：可以在注释中插入基准特征符号。
- 【使用文档字体】：选中该复选框，使用文件设置的字体。

3) 【引线】选项组

单击 【引线】、 【多转折引线】、 【无引线】或者 【自动引线】按钮，可以确定是否选择引线。

单击 【引线靠左】、 【引线向右】、 【引线最近】按钮，可以确定引线的位置。

单击 【直引线】、 【折弯引线】、 【下划线引线】按钮，可以确定引线样式。

从【箭头样式】中选择一种箭头样式。

【应用到所有】：将更改应用到所选注释的所有箭头。

4) 【引线样式】选项组

- 【使用文档显示】：选中此复选框可使用文档注释中所配置的样式和线粗。
- 【样式】：设定引线的样式。
- 【线粗】：设定引线的粗细。

5) 【参数】选项组

通过输入 x 坐标和 y 坐标来指定注释的中央位置。

6) 【图层】选项组

在工程图中选择一图层 。

7) 【边界】选项组

- 【样式】：指定边界(包含文字的几何形状)的形状或者无。
- 【大小】：指定文字是否为紧密配合或者固定的字符数。

5.7　零件图范例

本例将建立一个通孔盖(见图 5-38)的零件图，如图 5-39 所示。

图 5-38　通孔盖零件模型

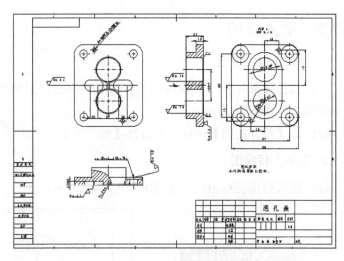

图 5-39　通孔盖零件工程图

5.7.1　建立工程图前的准备工作

1．打开零件

启动中文版 SolidWorks，选择【文件】|【打开】命令，在弹出的【打开】对话框中选择本书配套光盘中的"第 5 章\范例文件\5.7\通孔盖.SLDPRT"文件。

2．新建工程图纸

选择【文件】|【新建】命令，弹出【新建】对话框。单击【高级】按钮，在弹出的【图纸格式/大小】对话框中选择 SolidWorks 自带的图纸模板，如图 5-40 所示，本例选取国标 A3 图纸格式。

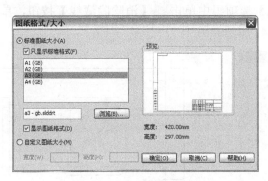

图 5-40　选取图纸模板

3．设置绘图标准

(1) 选择【工具】|【选项】菜单命令，弹出【系统选项】对话框。

(2) 切换到【文档属性】选项卡，将绘图标准设置为 GB(国标)，然后单击【确定】按钮结束。

5.7.2　插入视图

1. 插入标准三视图

(1)　选择【插入】|【工程图视图】|【标准三视图】菜单命令，弹出【标准三视图】属性管理器，如图 5-41 所示。

(2)　在【打开文档】选择框中选择【通孔盖】，单击 按钮继续。

2. 显示工程视图

(1)　插入标准三视图后，绘图区如图 5-42 所示。

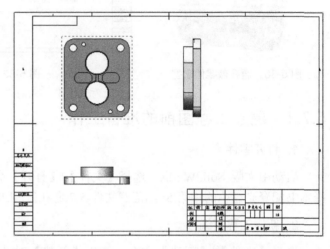

图 5-41　【标准三视图】属性管理器　　　　图 5-42　建立标准三视图

(2)　单击图中的主视图，将弹出【工程图视图】属性管理器，如图 5-43 所示。

(3)　在【显示样式】选项组中单击 【消除隐藏线】按钮，单击 按钮继续。消除隐藏线后的视图如图 5-44 所示。

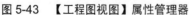

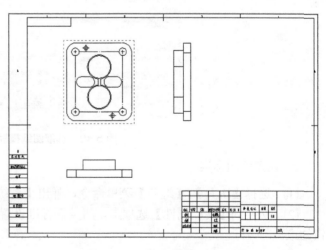

图 5-43　【工程图视图】属性管理器　　　　图 5-44　消除隐藏线后的三视图

5.7.3　绘制剖面图

1. 绘制左视图全剖图

(1)　在【草图】工具栏的矩形 下拉菜单中选择【边角矩形】，然后用矩形框住主视图，矩形的大小随意，如图 5-45 所示。

(2)　按住 Ctrl 键，选择刚刚绘制的四条矩形的边，单击【视图布局】选项卡中的 【断开的剖视图】按钮，弹出【剖面视图】对话框，如图 5-46 所示。

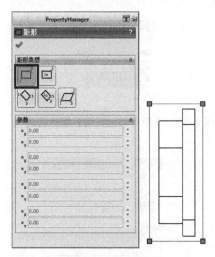

图 5-45　绘制矩形　　　　　　　　　　图 5-46　【剖面视图】对话框

(3)　选中【自动打剖面线】复选框，单击【确定】按钮。此时会让用户输入剖切深度，弹出【断开的剖视图】属性管理器，如图 5-47 所示。

(4)　从隐藏线可见的主视图中选择一条边线，如图 5-48 所示。

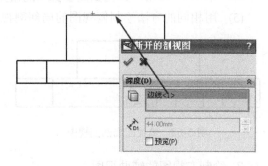

图 5-47　【断开的剖视图】属性管理器　　　　图 5-48　设置深度

(5)　单击 按钮，建立的剖视图如图 5-49 所示。

2. 绘制俯视图的局部剖视图

(1)　单击【视图布局】工具栏中的 【断开的剖视图】按钮，系统弹出【断开的剖视图】属性管理器，如图 5-50 所示。

(2) 使用草图工具绘制闭环样条曲线，如图 5-51 所示。

(3) 单击【确定】按钮后，系统弹出【断开的剖视图】属性管理器，设置 【深度】的数值为 52mm，如图 5-52 所示。

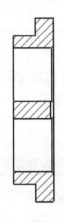

图 5-49　建立的剖视图

图 5-50　【断开的剖视图】属性管理器

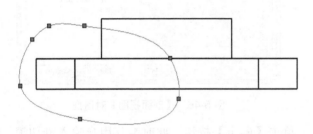

图 5-51　绘制闭环样条曲线

图 5-52　设置深度

(4) 单击 ✔ 按钮，建立如图 5-53 所示的局部剖视图。

(5) 用相同的方法绘制俯视图的局部剖视图，结果如图 5-54 所示。

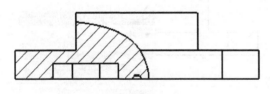

图 5-53　俯视图局部剖视图

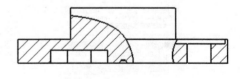

图 5-54　俯视图

3. 绘制左视图的辅助视图

(1) 单击【视图布局】工具栏中的 ⚒ 【辅助视图】按钮，系统弹出【辅助视图】属性管理器，如图 5-55 所示。

(2) 选择参考边线，如图 5-56 所示。

图 5-55　【辅助视图】属性管理器

图 5-56　选择参考边线

(3)　单击 ✔ 按钮，结果如图 5-57 所示。

4. 标注及修改中心线

(1)　单击【注解】工具栏中的 【中心线】按钮，弹出【中心线】属性管理器，如图 5-58 所示。

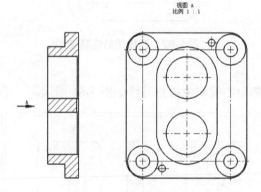

图 5-57　建立辅助视图

图 5-58　【中心线】属性管理器

(2)　为中心线选择两个边线，结果如图 5-59 所示。

(3)　标注后的中心线如图 5-60 所示。

图 5-59　选择的两个边线

图 5-60　标注后的中心线

（4）以此类推，将整个工程图的部件全部标上中心线后适当调整长度。

5. 标注中心符号线

（1）单击【注解】工具栏中的 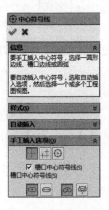【中心符号线】按钮，弹出的【中心符号线】属性管理器，如图 5-61 所示。单击【手工插入选项】选项组中的 ▦【单一中心线符号】按钮。

（2）单击圆的轮廓线，如图 5-62 所示。

图 5-61　【中心符号线】属性管理器

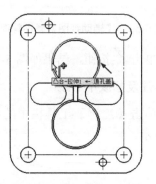

图 5-62　选择圆的轮廓线

（3）标注完如图 5-63 所示。

（4）其他的中心符号线标注以此类推，全部中心线和中心符号线如图 5-64 所示。

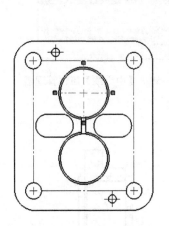

图 5-63　标注后的中心符号线

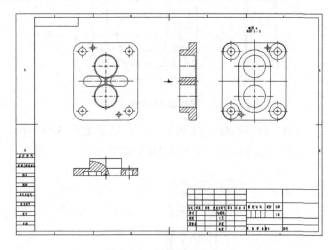

图 5-64　标注后的工程图

（5）选择俯视图的多余轮廓线，如图 5-65 所示。

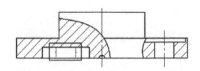

图 5-65　选择俯视图的多余轮廓线

（6）单击鼠标右键，在弹出的快捷菜单中选择 【线色】命令，系统弹出【编辑线色】对话框，将线色设置成白色，从而隐藏多余的轮廓线，如图 5-66 所示。

（7）单击【确定】按钮，结果如图 5-67 所示。

图 5-66   【编辑线色】对话框

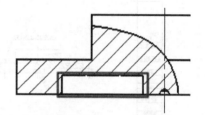

图 5-67   隐藏多余的轮廓线

5.7.4   标注尺寸

1．手工为零件标注尺寸

（1）单击【注解】工具栏中的 【智能尺寸】按钮，系统弹出【尺寸】属性管理器，如图 5-68 所示。

（2）单击要标注的图线，类似实体模型的标注一样，手工为工程图标注，如图 5-69 所示。

图 5-68   【尺寸】属性管理器

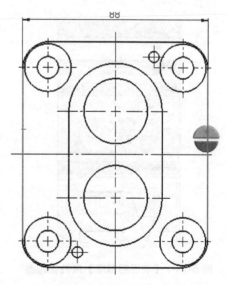

图 5-69   手工标注

（3）其他的尺寸标注以此类推，全部尺寸标注如图 5-70 所示。

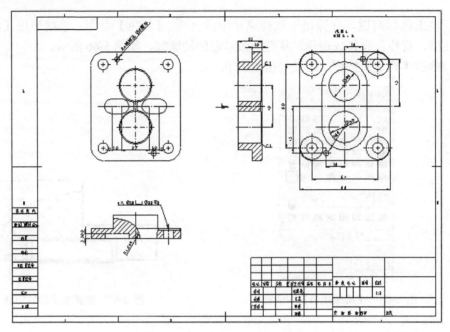

图 5-70 全部尺寸标注

2. 手工为零件标注表面粗糙度

(1) 单击【注解】工具栏中的 √ 【表面粗糙度】按钮，系统弹出【表面粗糙度】属性管理器，如图 5-71 所示。

(2) 单击要标注的图线，如图 5-72 所示。

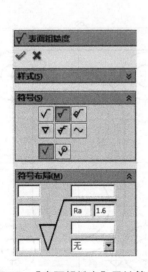

图 5-71 【表面粗糙度】属性管理器

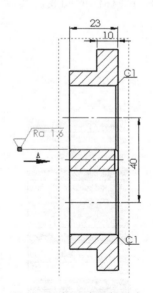

图 5-72 标注表面粗糙度

(3) 其他的尺寸标注以此类推，标注完全部表面粗糙度后如图 5-73 所示。

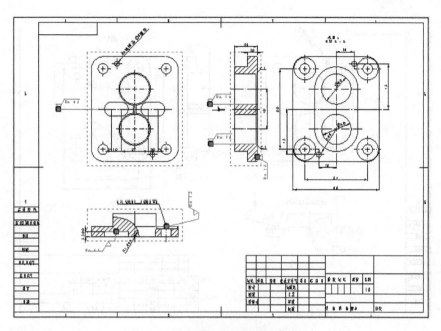

图 5-73　标注全部表面粗糙度

3. 为尺寸标注公差

(1)　单击要标注公差的尺寸，系统弹出【尺寸】属性管理器，设置如图 5-74 所示。

(2)　单击 ✔ 按钮，结果如图 5-75 所示。

图 5-74　【尺寸】属性管理器

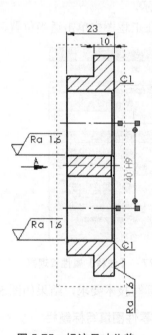

图 5-75　标注尺寸公差

(3)　依此绘制其他尺寸公差，结果如图 5-76 所示。

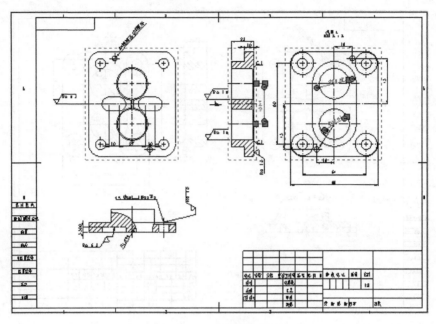

图 5-76　标注全部尺寸公差

4．为零件图规定技术要求

（1）单击【注解】工具栏中的 **A**【注释】按钮，系统弹出【注释】属性管理器，如图 5-77 所示。

（2）在工程图中单击适当位置，系统弹出【格式化】工具栏，如图 5-78 所示。

图 5-77　【注释】属性管理器　　　　　　图 5-78　【格式化】工具栏

（3）标写技术要求，结果如图 5-79 所示。

5．为零件图填写标题栏

（1）单击【注解】工具栏中的 **A**【注释】按钮，系统弹出【注释】属性管理器，填写标题栏，如图 5-80 所示。

（2）至此，通孔盖工程图已绘制完毕，如图 5-81 所示。

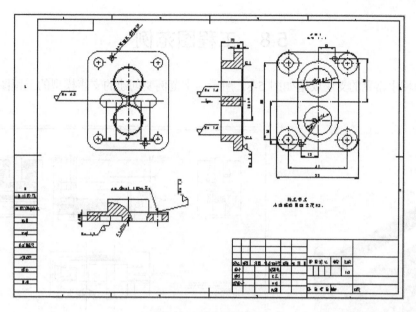

图 5-79 输入技术要求

标记	处数	分区	更改文件号	签名	年月日	阶段标记	重量	比例	
			通 孔 盖						
设计			标准化					1:2	
校核			工艺						
主管设计			审核						
			批准			共 张 第 张版本		替代	

图 5-80 填写标题栏

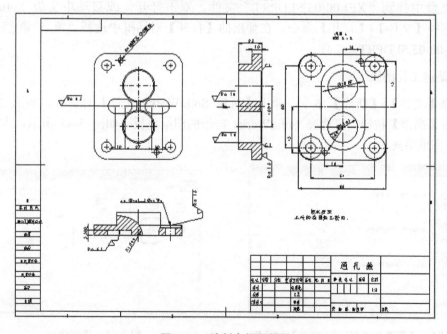

图 5-81 绘制完的工程图

5.8　工程图范例

机械领域中常见的支座模型如图 5-82 所示。本范例要创建的支座模型的工程图如图 5-83 所示。

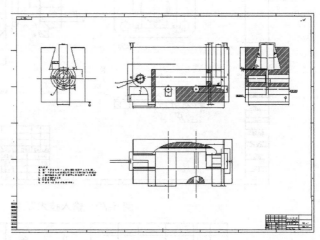

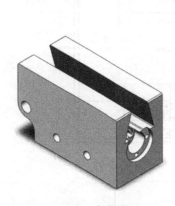

图 5-82　支座模型

图 5-83　支座的工程图

5.8.1　建立工程图前的准备工作

1. 打开零件

在光盘中找到"XFJ-00-03.SLDPRT"文件，双击打开，或启动中文版 SolidWorks 2015，选择【文件】|【打开】命令，在弹出的【打开】对话框中选择"第 5 章\范例文件\5.8\XFJ-00-03.SLDPRT"文件。

2. 新建工程图纸

选择【文件】|【新建】命令，弹出【新建 SolidWorks 文件】对话框，如图 5-84 所示，单击【高级】按钮，可选择 SolidWorks 自带的图纸模板，如图 5-85 所示，本例选取国标 A3 图纸格式。

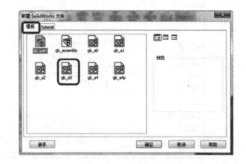

图 5-84　【新建 SolidWorks 文件】对话框

图 5-85　选取模板

3. 设置绘图标准

(1) 选择【工具】|【选项】菜单命令，弹出【文档属性】对话框，如图 5-86 所示，切换到【文档属性】选项卡。

图 5-86　【文档属性】对话框

(2) 将【总绘图标准】设置为 GB(国标)，然后单击【确定】按钮。

5.8.2　插入视图

1. 插入标准三视图

(1) 常规的工程视图为标准的三视图，选择【插入】|【工程图视图】|【标准三视图】菜单命令，弹出【标准三视图】属性管理器，如图 5-87 所示。

图 5-87　【标准三视图】属性管理器　　　　图 5-88　【打开】对话框

(2) 在【打开文档】列表框中选择模型，如果【打开文档】列表框中没有模型，则需要单击【浏览】按钮，在弹出的【打开】对话框中选择模型文件，如图 5-88 所示。单击 按钮，插入完标准三视图后如图 5-89 所示。

2. 显示隐藏线

(1) 单击主视图，弹出【工程图视图】属性管理器，如图 5-90 所示。

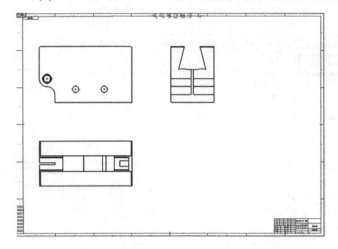

图 5-89　标准三视图　　　　　　　　　　图 5-90　【工程图视图】属性管理器

(2) 单击【显示样式】选项组中的⬚按钮，单击✔按钮，如图 5-91 所示。

3. 插入右视图

(1) 单击【视图布局】工具栏中的➕按钮，弹出【投影视图】属性管理器，如图 5-92 所示。

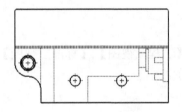

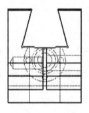

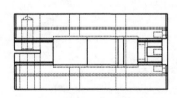

图 5-91　更改显示样式　　　　　　　　　图 5-92　【投影视图】属性管理器

(2) 单击正视图，移动鼠标，这时主视图的相对视图会随着鼠标指针移动，如图 5-93 所示。

(3) 在正视图的左边单击鼠标左键，放置视图，如图 5-94 所示。

(4) 移动视图，如图 5-95 所示。

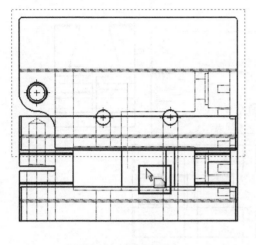

图 5-93　投影视图

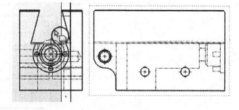

图 5-94　放置视图

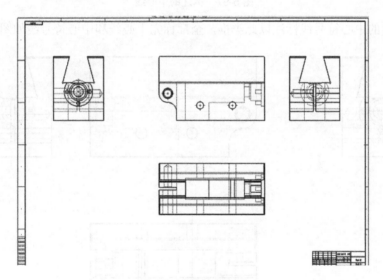

图 5-95　调整右视图

5.8.3　标注中心线

(1) 单击命令管理器工具栏中的【中心线】按钮，弹出【中心线】属性管理器，如图 5-96 所示。

图 5-96　【中心线】属性管理器

(2) 分别选择孔的轮廓线，如图 5-97 所示，系统将自动生成中心线。

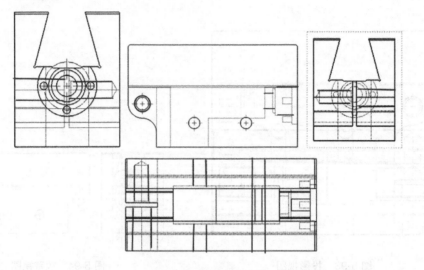

图 5-97　标注的中心线

(3)　其他的中心符号线标注以此类推，全部标完中心线和中心符号线如图 5-98 所示。

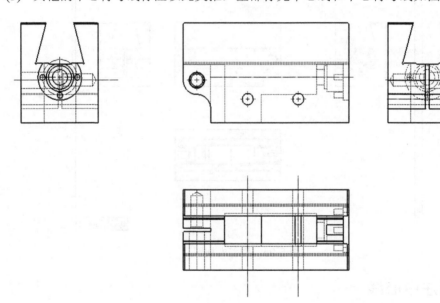

图 5-98　标注中心符号线的工程图

5.8.4　绘制剖视图

1. 绘制正视图局部剖视图

(1)　单击【草图】工具栏中的【矩形】 下拉按钮，选择【边角矩形】，框住图示位置，如图 5-99 所示。

(2)　按住 Ctrl 键，选择刚刚绘制的矩形四条边，然后在【视图布局】工具栏中，单击 按钮，弹出【剖面视图】对话框，如图 5-100 所示。

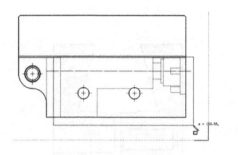

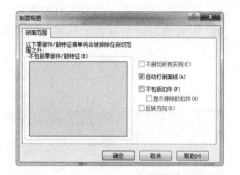

图 5-99　框住的右半部　　　　　　　　　　图 5-100　【剖面视图】对话框

（3）选中【自动打剖面线】复选框，单击【确定】按钮继续。

（4）此时会让用户输入剖切深度，弹出【断开的剖视图】属性管理器，如图 5-101 所示。

（5）从主视图中选择一条隐藏线，如图 5-102 所示。

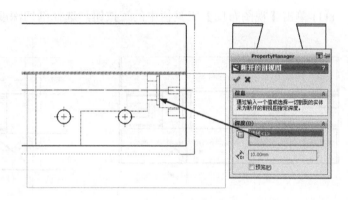

图 5-101　【断开的剖视图】
　　　　　　属性管理器　　　　　　　　　　图 5-102　选择隐藏线

（6）单击  按钮继续，生成的剖视图如图 5-103 所示。

（7）模仿上述步骤，生成左视图剖视图，如图 5-104 所示。

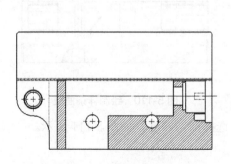

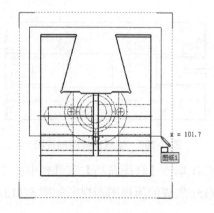

图 5-103　剖视图　　　　　　　　　　　　图 5-104　绘制剖视区域

(8) 选择剖切深度，如图 5-105 所示。

(9) 生成的左视图剖视图如图 5-106 所示。

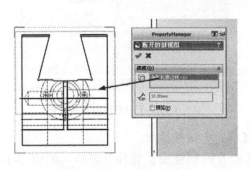

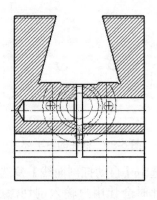

图 5-105　选择剖切深度　　　　　图 5-106　生成的左视图剖视图

(10) 在俯视图中绘制样条曲线，如图 5-107 所示。

(11) 单击【视图布局】工具栏中的 按钮，选择剖切深度，如图 5-108 所示。

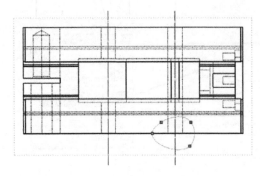

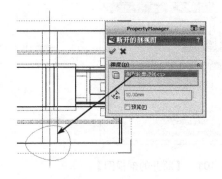

图 5-107　绘制样条曲线　　　　　图 5-108　选择剖切深度

(12) 生成俯视图剖视图，如图 5-109 所示。

(13) 在俯视图中绘制第二条样条曲线，如图 5-110 所示。

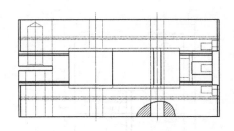

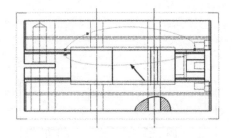

图 5-109　生成俯视图剖视图　　　　图 5-110　绘制样条曲线

(14) 单击【视图布局】工具栏中的 按钮，选择剖切深度，如图 5-111 所示。

(15) 生成的俯视图剖视图如图 5-112 所示。

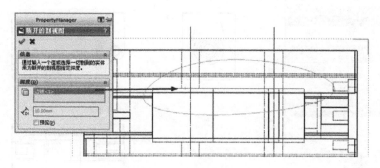

图 5-111　选择剖切深度

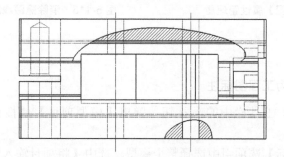

图 5-112　生成俯视图剖视图

(16) 整个剖视完后的视图如图 5-113 所示。

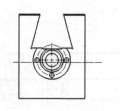 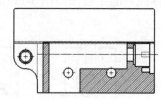 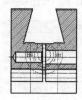

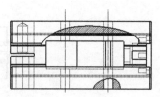

图 5-113　剖视视图

2. 消除隐藏线

(1) 单击正视图，弹出【工程图视图】属性管理器，如图 5-114 所示。

(2) 在【显示样式】选项组中单击 ▢【显出隐藏线】按钮，再单击 ✔ 按钮继续。最后的视图如图 5-115 所示。

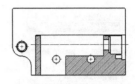

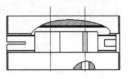

图 5-114 【工程图视图】属性管理器   图 5-115 消除隐藏线后的视图

5.8.5 标注尺寸

1. 使用自动标注为工程图标注

(1) 单击【注解】工具栏中的 按钮，弹出【模型项目】属性管理器，如图 5-116 所示。

(2) 在【来源/目标】选项组中选择整个模型，选中【将项目输入到所有视图】和【消除重复】复选框，在【尺寸】选项组中可以选中 【为工程图标注】、 【没为工程图标注】、 【实例\圈数计数】、 【异型孔向导轮廓】按钮。

(3) 单击 按钮继续。标注后的工程图如图 5-117 所示。

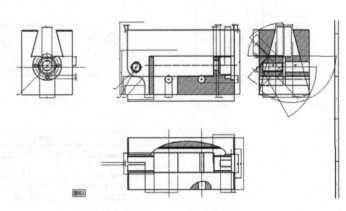

图 5-116 【模型项目】属性管理器   图 5-117 标注完的工程图

(4) 删除所有左视图的角度标注，如图 5-118 所示。

2. 手工标注

(1) 单击【注解】工具栏中的 按钮，弹出【尺寸】属性管理器，如图 5-119 所示。

(2) 单击梯形槽两个边，标注角度，如图 5-120 所示。其余的倒角角度不用标注。

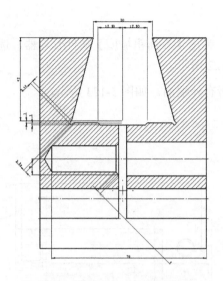

图 5-118 删除所有左视图的角度标注

图 5-119 【尺寸】属性管理器

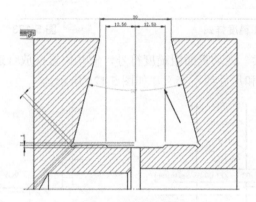

图 5-120 标注角度

(3) 调整其他尺寸线，尽量减少尺寸重叠，如图 5-121 所示。

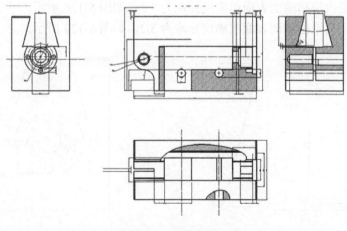

图 5-121 调整完的尺寸

3. 表面粗糙度标注

(1) 单击【注解】工具栏中的 ⎡ 表面粗糙度符号 ⎤ 按钮，弹出【表面粗糙度】属性管理器，选中 √ 【切削加工】按钮，输入数据"6.3"，如图 5-122 所示。

(2) 此时鼠标指针变成了 ⅄，单击正视图的所有外端面，如图 5-123 所示。

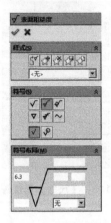

图 5-122　选择粗糙度样式

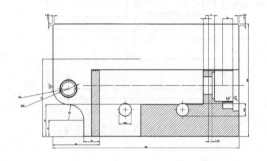

图 5-123　标注端面

(3) 单击 ✔ 按钮继续，拖动表面粗糙度符号，使其位置摆放合适，如图 5-124 所示。

(4) 尽量让公差标注和尺寸线不交叉，如图 5-125 所示。

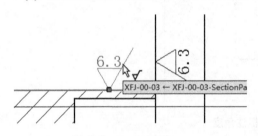

图 5-124　移动符号

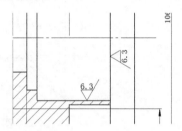

图 5-125　调整标注

(5) 将左视图内滑槽端面表面粗糙度标注为 3.2，如图 5-126 所示。

(6) 将右视图内滑槽端面表面粗糙度标注为 3.2，如图 5-127 所示。

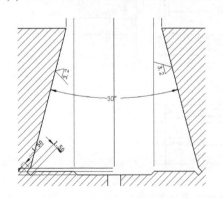

图 5-126　左视图内侧粗糙度

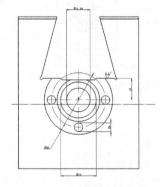

图 5-127　右视图内侧粗糙度

(7) 将两个销孔标为 0.8，如图 5-128 所示。

(8) 再单击表面粗糙度按钮，弹出属性管理器，设置如图 5-129 所示。

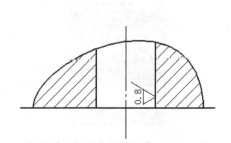

图 5-128　标注孔粗糙度

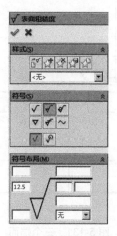

图 5-129　设置表面粗糙度

(9) 将此表面粗糙度符号放到视图右上角，如图 5-130 所示。

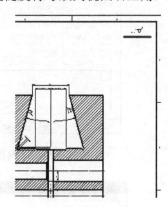

图 5-130　标注表面粗糙度

4. 标注形位公差

形位公差是描述图形的平行、垂直、同轴等形状的偏差，如图 5-131 所示。1 与 2 平面平行并分别与 3 平面垂直，用形位公差描述，则可将 1 与 2 分别作为基准面 A 和 B，面 1 与 2 分别与基准 B 和 A 平行，3 与任意 A 或 B 垂直即可。

(1) 单击【注解】工具栏中的【基准特征】按钮，弹出【基准特征】属性管理器，如图 5-132 所示。

(2) 将底面标为基准 A，如图 5-133 所示。

(3) 单击【注解】工具栏中的【形位公差】按钮，弹出【属性】对话框，如图 5-134 所示。

(4) 在【属性】对话框的【符号】一栏中选择 $\boxed{//}$，在【公差 1】中输入数据 "0.02"，单击【主要】下拉按钮，弹出下拉菜单，如图 5-135 所示。

(5) 在 $\textcircled{M}$ 下输入 "A"，单击 $\boxed{\checkmark}$ 按钮，如图 5-136 所示。

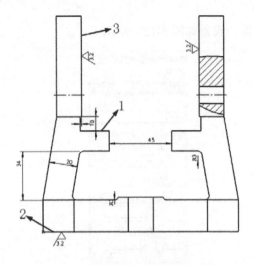

图 5-131 三个端面

图 5-132 【基准特征】属性管理器

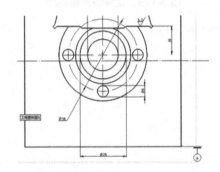

图 5-133 将底面标为基准 A

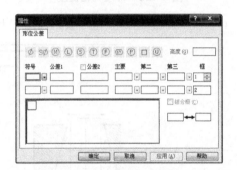

图 5-134 【属性】对话框

图 5-135 【主要】下拉菜单

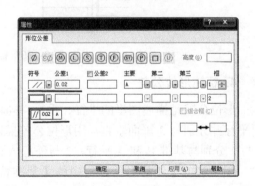

图 5-136 设置形位公差

(6) 在与 A 平行的平面放置公差符号，如图 5-137 所示。

(7) 单击【注解】工具栏中的【基准特征】按钮，弹出【基准特征】属性管理器。

(8) 将底面标为基准 B，如图 5-138 所示。

(9) 单击【注解】工具栏中的【形位公差】按钮，弹出【属性】对话框，如图 15-139 所示。在【符号】一栏中选择▢，在【公差 1】中输入数据 "0.03"，单击【主要】下拉按钮，弹出【主要】下拉菜单。

(10) 如图 5-140 所示标注垂直度形位公差。

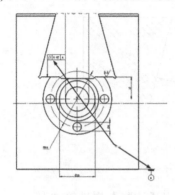

图 5-137　放置形位公差

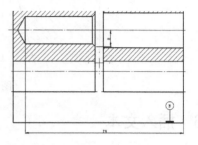

图 5-138　将底面标为基准 B

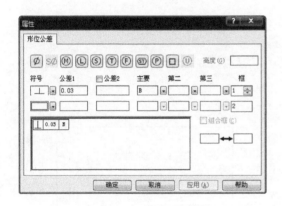

图 5-139　【属性】对话框

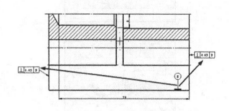

图 5-140　标注垂直度

5. 标注配合公差

(1)　单击如图 5-141 所示的尺寸线。

(2)　弹出【尺寸】属性管理器。

(3)　激活【标注尺寸文字】选项组，在"<DIM>"后输入"H8"，如图 5-142 所示。

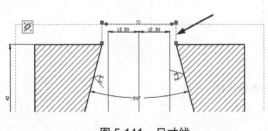

图 5-141　尺寸线

图 5-142　输入数值

(4)　此时，尺寸线变为如图 5-143 所示。

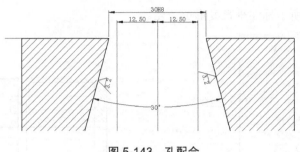

图 5-143　孔配合

5.8.6　插入文本

（1）单击【注解】工具栏中的【注释】按钮，弹出【注释】属性管理器，如图 5-144 所示。

（2）在【文字格式】选项组中选中 ▤【左对齐】按钮，在空白区域绘制矩形框，如图 5-145 所示。

图 5-144　【注释】属性管理器　　　　　　　图 5-145　绘制矩形框

（3）松开鼠标，矩形框变成文本输入框，如图 5-146 所示。

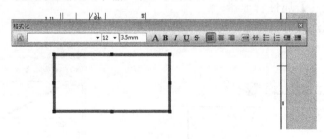

图 5-146　文本输入框

（4）在文本输入框中输入如下文字。

技术要求:

1. 15° 两斜面对其中心的对称度偏差不大于 0.05;

2. 15° 两斜面与滑块配刮后应达到 H8/h7 性质的配合;

3. Φ30H9 轴线对 15° 斜面的平行度偏差不大于 0.03;

4. 未注明倒角 C1.5;

5. 铸造圆角 R3;

6. 不加工内表面涂红色防锈漆。

(5) 调整字体为仿宋,大小为 28,如图 5-147 所示。

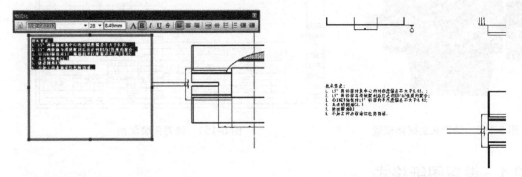

图 5-147　输入文字并调整　　　　　　　　　图 5-148　文字效果

(6) 文字效果如图 5-148 所示。

(7) 单击 ✔ 按钮结束。至此,工程图已绘制完毕,如图 5-149 所示。

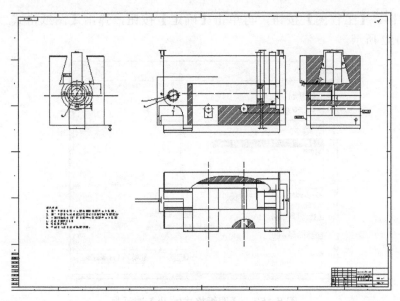

图 5-149　绘制完的工程图

5.9　装配图范例

本范例建立一个铣刀头装配体模型(见图 5-150)的工程图,装配图如图 5-151 所示。

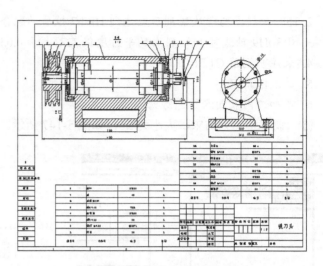

图 5-150　铣刀头装配体模型　　　　　　图 5-151　铣刀头装配图

5.9.1　设置图纸格式

（1）在建立装配图工程图之前，应首先建立铣刀头装配图模型，具体建模过程不再赘述。启动中文版 SolidWorks，选择【文件】|【新建】命令，弹出【新建 SolidWorks 文件】对话框。

（2）单击📇【工程图】按钮，再单击【确定】按钮，弹出【图纸格式/大小】对话框，如图 5-152 所示。

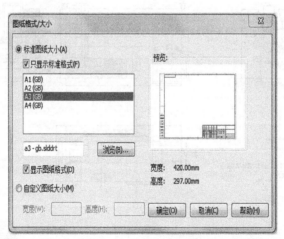

图 5-152　【图纸格式/大小】对话框

（3）选中【标准图纸大小】单选按钮以及【只显示标准格式】复选框，选择 A3(GB) 选项，如图 5-153 所示，新建一个图纸格式为 A3 横向的工程图文件。

（4）单击【确定】按钮出现图纸，如图 5-154 所示。

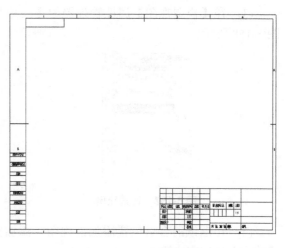

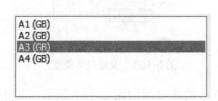

图 5-153　选择图纸格式　　　　　　　　　图 5-154　A3 图纸格式

5.9.2　添加视图

1. 添加旋转剖主视图

(1)　在图纸格式设置完成后，屏幕左侧出现【模型视图】属性管理器，在该属性管理器的【要插入的零件/装配体】选项组中单击【浏览】按钮，如图 5-155 所示。在弹出的【打开】对话框中选择本书配套光盘中的"第 5 章\范例文件\5.9\装配体 2.SLDASM"文件，如图 5-156 所示。

图 5-155　【要插入的零件/装配体】属性管理器　　　图 5-156　选择模型

(2)　添加完目标装配体后，在界面左端出现【模型视图】属性管理器，在该属性管理器中，在【选项】选项组中选中【自动开始投影视图】单选按钮，在【比例】选项组中选中【使用自定义比例】单选按钮，在下拉列表中选择【用户定义】选项，在下方的文本框中输入比例"1∶2"，如图 5-157 所示。

(3) 在【模型视图】属性管理器的【尺寸类型】选项组中选中【预测】单选按钮，如图 5-158 所示。

图 5-157　设置比例　　　　　　　　　图 5-158　设置尺寸类型

(4) 在图纸的合适位置添加前视图，添加完成后的前视图如图 5-159 所示。单击【确定】按钮完成添加。

(5) 在前视图中绘制旋转剖的两条直线。单击【草图】工具栏中的【中心线】按钮，如图 5-160 所示，开始绘制旋转剖直线。

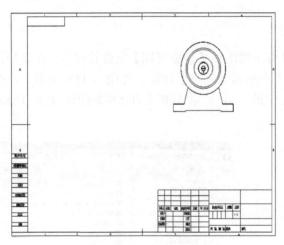

图 5-159　添加前视图　　　　　　　　图 5-160　单击【中心线】按钮

(6) 绘制完成的旋转剖直线如图 5-161 所示。

(7) 按住 Ctrl 键，选择这两条直线，在工具栏中单击【旋转剖视图】按钮，如图 5-162 所示。

图 5-161　绘制旋转剖直线　　　　　　图 5-162　单击【旋转剖视图】按钮

(8) 弹出【剖面范围】对话框，设置如图 5-163 所示。

(9) 单击【确定】按钮后出现旋转剖视图，将其放置在图纸的合适位置后单击，如图 5-164 所示。

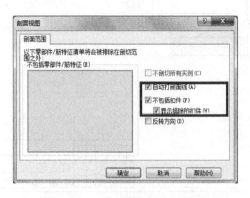

图 5-163 【剖面视图】对话框

图 5-164 旋转剖视图

(10) 由于轴不需要剖的，但是在进行旋转剖的过程中，【不包括零部件/筋特征】列表框中无法选择该轴。双击轴的剖面线，在界面左端弹出【区域剖面线/填充】属性管理器。在该属性管理器中，取消选中【材质剖面线】复选框，此时该框内的其他选项激活，选中【无】单选按钮，如图 5-165 所示。

(11) 单击 ✅ 【确定】按钮，轴的剖面线被取消，如图 5-166 所示。

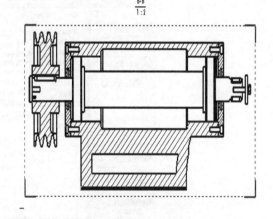

图 5-165 【区域剖面线/填充】属性管理器

图 5-166 取消剖面线

(12) 完成旋转剖视图之后，需要隐藏前视图。右击前视图，在弹出的快捷菜单中选择【隐藏】命令，如图 5-167 所示。

(13) 系统提示是否隐藏剖视图，单击【是】按钮。完成后的视图如图 5-168 所示。

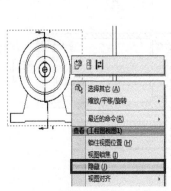

图 5-167　选择【隐藏】命令

图 5-168　旋转剖视图

2. 添加左视图

(1)　选择【插入】|【模型视图】菜单命令，弹出【模型视图】属性管理器，在该属性
管理器的【要插入的零件/装配体】选项组中单击【浏览】按钮，添加事先画好的装配体，
这里选择"装配体3"文件，如图 5-169 所示。

图 5-169　选择模型

(2)　添加完目标装配体后，在【模型视图】属性管理器中，选中【使用自定义比例】
单选按钮，在下拉列表中选择【用户自定义】选项，在下方的文本框中输入比例"1：2"，
在图纸的合适位置添加左视图。添加完成后的左视图如图 5-170 所示。单击 ✅【确定】按
钮添加完成。

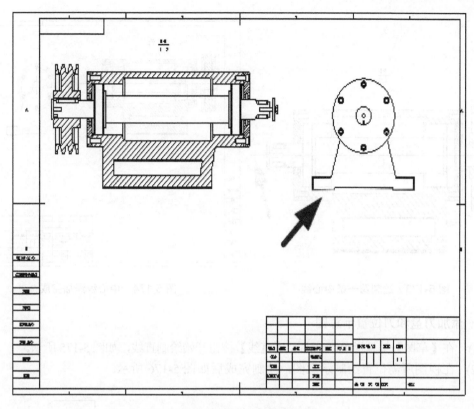

图 5-170　添加左视图

5.9.3　添加各视图中心线和示意图

1．添加中心线

(1)　在图纸上添加的各个视图上都没有中心线，如图 5-171 所示，因此需要在各个视图上添加中心线。

(2)　单击【草图】工具栏中的 ▮【中心线】按钮开始绘制中心线，如图 5-172 所示。

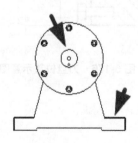

图 5-171　缺少中心线位置　　　　　　　图 5-172　单击【中心线】按钮

(3)　在视图所需位置绘制中心线，如图 5-173 所示。

(4)　以同样的方式绘制其他中心线，绘制完成后如图 5-174 所示。

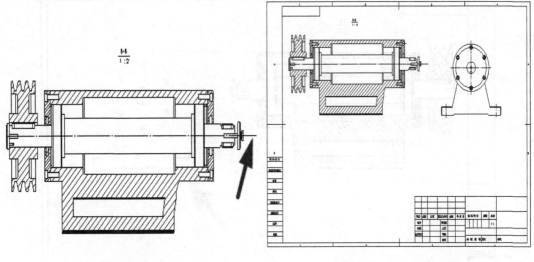

图 5-173　绘制第一条中心线　　　　　　图 5-174　中心线添加完成

2. 添加刀盘和刀位置示意图

(1)　在【草图】工具栏中，单击\【直线】按钮开始绘制直线，如图 5-175 所示。

(2)　在视图所需位置绘制示意图，绘制完成后如图 5-176 所示。

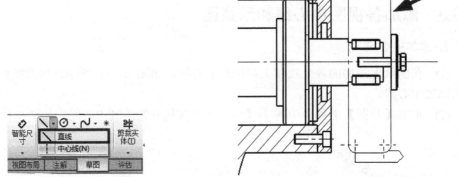

图 5-175　单击【直线】按钮　　　　　　图 5-176　刀盘位置示意图

5.9.4　添加断开的剖视图

1. 添加左视图第一个断开的剖视图

(1)　单击【视图布局】工具栏中的 🖾【断开的剖视图】按钮，弹出【断开的剖视图】属性管理器。在主视图中绘制一条闭环样条曲线来建立截面。绘制的闭环样条曲线如图 5-177 所示。

(2)　单击样条曲线，弹出【剖面视图】对话框，在该对话框中选中【自动打剖面线】复选框，弹出【断开的剖视图】属性管理器，设置 【深度】的数值为 115mm，选中【预览】复选框，如图 5-178 所示。

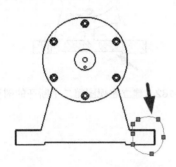

图 5-177　建立样条曲线

图 5-178　【断开的剖视图】属性管理器

(3)　单击 ✔【确定】按钮后，建立左视图第一个断开的剖视图，如图 5-179 所示。

2. 添加左视图第二个断开的剖视图

(1)　单击【视图布局】工具栏中的 🖼【断开的剖视图】按钮，弹出【断开的剖视图】属性管理器。在主视图中绘制一条闭环样条曲线来建立截面。绘制的闭环样条曲线如图 5-180 所示。

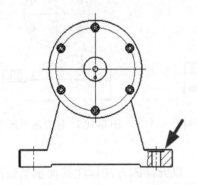

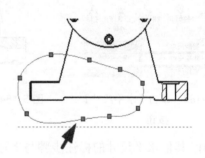

图 5-179　建立左视图第一个断开的剖视图

图 5-180　建立样条曲线

(2)　单击样条曲线，弹出【剖面视图】对话框。在该对话框中选中【自动加剖面线】复选框，单击【确定】按钮，弹出【断开的剖视图】属性管理器。设置 【深度】的数值为 125mm，选中【预览】复选框，如图 5-181 所示。

(3)　单击 ✔【确定】按钮后，建立左视图第二个断开的剖视图，如图 5-182 所示。

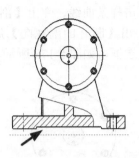

图 5-181　【断开的剖视图】属性管理器　　　图 5-182　建立左视图第二个断开的剖视图

5.9.5　标注尺寸

1. 标注水平尺寸

(1)　单击【注解】工具栏中的 ◆【智能尺寸】下的 ▦【水平尺寸】按钮，如图 5-183 所示。

(2)　选择要标注的两条线段间的距离，如图 5-184 所示。

(3)　选择两条线段之后会自动出现尺寸，并弹出【尺寸】属性管理器，单击 ✔【确定】按钮后，完成水平尺寸标注，如图 5-185 所示。

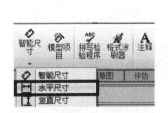

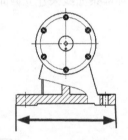

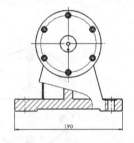

图 5-183　单击【水平尺寸】　　　图 5-184　选择两条线段　　　图 5-185　建立水平尺寸
　　　　　按钮

(4)　其他水平尺寸的标注步骤与上述步骤类似，以同样的方法标注其他水平距离。标注完成后如图 5-186 所示。

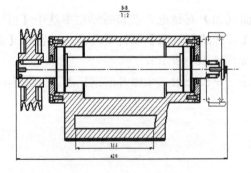

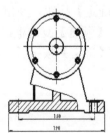

图 5-186　所有水平尺寸标注完成

2. 标注竖直尺寸

(1) 单击【注解】工具栏中的 ◇【智能尺寸】下的 ꕤ【竖直尺寸】按钮，如图 5-187 所示。弹出【尺寸】属性管理器。

(2) 选择要标注的两条线段间的距离，如图 5-188 所示。

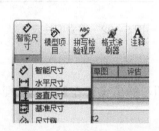

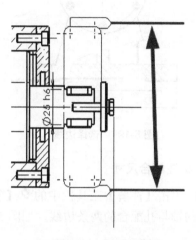

图 5-187　单击【竖直尺寸】按钮　　　　　图 5-188　选择两条线段

(3) 选择两条线段之后会自动出现尺寸，单击 ✔【确定】按钮后，竖直尺寸标注完成，如图 5-189 所示。

(4) 其他竖直尺寸的标注步骤与上述步骤类似，以同样的方法标注，如图 5-190 所示。

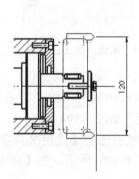

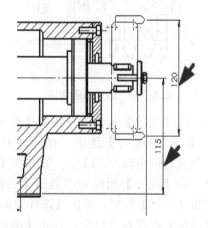

图 5-189　建立竖直尺寸　　　　　图 5-190　所有竖直尺寸标注完成

3. 标注圆柱尺寸

(1) 单击【注解】工具栏中的 ◇【智能尺寸】按钮，弹出【尺寸】属性管理器。选择要标注的圆柱的边线，如图 5-191 所示。

(2) 选择两条边线后会自动出现边线之间的距离，单击 ✔【确定】按钮后，圆柱尺寸标注完成，如图 5-192 所示。

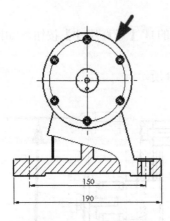

图 5-191　选择边线

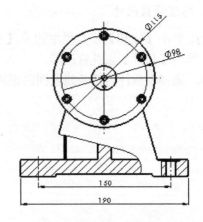

图 5-192　建立圆柱尺寸

4. 标注配合尺寸

(1)　单击【注解】工具栏中的 ◆【智能尺寸】按钮，弹出【尺寸】属性管理器。选择要标注的轴与孔配合的两条边线，如图 5-193 所示。

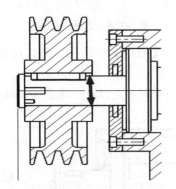

图 5-193　选择两条线段

图 5-194　编辑后的【公差/精度】选项

(2)　在【尺寸】属性管理器的【公差/精度】选项组中的 ⬚【公差类型】下拉列表框中选择【与公差套合】选项，在 ◙【孔套合】下拉列表框中输入"H8"，在 ◢【轴套合】下拉列表框中输入"k7"，单击 ⬚【线形显示】按钮，如图 5-194 所示。

(3)　在【尺寸】属性管理器的【其他】选项组中，取消选中【使用文档字体】复选框，单击【字体】按钮，弹出【选择字体】对话框，如图 5-195 所示，在【高度】选项组中将【单位】设置为"3.0"，单击【确定】按钮。

(4)　编辑完成后，单击 ✔【确定】按钮后，建立配合尺寸，如图 5-196 所示。

(5)　以同样的方式完成其余配合尺寸的标注，标注完成后如图 5-197 所示。

5. 标注锪孔尺寸

单击【注解】工具栏中的 ◆【智能尺寸】按钮，选择锪孔的两条边线，弹出【尺寸】属性管理器，在【标注尺寸文字】选项组中，将内容改为"4×<MOD-DIAM><DIM>"，如图 5-198 所示。单击 ✔【确定】按钮后建立锪孔的尺寸，如图 5-199 所示。

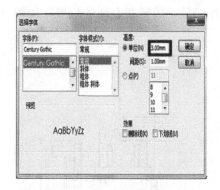

图 5-195　【选择字体】对话框

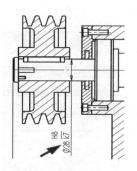

图 5-196　建立配合尺寸

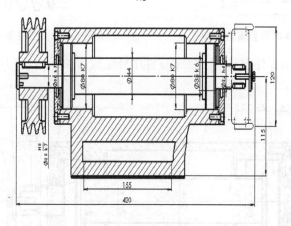

图 5-197　建立所有配合尺寸

图 5-198　【尺寸】属性管理器

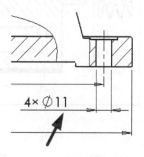

图 5-199　建立锪孔尺寸

5.9.6　添加零件序号

（1）单击【注解】工具栏中的 【零件序号】按钮，单击建立的主视图中的要标注的零件，弹出【零件序号】属性管理器，设置如图 5-200 所示。

（2）单击主视图中需要标注的零件，出现零件序号，放置在合适的位置，如图 5-201 所示。

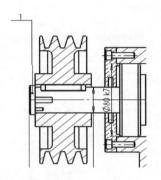

图 5-200　【零件序号】属性管理器　　　　图 5-201　生成第一个零件序号

（3）依次生成其余零件序号。主视图零件序号生成后如图 5-202 所示。

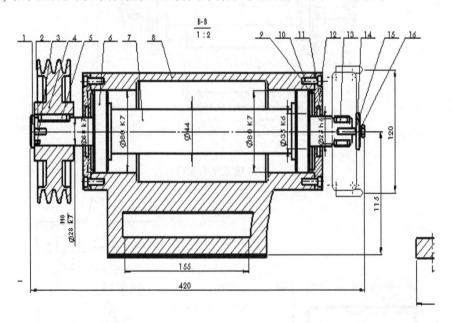

图 5-202　生成零件序号

5.9.7　添加材料明细表

（1）单击【注解】工具栏中的【表格】按钮，弹出下拉菜单，如图 5-203 所示，选择【材料明细表】命令。

（2）弹出【材料明细表】属性管理器，单击主视图，如图 5-204 所示。

图 5-203　选择【材料明细表】命令　　　　　图 5-204　【材料明细表】属性管理器

(3)　选中附加到定位点，单击 ✔【确定】按钮继续，建立的零件表如图 5-205 所示。

(4)　在表格的合适位置右击表格，在弹出的快捷菜单中选择【分割】|【横向下】命令，如图 5-206 所示。

图 5-205　零件表

图 5-206　分割表格

(5) 将表格分割后如图 5-207 所示。

A	B	C	D
项目号	零件号	说明	数量
1	托圈	55	1
2	螺钉16×20	GE55-1	1
5	销5×12	55	1
4	皮带轮	HT150	1
5	键2×40	T121	1
6	轴承5050T		2
7	轴	45	1

A	B	C	D
项目号	零件号	说明	数量
8	座体	HT200	1
9	调整环	55	1
10	螺钉16×20	GE55-1	12
11	端盖	HT200	1
12	套筒	ZZZ-55	1
15	螺6×20	45	2
14	托圈555	55	1
15	螺栓16×20	GE55-1	1
16	垫圈6	G5011	1

图 5-207　分割成两个表格

(6) 建立的表在图纸外，需要稍加改动，将鼠标移动到刚建立的第一个表格，便可出现如图 5-208 所示的边框。

(7) 单击边框框住的 ✚ 位置，弹出【材料明细表】属性管理器，如图 5-209 所示。

A	B	C	D
项目号	零件号	说明	数量
1	托圈	55	1
2	螺钉16×20	GE55-1	1
5	销5×12	55	1
4	皮带轮	HT150	1
5	键2×40	T121	1
6	轴承5050T		2
7	轴	45	1

图 5-208　边框

图 5-209　【材料明细表】属性管理器

(8) 在【材料明细表】属性管理器的【表格位置】选项组中单击【恒定边角】下的 ▦【右下点】按钮。单击 ✔【确定】按钮继续，建立的表格即可和图纸外边框对齐。

(9) 对于第二个表格，取消选中【附加到定位点】复选框，将其拖动至合适位置即可，如图 5-210 所示。

(10) 右击要更改的列，在弹出的快捷菜单中选择【格式化】|【列宽】命令，如图 5-211 所示。在弹出的【列宽】对话框中输入数值"45"，如图 5-212 所示。

(11) 在以后的 3 个列中都执行此操作，最后表格如图 5-213 所示。

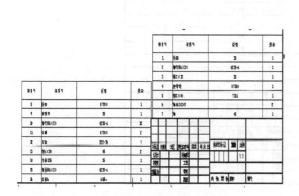

图 5-210　将表格放在合适位置　　　　图 5-211　选择【列宽】命令

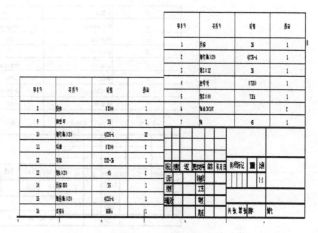

图 5-212　【列宽】对话框　　　　　　图 5-213　对齐的表格

(12) 将鼠标移动到此表格任意位置单击，弹出【表格工具】，如图 5-214 所示。

图 5-214　表格工具

(13) 单击 ⊞【表格标题在上】按钮，便可出现如图 5-215 所示的符合国标的排序。

(14) 在表格的【说明】一栏中填入各个零件的材料，完成后如图 5-216 所示。

(15) 编辑图纸格式，在图纸中右击，在弹出的快捷菜单中选择【编辑图纸格式】命令，添加工程图标题"铣刀头"，将标题文字格式改为如图 5-217 所示，单击 ✔【确定】按钮后，建立的标题如图 5-218 所示。

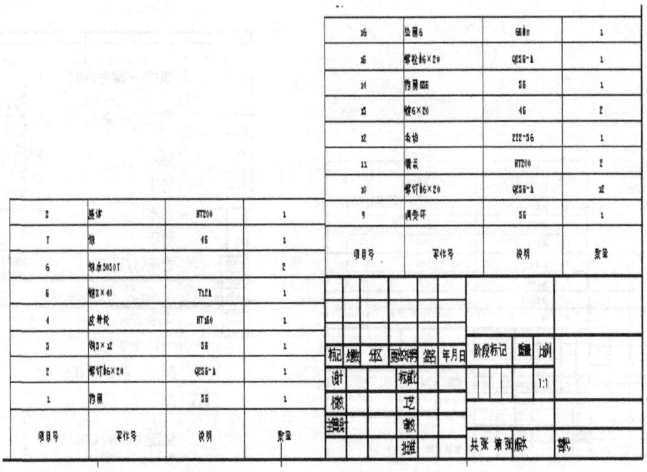

16	垫圈6	65Mn	1
15	螺栓M6×20	Q235-A	1
14	内圈D35	35	1
13	键6×20	45	2
12	主轴	222-36	1
11	滑座	HT200	2
10	螺钉M6×20	Q235-A	12
9	调差环	35	1

2	圆体	HT200	1
7	轴	45	1
6	轴承2030T		2
5	键M8×40	T10A	1
4	皮带轮	HT160	1
3	螺M×12	35	1
2	螺钉M×20	Q235-A	1
1	圆体	35	1
项目号	零件号	说明	数量

图 5-215　排序后的表格

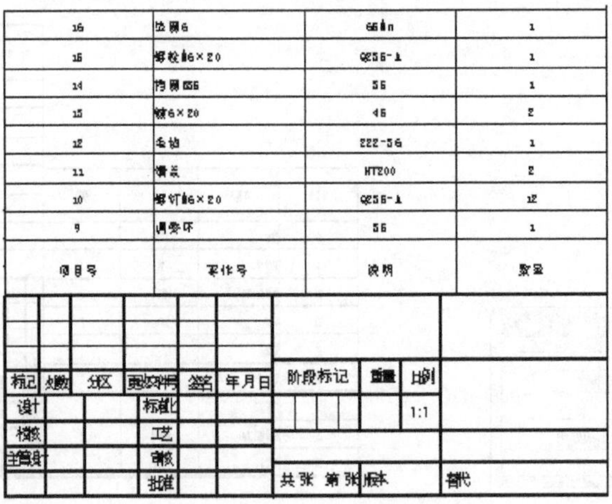

16	垫圈6	65Mn	1
15	螺栓M6×20	Q235-A	1
14	内圈D35	35	1
13	键6×20	45	2
12	主轴	222-36	1
11	滑座	HT200	2
10	螺钉M6×20	Q235-A	12
9	调差环	35	1
项目号	零件号	说明	数量

图 5-216　添加材料

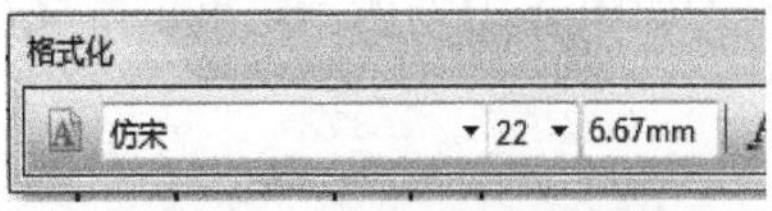

格式化

A 仿宋　▼ 22 ▼ 6.67mm

图 5-217　修改标题文字格式

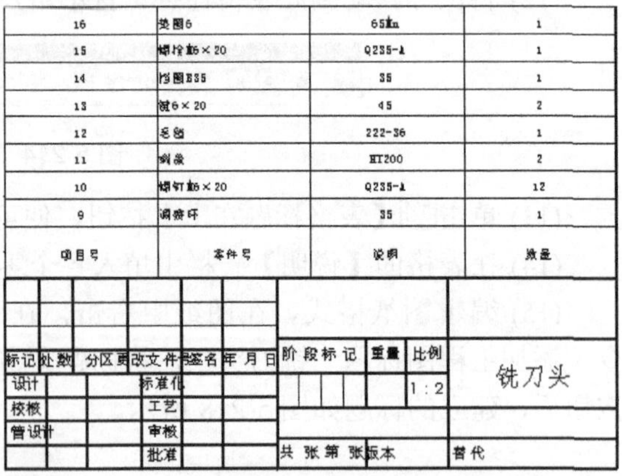

16	垫圈6	65Mn	1
15	螺栓M6×20	Q235-A	1
14	内圈D35	35	1
13	键6×20	45	2
12	名轴	222-36	1
11	圆座	HT200	2
10	螺钉M6×20	Q235-A	12
9	调差环	35	1
项目号	零件号	说明	数量

图 5-218　建立标题（铣刀头）

(16) 至此，工程图已绘制完毕，如图 5-219 所示。

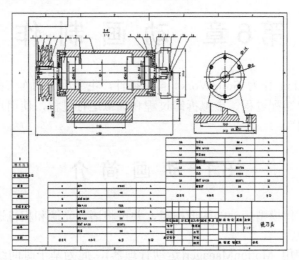

图 5-219　建立铣刀头工程图

第6章 动画制作

SolidWorks Motion 作为 SolidWorks 自带插件,主要用于制作产品的动画演示,可以制作产品设计的虚拟装配过程、虚拟拆卸过程和虚拟运行过程,使用户通过动画可以直观地理解设计师的意图。

6.1 动 画 简 介

运动算例是装配体模型运动的图形模拟,并可将诸如光源和相机透视图之类的视觉属性融合到运动算例中。

可从运动算例使用 MotionManager(运动管理器),此为基于时间线的界面,包括以下运动算例工具。

(1) 动画(可在核心 SolidWorks 内使用):可使用动画来演示装配体的运动。

(2) 基本运动(可在核心 SolidWorks 内使用):可使用基本运动在装配体上模仿马达、弹簧、碰撞以及引力,基本运动在计算运动时将考虑质量。

(3) 运动分析(可在 SolidWorks Premium 的 SolidWorks Motion 插件中使用):可使用运动分析装配体上精确模拟和分析运动单元的效果(包括力、弹簧、阻尼以及摩擦),在计算中考虑到材料属性、质量及惯性。

6.1.1 时间线

时间线是动画的时间界面,它显示在动画特征管理器设计树的右侧。当定位时间栏、在图形区域中移动零部件或者更改视像属性时,时间栏会使用键码点和更改栏显示这些更改。

时间线被竖直网格线均分,这些网格线对应于表示时间的数字标记。数字标记从 00:00:00 开始,其间距取决于窗口的大小。例如,沿时间线可能每隔 1 秒、2 秒或者 5 秒就会有一个标记,如图 6-1 所示。

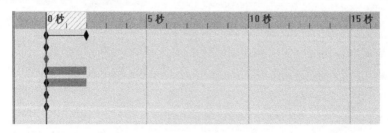

图 6-1 时间线

如果需要显示零部件,可以沿时间线单击任意位置,以更新该点的零部件位置。定位时间栏和图形区域中的零部件后,可以通过控制键码点来编辑动画。在时间线区域中用鼠标右键单击，然后在弹出的快捷菜单中进行选择，如图 6-2 所示。

- 【放置键码】：添加新的键码点，并在指针位置添加一组相关联的键码点。
- 【动画向导】：可以调出【动画向导】对话框。

图 6-2　快捷菜单

6.1.2　键码点和键码属性

每个键码画面在时间线上都包括代表开始运动时间或者结束运动时间的键码点，无论何时定位一个新的键码点，它都会对应于运动或者视像属性的更改。

- 键码点：对应于所定义的装配体零部件位置、视觉属性或模拟单元状态的实体。
- 关键帧：键码点之间可以为任何时间长度的区域，此定义为零部件运动或视觉属性发生更改时的关键点。

6.1.3　零部件接触

对于运动分析算例，用户可定义两个零部件之间为曲线到曲线接触。当两个零部件在运动分析过程中进行间歇性接触时，曲线到曲线接触将接触力应用到零部件，以防止它们彼此穿越。

【接触】属性管理器如图 6-3 所示。下面具体介绍一下各参数的设置。

图 6-3　【接触】属性管理器

1)　【接触类型】选项组

- 【实体】：给运动算例在移动零部件之间添加三维接触。

- 【曲线】：给运动算例在两个相触曲线之间添加二维接触。

2) 【选择】选项组

- 【使用接触组】：为运动分析算例启用接触组选择。
- 【组1：零部件】：在第一个接触组中列举选定的零部件。
- 【组2：零部件】：在第二个接触组中列举选定的零部件。

3) 【摩擦】选项组

- v_k【动态摩擦速度】：指定动态摩擦成为恒定的速度。
- μ_k【动态摩擦系数】：指定由于动态摩擦而用来计算力的常量。
- 【静态摩擦】：在接触计算中包括静态摩擦。
- v_s【静态摩擦速度】：指定克服静态摩擦力的速度以使固定零部件开始移动。
- μ_s【静态摩擦系数】：指定用来计算克服两个相触实体静止时所需的力的常量。

4) 【弹性属性】选项组

- 【冲击】：按冲击效果计算弹性属性。
- 【恢复系数】：设定两个弹性球体在冲击前后的相对速度的比率。
- 【刚度】：设定材料刚度。
- 【指数】：设定冲击的指数。
- 【最大阻尼】：设定冲击的最大阻尼。
- 【穿透度】：设定边界穿透度数值。

6.2 基 本 动 画

6.2.1 旋转动画

通过单击【动画向导】按钮，可以生成旋转动画，即模型绕着指定的轴线进行旋转的动画。

制作旋转动画的操作步骤如下。

(1) 打开一个装配体文件，如图6-4所示。

(2) 单击图形区域下方的【运动算例】按钮，在下拉列表框中选择【动画】选项，在图形区域下方出现【运动管理器】工具栏和时间线，如图6-5所示。单击【运动管理器】工具栏中的【动画向导】按钮，弹出【选择动画类型】对话框，如图6-6所示。

图6-4　打开装配体　　　　　　　　　　图6-5　运动算例界面

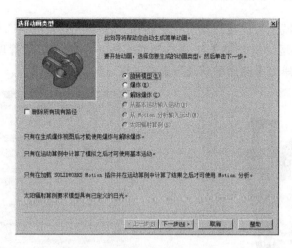

图 6-6　【选择动画类型】对话框

（3）选中【旋转模型】单选按钮，如果删除现有的动画序列，则选中【删除所有现有路径】复选框，单击【下一步】按钮，弹出【选择一旋转轴】对话框，如图 6-7 所示。

（4）选中【Y-轴】单选按钮，选择旋转轴，设置【旋转次数】为 1，并选中【顺时针】单选按钮，然后单击【下一步】按钮，弹出【动画控制选项】对话框，如图 6-8 所示。

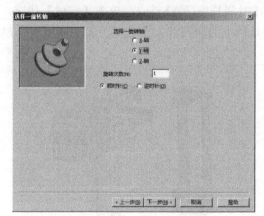

图 6-7　【选择一旋转轴】对话框　　　　　图 6-8　【动画控制选项】对话框

（5）设置动画播放的【时间长度(秒)】为 10 秒，运动延迟的【开始时间(秒)】为 0 秒(时间线含有相应的更改栏和键码点，具体取决于【时间长度(秒)】和【开始时间(秒)】的属性设置)，单击【完成】按钮，完成旋转动画的设置。单击【运动管理器】工具栏中的 ▶【播放】按钮，即可观看旋转动画效果。

6.2.2　装配体爆炸动画

通过单击 🔲【动画向导】按钮，可以生成爆炸动画，即将装配体的爆炸视图步骤按照时间先后顺序转化为动画形式。

制作爆炸动画的操作步骤如下。

（1）打开一个装配体文件，如图 6-9 所示。

（2）单击图形区域下方的【运动算例】按钮，在下拉列表框中选择【动画】选项，在图形区域下方出现【运动管理器】工具栏和时间线。单击【运动管理器】工具栏中的 📷【动画向导】按钮，弹出【选择动画类型】对话框，如图 6-10 所示。

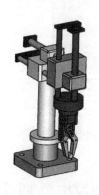

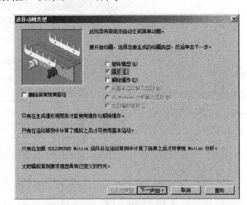

图 6-9　打开装配体　　　　　　　　　　图 6-10　【选择动画类型】对话框

（3）选中【爆炸】单选按钮，单击【下一步】按钮，弹出【动画控制选项】对话框，如图 6-11 所示。

（4）在【动画控制选项】对话框中，设置【时间长度(秒)】为 4，单击【完成】按钮，完成爆炸动画的设置。单击【运动管理器】工具栏中的 ▶【播放】按钮，即可观看爆炸动画效果，如图 6-12 所示。

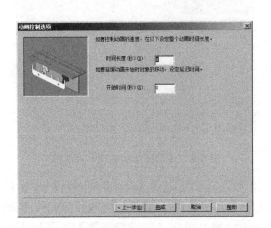

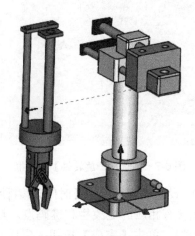

图 6-11　【动画控制选项】对话框　　　　图 6-12　爆炸动画完成效果

6.2.3　视像属性动画

可以动态改变单个或者多个零部件的显示，并且在相同或者不同的装配体零部件中组合不同的显示选项。如果需要更改任意一个零部件的视像属性，沿时间线选择一个与想要影响的零部件相对应的键码点，然后改变零部件的视像属性即可。单击 SolidWorks Motion工具栏中的 ▶【播放】按钮，该零部件的视像属性将会随着动画的进程而变化。

制作视像动画的操作步骤如下。

（1）打开一个装配体文件，单击图形区域下方的【运动算例】按钮，在下拉列表框中选择【动画】选项，在图形区域下方出现【运动管理器】工具栏和时间线。首先利用【运动管理器】工具栏中的 【动画向导】按钮制作装配体的爆炸动画，如图 6-13 所示。

（2）单击时间线上的最后时刻，如图 6-14 所示。

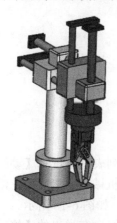

图 6-13　打开装配体

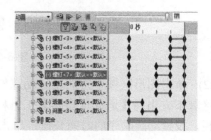

图 6-14　时间线

（3）右击一个零件，在弹出的快捷菜单中选择【更改透明度】命令，如图 6-15 所示。

（4）按照上面的步骤可以为其他零部件更改透明度属性，单击【运动管理器】工具栏中的 ▷【播放】按钮，观看动画效果。被更改了透明度的零件在装配后变成了半透明效果，如图 6-16 所示。

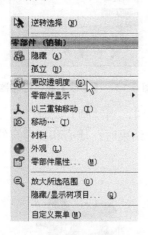

图 6-15　选择【更改透明度】命令

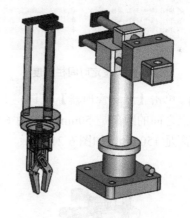

图 6-16　更改透明度后的效果

6.2.4　距离或者角度配合动画

在 SolidWorks 中可以添加限制运动的配合，这些配合也影响到 SolidWorks Motion 中的零件的运动。

制作距离动画的操作步骤如下。

（1）打开一个装配体文件，如图 6-17 所示。

图 6-17 打开装配体

（2）单击图形区域下方的【运动算例】按钮，在下拉列表框中选择【动画】选项，在图形区域下方出现【运动管理器】工具栏和时间线。单击机械手手臂零件，沿时间线拖动时间栏，设置动画顺序的时间长度，单击动画的最后时刻，如图 6-18 所示。

（3）在动画特征管理器设计树中，双击【距离 1】图标，在弹出的【修改】属性管理器中，更改数值为 150mm，如图 6-19 所示。

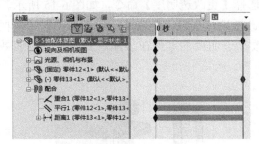

图 6-18 设定时间栏长度

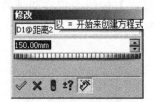

图 6-19 【修改】属性管理器

（4）单击【运动管理器】工具栏中的 ▷【播放】按钮，当动画开始时，端点和参考直线上端点之间的距离是 50mm，如图 6-20 所示；当动画结束时，球心和参考直线上端点之间的距离是 150mm，如图 6-21 所示。

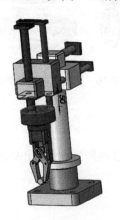

图 6-20 动画开始时

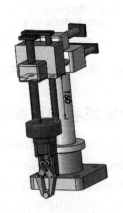

图 6-21 动画结束时

6.3　物理模拟动画

物理模拟可以允许模拟马达、弹簧及引力等在装配体上的效果。物理模拟将模拟成分与 SolidWorks 工具(如配合和物理动力等)相结合以围绕装配体移动零部件。物理模拟包括引力、线性或者旋转马达、线性弹簧等。

6.3.1　引力

引力是模拟沿某一方向的万有引力，在零部件自由度之内逼真地移动零部件。

单击【模拟】工具栏中的 ⬛【引力】按钮，或者选择【插入】|【模拟】|【引力】菜单命令，弹出【引力】属性管理器，如图 6-22 所示。

- 【引力参数】：选择线性边线、平面、基准面或者基准轴作为引力的方向参考。
- ↗【反向】：改变引力的方向。
- ⬛【数字】：在此微调框中，可以设置"数字引力值"。

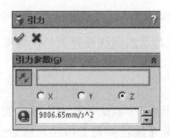

图 6-22　【引力】属性管理器

6.3.2　线性马达和旋转马达

线性马达和旋转马达为使用物理动力围绕一个装配体移动零部件的模拟成分。

1. 线性马达

单击【模拟】工具栏中的 ⬛【马达】按钮，弹出【马达】属性管理器，如图 6-23 所示。

- 【参考零件】选择框：选择零部件的一个点。
- ↗【反向】：改变线性马达的方向。
- 【类型】下拉列表框：为线性马达选择类型。
- ⬛【数字】选择框：在此微调框中，可以设置速度数值。

2. 旋转马达

单击【模拟】工具栏中的 ⬛【马达】按钮，弹出【马达】属性管理器，如图 6-24 所示。

图 6-23　线性马达的属性设置　　　　图 6-24　旋转马达的属性设置

旋转马达的属性设置与线性马达的属性设置类似，这里不再赘述。

6.3.3　线性弹簧

线性弹簧为使用物理动力围绕一个装配体移动零部件的模拟成分。

单击【模拟】工具栏中的 【线性弹簧】按钮，或者选择【插入】|【模拟】|【线性弹簧】菜单命令，弹出【弹簧】属性管理器，如图 6-25 所示。

图 6-25　【弹簧】属性管理器

1)　【弹簧参数】选项组

● 　：为弹簧端点选取两个特征。

- k_p：根据弹簧的函数表达式选取弹簧力表达式指数。
- k：根据弹簧的函数表达式设定弹簧常数。
- $\boxtimes$：设定自由长度，初始距离为当前在图形区域中显示的零件之间的长度。

2) 【阻尼】选项组

- cv：选取阻尼力表达式指数。
- C：设定阻尼常数。

6.4　动　画　范　例

本范例以凸轮机构为例，介绍动画制作的过程。模型如图 6-26 所示。

图 6-26　凸轮机构模型

6.4.1　插入支架零件

(1) 启动中文版 SolidWorks 2015，单击【标准】工具栏中的 □【新建】按钮，弹出【新建 SolidWorks 文件】对话框，单击【装配体】按钮，如图 6-27 所示，然后单击【确定】按钮。

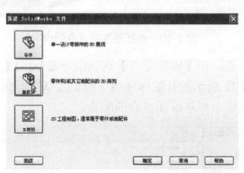

图 6-27　【新建 SolidWorks 文件】对话框

(2) 弹出【开始装配体】属性管理器，单击【浏览】按钮，在弹出的【打开】对话框中，选择本书配套光盘中的"第 6 章\范例文件\支架"文件，单击【打开】按钮，如图 6-28 所示，单击 ✓【确定】按钮。在主界面中选择【文件】|【另存为】菜单命令，弹出【另存为】对话框，在【文件名】文本框中输入装配体名称"凸轮机构"，单击【保存】按钮。

(3) 在特征树中右击刚刚插入的支架零件，在弹出的快捷菜单中选择【浮动】命令，如图 6-29 所示。

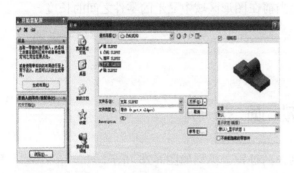

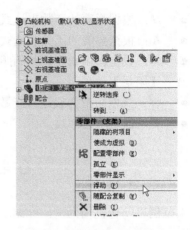

图 6-28　插入第一个零件　　　　　　　　　图 6-29　选择【浮动】命令

（4）　单击【装配体】工具栏中的 【配合】按钮，弹出【配合】属性管理器。选择【标准配合】选项组下的 【重合】选项。单击【配合选择】选项组下的选择框，然后在图形区域的特征树中选择如图 6-30 所示的装配体环境下的前视基准面和支架零件下前视基准面，其他保持默认，单击 【确定】按钮，完成前视基准面重合的配合。

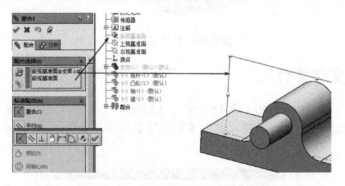

图 6-30　前视基准面重合配合

（5）　继续进行配合约束，在【标准配合】选项组下选择 【重合】选项。在【配合选择】选择框中选择如图 6-31 所示的装配体环境下的上视基准面和支架零件的上视基准面，单击 【确定】按钮，完成上视基准面重合的配合。

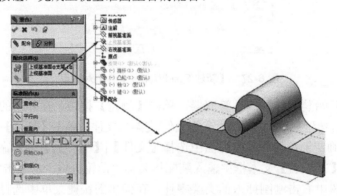

图 6-31　上视基准面重合配合

(6) 继续进行配合约束，在【标准配合】选项组下选择 ⧖【重合】选项。在【配合选择】选择框中选择如图 6-32 所示的装配体环境下的右视基准面和支架零件的右视基准面，单击 ✔【确定】按钮，完成右视基准面重合的配合。

(7) 在装配体的特征树中展开零件【支架】，再展开【凸轮机构中的配合】选项，可以查看如图 6-33 所示的支架零件在装配体环境中所添加的配合类型。

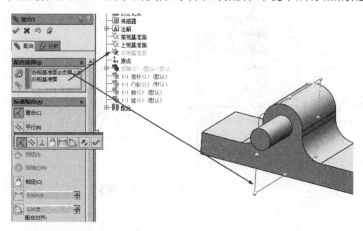

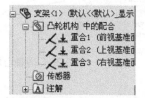

图 6-32　右视基准面重合配合　　　　　图 6-33　查看零件配合

6.4.2　插入推杆零件

(1) 单击【装配体】工具栏中的 ⧉【插入零部件】按钮，弹出【插入零部件】属性管理器。单击【浏览】按钮，选择零件【推杆】，单击【打开】按钮，在图形区域的合适位置单击，如图 6-34 所示。

(2) 为了便于进行配合约束，先移动推杆到接近支架的位置，单击【装配体】工具栏中的 ⧉【移动零部件】▾ 下拉按钮，选择 ⧉【移动零部件】命令，弹出【移动零部件】属性管理器，此时鼠标变为图标 ✛，移动推杆到如图 6-35 所示的位置，单击 ✔【确定】按钮。

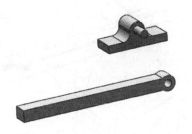

图 6-34　插入推杆零件　　　　　　　　图 6-35　移动推杆零件

(3) 单击【装配体】工具栏中的 ⧉【配合】按钮，弹出【配合】属性管理器。在【标准配合】选项组下选择 ⧉【同轴心】配合类型。单击【配合选择】选项组下的选择框，然后在图形区域中选择推杆一端的轴孔和支架上轴外圆面，其他保持默认，如图 6-36 所示，

单击 ✓【确定】按钮，完成同轴心配合。

（4）继续进行配合操作，在【标准配合】选项组下选择 ☒【重合】选项。在【配合选择】选项组下的【要配合实体】选择框中分别选择支架和推杆的一个面，如图 6-37 所示，其他保持默认，单击 ✓【确定】按钮，完成重合的配合。

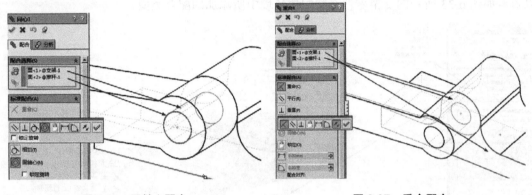

图 6-36　同轴心配合　　　　　　　　　　　　　图 6-37　重合配合

6.4.3　插入凸轮零件

（1）单击【装配体】工具栏中的 ❖【插入零部件】按钮，弹出【插入零部件】属性管理器。单击【浏览】按钮，在打开的对话框中选择零件【凸轮】，单击【打开】按钮，在图形区域中的合适位置单击插入，使用【装配体】工具栏中的 ❖【移动零部件】功能拖动零件到接近配合位置，如图 6-38 所示。

（2）单击【装配体】工具栏中的 ✎【配合】按钮，弹出【配合】属性管理器。在【高级配合】选项组中选择 ▢【对称】选项。在【配合选择】选项组的【要配合实体】选择框中选择凸轮的两个侧表面，在【对称基准面】选择框中选择推杆前视基准面，如图 6-39 所示，其他保持默认，单击 ✓【确定】按钮，完成对称配合。

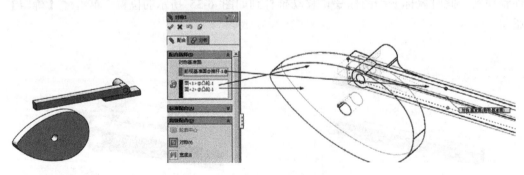

图 6-38　添加凸轮零件　　　　　　　　　　　　图 6-39　对称配合

（3）继续进行添加配合操作，在【机械配合】选项组中选择 ▢【凸轮】选项。在【配合选择】选项组的【要配合实体】选择框中选择上下两个凸轮面，在【凸轮推杆】选择框中选择推杆下表面，如图 6-40 所示，其他保持默认，单击 ✓【确定】按钮，完成凸轮的配合。

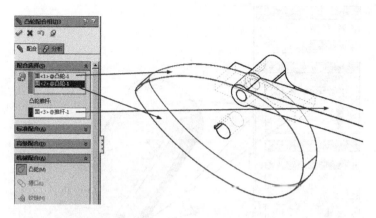

图 6-40　凸轮配合

6.4.4　插入轴及其配件

（1）单击【装配体】工具栏中的 ⚙【插入零部件】按钮，选择零件【轴】和【键】，在图形区域中合适位置单击插入，使用【装配体】工具栏中的 ⚙【移动零部件】功能拖动零件到接近配合位置，如图 6-41 所示。

（2）单击【装配体】工具栏中的 ⚙【配合】按钮，弹出【配合】属性管理器。在【高级配合】选项组中选择 ⚙【对称】选项。在【配合选择】选项组的【要配合实体】选择框中选择键的两个侧表面，在【对称基准面】选择框中选择轴的右视基准面，如图 6-42 所示，其他保持默认，单击 ✔【确定】按钮，完成对称配合。

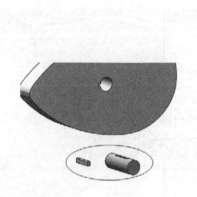

图 6-41　插入轴和键

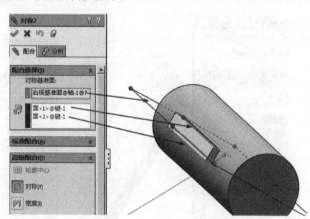

图 6-42　右视基准面对称配合

（3）继续添加对称配合，在【配合选择】选项组的【要配合实体】选择框中选择键的前后表面，在【对称基准面】选择框中选择轴的前视基准面，如图 6-43 所示，其他保持默认，单击 ✔【确定】按钮。

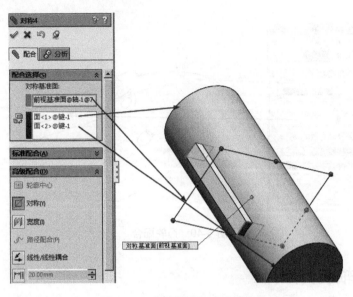

图 6-43　前视基准面对称配合

（4）　继续进行配合操作，在【标准配合】选项组中选择 🗙【重合】选项。在【配合选择】选项组的【要配合实体】选择框中分别选择轴的键槽底面和键的下底面，如图 6-44 所示，其他保持默认，单击 ✅【确定】按钮，完成重合配合。

（5）　继续添加配合，在【标准配合】选项组中选择 ◎【同轴心】配合类型。单击【配合选择】选项组中的选择框，然后在图形区域中选择轴的外圆面和凸轮的轴孔，其他保持默认，如图 6-45 所示，单击 ✅【确定】按钮，完成同轴心配合。

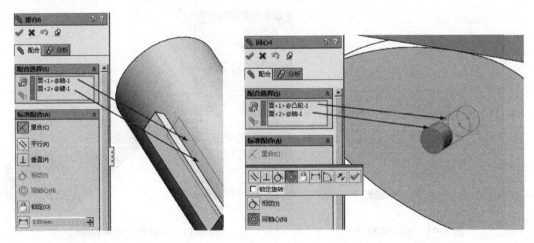

图 6-44　重合配合　　　　　　　　　　　图 6-45　同轴心配合

（6）　添加重合配合，在【标准配合】选项组中选择 🗙【重合】选项。在【配合选择】选项组的【要配合实体】选择框中分别选择凸轮键槽的一个侧面和键的一个侧面，如图 6-46 所示，其他保持默认，单击 ✅【确定】按钮，完成重合配合。

（7）　添加对称配合，在【高级配合】选项组中选择 ☑【对称】选项。在【配合选择】选项组的【要配合实体】选择框中选择轴的两个端面，在【对称基准面】选择框中选择凸轮的右视基准面，如图 6-47 所示，其他保持默认，单击 ✔【确定】按钮，完成对称配合。

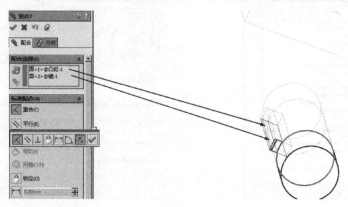

图 6-46　重合配合

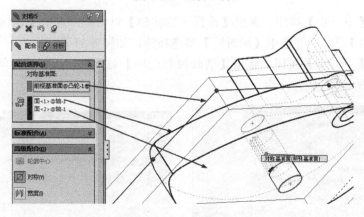

图 6-47　对称配合

(8) 至此，凸轮机构装配体创建完成，如图 6-48 所示。

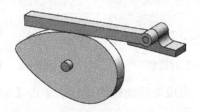

图 6-48　完成凸轮机构装配体的创建

6.4.5　制作旋转动画

(1) 选择【工具】|【插件】菜单命令，弹出【插件】对话框，选中 SolidWorks Motion 复选框，如图 6-49 所示，启动 SolidWorks Motion 插件。

(2) 选择【插入】|【新建运动算例】菜单命令，在图形区域下方出现【运动算例】工具栏和时间线。单击【运动算例】工具栏中的 🎬【动画向导】按钮，弹出【选择动画类型】对话框，选中【旋转模型】单选按钮，如图 6-50 所示。

图 6-49　启动 SolidWorks Motion 插件

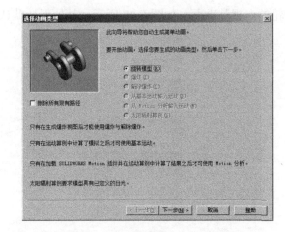

图 6-50　【选择动画类型】对话框

(3) 单击【下一步】按钮，弹出【选择一旋转轴】对话框，选中【Y-轴】单选按钮，设置【旋转次数】为 1，并选中【顺时针】单选按钮，如图 6-51 所示。

(4) 单击【下一步】按钮，弹出【动画控制选项】对话框，设置【时间长度(秒)】为 10，如图 6-52 所示。

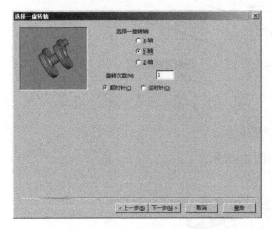

图 6-51　【选择一旋转轴】对话框　　　　图 6-52　【动画控制选项】对话框

(5) 单击【完成】按钮，完成旋转动画的设置。单击【运动算例】工具栏中的 ▷ 【播放】按钮，观看旋转动画的效果。

6.4.6　制作爆炸动画

(1) 单击【装配体】工具栏中的 ☜ 【爆炸视图】按钮，生成爆炸视图。右击【运动算例】图标，在弹出的快捷菜单中选择【生成新运动算例】命令，在图形区域下方出现【运动算例 2】工具栏。

(2) 单击【运动算例 2】工具栏中的 ☜ 【动画向导】按钮，弹出【选择动画类型】对话框，选中【爆炸】单选按钮，如图 6-53 所示。

(3) 单击【下一步】按钮，弹出【动画控制选项】对话框，设置【时间长度(秒)】为

1，如图 6-54 所示。

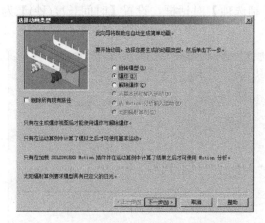
图 6-53 【选择动画类型】对话框

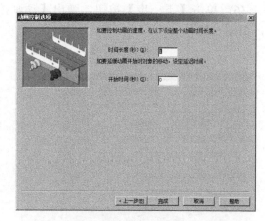
图 6-54 【动画控制选项】对话框

(4) 单击【完成】按钮，完成爆炸动画的设置，时间栏如图 6-55 所示，曲柄摇杆机构的爆炸效果如图 6-56 所示。单击【运动算例】工具栏中的 ▷ 【播放】按钮，即可观看爆炸动画。

图 6-55 时间栏

图 6-56 爆炸效果

(5) 继续单击【运动算例】工具栏中的 ⚙ 【动画向导】按钮，弹出【选择动画类型】

对话框，选中【解除爆炸】单选按钮，如图 6-57 所示。

（6）单击【下一步】按钮，弹出【动画控制选项】对话框，设置【时间长度(秒)】为 1，如图 6-58 所示。

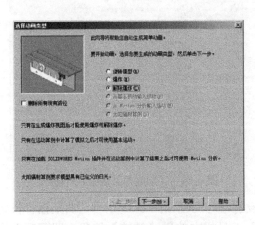
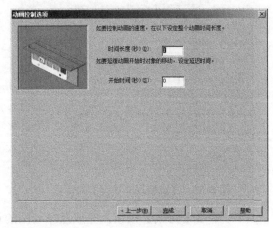

图 6-57　【选择动画类型】对话框　　　　图 6-58　【动画控制选项】对话框

（7）单击【完成】按钮，完成解除爆炸动画的设置，时间栏如图 6-59 所示。单击【运动算例】工具栏中的 ▷【播放】按钮，即可观看爆炸动画和解除爆炸动画。

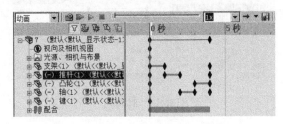

图 6-59　时间栏

第 7 章 曲线和曲面设计

SolidWorks 提供了曲线和曲面的设计功能。建立曲线的主要命令有【投影曲线】、【组合曲线】、【螺旋线/涡状线】、【分割线】、【通过参考点的曲线】和【通过 XYZ 点的曲线】等。曲面也是用来建立实体模型的几何体，建立曲面的主要命令有【拉伸曲面】、【旋转曲面】、【扫描曲面】、【放样曲面】、【等距曲面】和【延展曲面】等。

7.1 曲　　线

曲线是组成不规则实体模型的最基本要素，SolidWorks 提供了绘制曲线的工具栏和菜单命令。

选择【插入】|【曲线】菜单命令可以选择绘制相应曲线的类型，如图 7-1 所示，或者选择【视图】|【工具栏】|【曲线】菜单命令，调出【曲线】工具栏，如图 7-2 所示，在【曲线】工具栏中进行选择。

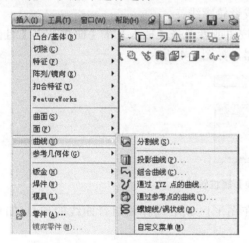

图 7-1　【曲线】菜单命令

图 7-2　【曲线】工具栏

7.1.1　投影曲线

投影曲线可以通过将绘制的曲线投影到模型面上的方式建立一条三维曲线。

单击【曲线】工具栏中的 【投影曲线】按钮或者选择【插入】|【曲线】|【投影曲线】菜单命令，弹出【投影曲线】属性管理器，如图 7-3 所示。在【选择】选项组中，可以选择两种投影类型，即【面上草图】和【草图上草图】。

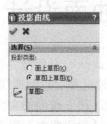

(a) 【草图上草图】投影类型   (b) 【面上草图】投影类型

图 7-3 　【投影曲线】属性管理器

- 　【要投影的一些草图】：在图形区域选择曲线草图。
- 　【投影面】：在实体模型上选择想要投影草图的面。
- 　【反转投影】：设置投影曲线的方向。

7.1.2　组合曲线

组合曲线通过将曲线、草图几何体和模型边线组合为一条单一曲线而建立。组合曲线可以作为建立放样特征或者扫描特征的引导线或者轮廓线。

单击【曲线】工具栏中的 　【组合曲线】按钮或者选择【插入】|【曲线】|【组合曲线】菜单命令，弹出【组合曲线】属性管理器，如图 7-4 所示。

图 7-4 　【组合曲线】属性管理器

　【要连接的草图、边线以及曲线】：在图形区域中选择要组合曲线的项目(如草图、边线或者曲线等)。

7.1.3　螺旋线和涡状线

螺旋线和涡状线可以作为扫描特征的路径或者引导线，也可以作为放样特征的引导线，通常用来建立螺纹、弹簧和发条等零件，还可以在工业设计中作为装饰使用。

单击【曲线】工具栏中的 　【螺旋线/涡状线】按钮或者选择【插入】|【曲线】|【螺旋线/涡状线】菜单命令，弹出【螺旋线/涡状线】属性管理器。

1) 　【定义方式】选项组

该选项组用来定义建立螺旋线和涡状线的方式，可以根据需要进行选择，如图 7-5 所示。

- 　【螺距和圈数】：通过定义螺距和圈数建立螺旋线，其属性管理器如图 7-6 所示。

图 7-5　【定义方式】选项组　　　　图 7-6　选择【螺距和圈数】选项后的属性管理器

- 　【高度和圈数】：通过定义高度和圈数建立螺旋线，其属性管理器如图 7-7 所示。
- 　【高度和螺距】：通过定义高度和螺距建立螺旋线，其属性管理器如图 7-8 所示。
- 　【涡状线】：通过定义螺距和圈数建立涡状线，其属性管理器如图 7-9 所示。

图 7-7　选择【高度和圈数】　　图 7-8　选择【高度和螺距】　　图 7-9　选择【涡状线】选项
　　　　选项后的属性管理器　　　　　选项后的属性管理器　　　　　后的属性管理器

2)　【参数】选项组

- 　【恒定螺距】：以恒定螺距方式建立螺旋线。
- 　【可变螺距】：以可变螺距方式建立螺旋线。

● 【区域参数】：通过指定圈数或者高度、直径以及螺距率建立可变螺距螺旋线，如图 7-10 所示。

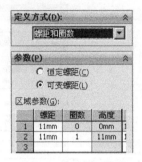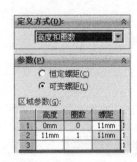

图 7-10 【区域参数】设置

● 【螺距】：为每个螺距设置半径更改比率。设置的数值必须至少为 0.001，且不大于 200000。

● 【圈数】：设置螺旋线及涡状线的旋转数。

● 【高度】：设置建立螺旋线的高度。

● 【反向】：用来反转螺旋线及涡状线的旋转方向。

● 【起始角度】：设置在绘制的草图圆上开始初始旋转的位置。

● 【顺时针】：设置建立的螺旋线及涡状线的旋转方向为顺时针。

● 【逆时针】：设置建立的螺旋线及涡状线的旋转方向为逆时针。

3) 【锥形螺纹线】选项组

● 【锥形角度】：设置建立锥形螺纹线的角度。

● 【锥度外张】：设置建立的螺纹线是否锥度外张。

7.1.4 通过 XYZ 点的曲线

可以通过用户定义的点建立样条曲线，以这种方式建立的曲线被称为通过 XYZ 点的曲线。在 SolidWorks 中，用户既可以自定义样条曲线通过的点，也可以利用点坐标文件建立样条曲线。

单击【曲线】工具栏中的 【通过 XYZ 点的曲线】按钮或者选择【插入】|【曲线】|【通过 XYZ 点的曲线】菜单命令，弹出【曲线文件】对话框，如图 7-11 所示。

(1) 【点】、X、Y、Z：【点】的列坐标定义建立曲线的点的顺序；X、Y、Z 的列坐标对应点的坐标值。双击每个单元格，即可激活该单元格，然后输入数值即可。

(2) 【浏览】：单击该按钮，弹出【打开】对话框，可以输入存在的曲线文件，根据曲线文件，直接建立曲线。

(3) 【保存】：单击该按钮，弹出【另存为】对话框，选择想要保存的位置，然后在【文件名】文字框中输入文件名称。如果没有指定扩展名，SolidWorks 应用程序会自动添加*.SLDCRV 扩展名。

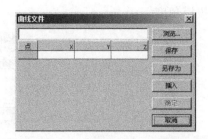

图 7-11 【曲线文件】对话框

(4) 【插入】：用于插入新行。如果要在某一行之上插入新行，只要单击该行，然后单击【插入】按钮即可。

7.1.5 通过参考点的曲线

通过参考点的曲线是通过一个或者多个平面上的点而建立的曲线。

单击【曲线】工具栏中的  【通过参考点的曲线】按钮或者选择【插入】｜【曲线】｜【通过参考点的曲线】菜单命令，弹出【通过参考点的曲线】属性管理器，如图 7-12 所示。

- 【通过点】：选择通过一个或者多个平面上的点。
- 【闭环曲线】：建立的曲线自动闭合。

图 7-12 【通过参考点的曲线】 属性管理器

7.1.6 分割线

分割线通过将实体投影到曲面或者平面上而建立。分割线也可以通过将草图投影到曲面实体而建立，投影的实体可以是草图、模型实体、曲面、面、基准面或者曲面样条曲线。

单击【曲线】工具栏中的 【分割线】按钮或者选择【插入】｜【曲线】｜【分割线】菜单命令，弹出【分割线】属性管理器。在【分割类型】选项组中，选择建立的分割线的类型，如图 7-13 所示。

- 【轮廓】：在圆柱形零件上建立分割线。
- 【投影】：将草图线投影到表面上建立分割线。
- 【交叉点】：以交叉实体、曲面、面、基准面或者曲面样条曲线分割面。

1) 选中【轮廓】单选按钮后的属性管理器

单击【曲线】工具栏中的 【分割线】按钮或者选择【插入】｜【曲线】｜【分割线】菜单命令，弹出【分割线】属性管理器。选中【轮廓】单选按钮，其属性管理器如图 7-14 所示。

- 【拔模方向】：在图形区域或者特征管理器设计树中选择通过模型轮廓投影的基准面。
- 【要分割的面】：选择一个或者多个要分割的面。
- 【反向】：设置拔模方向。若选中此复选框，则以反方向拔模。

- 【角度】：设置拔模角度。

图 7-13 【分割类型】选项组 　　　图 7-14 选中【轮廓】单选按钮后的属性管理器

2) 选中【投影】单选按钮后的属性管理器

单击【曲线】工具栏中的 ☑【分割线】按钮或者选择【插入】|【曲线】|【分割线】菜单命令，弹出【分割线】属性管理器。选中【投影】单选按钮，其属性管理器如图 7-15 所示。

- 【要投影的草图】：在图形区域或者特征管理器设计树中选择草图，作为要投影的草图。
- 【单向】：以单方向进行分割以建立分割线。

3) 选中【交叉点】单选按钮后的属性管理器

单击【曲线】工具栏中的 ☑【分割线】按钮或者选择【插入】|【曲线】|【分割线】菜单命令，弹出【分割线】属性管理器。选中【交叉点】单选按钮，其属性管理器如图 7-16 所示。

图 7-15 选中【投影】单选按钮后的属性管理器　图 7-16 选中【交叉点】单选按钮后的属性管理器

- 【分割所有】：分割线穿越曲面上所有可能的区域，即分割所有可以分割的曲面。
- 【自然】：按照曲面的形状进行分割。

● 【线性】：按照线性方向进行分割。

7.2　曲　面

曲面是一种可以用来建立实体特征的几何体(如圆角曲面等)。一个零件中可以有多个曲面实体。

在 SolidWorks 中，建立曲面的方式如下。

(1)　由草图或者基准面上的一组闭环边线插入平面。

(2)　由草图拉伸、旋转、扫描或者放样建立曲面。

(3)　由现有面或者曲面建立等距曲面。

(4)　从其他程序导入曲面文件，如 CATIA、ACIS、Pro/ENGINEER、Unigraphics、SolidEdge、Autodesk Inverntor 等。

(5)　由多个曲面组合成新的曲面。

SolidWorks 提供了建立曲面的工具栏和菜单命令。选择【插入】|【曲面】菜单命令可以选择建立相应曲面的类型，如图 7-17 所示，或者选择【视图】|【工具栏】|【曲面】菜单命令，调出【曲面】工具栏，如图 7-18 所示。

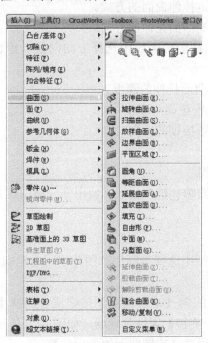

图 7-17　【曲面】菜单命令

图 7-18　【曲面】工具栏

7.2.1 拉伸曲面

拉伸曲面是将一条曲线拉伸为曲面。

单击【曲面】工具栏中的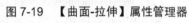【拉伸曲面】按钮或者选择【插入】|【曲面】|【拉伸曲面】菜单命令，弹出【曲面-拉伸】属性管理器，如图 7-19 所示。

1)　【从】选项组

不同的开始条件对应不同的属性管理器。

● 草图基准面：选择一个基准面作为拉伸曲面的开始条件。

● 曲面/面/基准面：选择一个面作为拉伸曲面的开始条件。

● 顶点：选择一个顶点作为拉伸曲面的开始条件。

● 等距：从与当前草图基准面等距的基准面上开始拉伸曲面，在数值框中可以输入等距数值。

图 7-19　【曲面-拉伸】属性管理器

2)　【方向 1】、【方向 2】选项组

● 【终止条件】：决定拉伸曲面的方式。

● 【反向】：可以改变曲面拉伸的方向。

● 【拉伸方向】：在图形区域中选择方向向量以垂直于草图轮廓的方向拉伸草图。

● 【深度】：设置曲面拉伸的深度。

● 【拔模开/关】：设置拔模角度。

● 【向外拔模】：设置拔模的方向。

其他选项不再赘述。

3)　【所选轮廓】选项组

在图形区域中选择草图轮廓和模型边线，使用部分草图建立曲面拉伸特征。

7.2.2 旋转曲面

从交叉或者非交叉的草图中选择不同的草图并用所选轮廓建立的旋转的曲面，即为旋转曲面。

单击【曲面】工具栏中的【旋转曲面】按钮或者选择【插入】|【曲面】|【旋转曲面】菜单命令，弹出【曲面-旋转】属性管理器，如图 7-20 所示。

旋转参数选项组用来设置建立旋转曲面的各项参数。

(1)　【旋转轴】：设置曲面旋转所围绕的轴。

(2)　【反向】：改变旋转曲面的方向。

(3)　【旋转类型】：设置建立旋转曲面的类型，如图 7-21 所示。

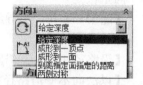

图 7-20　【曲面-旋转】属性管理器　　　　图 7-21　【旋转类型】选项

- 给定深度：从草图以单一方向建立旋转。
- 成形到一顶点：从草图基准面建立旋转到指定顶点。
- 成形到一面：从草图基准面建立旋转到指定曲面。
- 到离指定面指定的距离：从草图基准面建立旋转到指定曲面的指定等距。
- 两侧对称：从草图基准面以顺时针和逆时针方向建立旋转。

(4) 📐【角度】：设置旋转曲面的角度。

7.2.3　扫描曲面

利用轮廓和路径建立的曲面被称为扫描曲面。扫描曲面和扫描特征类似，也可以通过引导线建立。

单击【曲面】工具栏中的 ⑤【扫描曲面】按钮或者选择【插入】｜【曲面】｜【扫描曲面】菜单命令，弹出【曲面-扫描】属性管理器，如图 7-22 所示。

图 7-22　【曲面-扫描】属性管理器

1) 【轮廓和路径】选项组
- ⌒°【轮廓】：设置扫描曲面的草图轮廓。
- ⌒°【路径】：设置扫描曲面的路径。

2) 【选项】选项组

● 【方向/扭转控制】：控制轮廓沿路径扫描的方向。

◆ 【随路径变化】：轮廓相对于路径时刻处于同一角度。

◆ 【保持法向不变】：轮廓时刻与开始轮廓平行。

◆ 【随路径和第一引导线变化】：中间轮廓的扭转由路径到第 1 条引导线的向量决定。

◆ 【随第一和第二引导线变化】：中间轮廓的扭转由第 1 条引导线到第 2 条引导线的向量决定。

◆ 【沿路径扭转】：沿路径扭转轮廓。

◆ 【以法向不变沿路径扭曲】：通过将轮廓在沿路径扭曲时保持与开始轮廓平行而沿路径扭转轮廓。

● 【路径对齐类型】：当路径上出现少许波动和不均匀波动、使轮廓不能对齐时，可以将轮廓稳定下来。

◆ 【无】：垂直于轮廓且对齐轮廓，而不进行纠正。

◆ 【最小扭转】：阻止轮廓在随路径变化时自我相交(只对于 3D 路径而言)。

◆ 【方向向量】：以方向向量所选择的方向对齐轮廓。

◆ 【所有面】：当路径包括相邻面时，使扫描轮廓在几何关系可能的情况下与相邻面相切。

● 【切线延伸】：沿切线方向进行延伸。

● 【合并切面】：在扫描曲面时，如果扫描轮廓具有相切线段，可以使所产生的扫描中的相应曲面相切。

● 【显示预览】：以上色方式显示扫描结果的预览。

● 【与结束端面对齐】：将扫描轮廓延续到路径所遇到的最后面。

3) 【引导线】选项组

● 【引导线】：在轮廓沿路径扫描时加以引导。

● 【上移】：调整引导线的顺序，使指定的引导线上移。

● 【下移】：调整引导线的顺序，使指定的引导线下移。

● 【合并平滑的面】：改进通过引导线扫描的性能，并在引导线或者路径不是曲率连续的所有点处进行分割扫描。

● 【显示截面】：显示扫描的截面，单击箭头可以进行滚动预览。

4) 【起始处/结束处相切】选项组

● 【起始处相切类型】：如图 7-23 所示。

◆ 【无】：不应用相切。

◆ 【路径相切】：路径垂直于开始点处而建立扫描。

● 【结束处相切类型】：如图 7-24 所示。

◆ 【无】：不应用相切。

◆ 【路径相切】：路径垂直于结束点处而建立扫描。

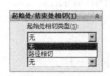

图 7-23 【起始处相切类型】选项   图 7-24 【结束处相切类型】选项

7.2.4 放样曲面

通过曲线之间的平滑过渡建立的曲面被称为放样曲面。放样曲面由放样的轮廓曲线组成，也可以根据需要使用引导线。

单击【曲面】工具栏中的 【放样曲面】按钮或者选择【插入】|【曲面】|【放样曲面】菜单命令，弹出【曲面-放样】属性管理器，如图 7-25 所示。

1) 【轮廓】选项组

- ❖【轮廓】：设置放样曲面的草图轮廓，可以在图形区域或者特征管理器设计树中选择草图轮廓。

- ↑【上移】：调整轮廓草图的顺序，选择轮廓草图，使其上移。

- ↓【下移】：调整轮廓草图的顺序，选择轮廓草图，使其下移。

2) 【起始/结束约束】选项组

【开始约束】和【结束约束】有相同的选项，如图 7-26 所示。

图 7-25 【曲面-放样】属性管理器

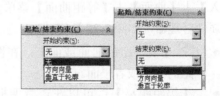

图 7-26 【开始约束】和【结束约束】选项

- 【无】：不应用相切约束，即曲率为 0。

- 【方向向量】：根据方向向量所选实体而应用相切约束。

- 【垂直于轮廓】：应用垂直于开始或者结束轮廓的相切约束。

3) 【引导线】选项组

- 🄑【引导线】：选择引导线以控制放样曲面。
- ⬆【上移】：调整引导线的顺序，选择引导线，使其上移。
- ⬇【下移】：调整引导线的顺序，选择引导线，使其下移。
- 【引导相切类型】：控制放样与引导线相遇处的相切。
  - ◆ 【无】：不应用相切约束。
  - ◆ 【垂直于轮廓】：垂直于引导线的基准面应用相切约束。
  - ◆ 【方向向量】：为方向向量所选实体应用相切约束。

4) 【中心线参数】选项组

- ⚓【中心线】：使用中心线引导放样形状，中心线可以和引导线是同一条线。
- 【截面数】：在轮廓之间围绕中心线添加截面，截面数可以通过移动滑块进行调整。
- 🖾【显示截面】：显示放样截面，单击🔁箭头显示截面数。

5) 【草图工具】选项组

用于从同一草图(特别是 3D 草图)中的轮廓定义放样截面和引导线。

- 【拖动草图】：激活草图拖动模式。
- ↶【撤消草图拖动】：撤消先前的草图拖动操作并将预览返回到其先前状态。

6) 【选项】选项组

- 【合并切面】：在建立放样曲面时，如果对应的线段相切，则使所建立的放样中的曲面保持相切。
- 【闭合放样】：沿放样方向建立闭合实体，选中此复选框，会自动连接最后一个和第一个草图。
- 【显示预览】：显示放样的上色预览；若取消选中此复选框，则只显示路径和引导线。

7.2.5 等距曲面

将已经存在的曲面以指定距离建立的另一个曲面称为等距曲面。该曲面既可以是模型的轮廓面，也可以是绘制的曲面。

单击【曲面】工具栏中的🗇【等距曲面】按钮或者选择【插入】|【曲面】|【等距曲面】菜单命令，弹出【等距曲面】属性管理器，如图 7-27 所示。

图 7-27 【等距曲面】
属性管理器

- 🗇【要等距的曲面或面】：在图形区域中选择要等距的曲面或者平面。
- 【等距距离】：可以在该微调框中输入等距距离数值。
- ⤢【反转等距方向】：改变等距的方向。

7.2.6　延展曲面

通过沿所选平面方向延展实体或者曲面的边线而建立的曲面被称为延展曲面。

选择【插入】|【曲面】|【延展曲面】菜单命令，弹出【延展曲面】属性管理器，如图 7-28 所示。

- 【沿切面延展】：在图形区域中选择一个面或者基准面。
- 【反转延展方向】：改变曲面延展的方向。
- 【要延展的边线】：在图形区域中选择一条边线或者一组连续边线。

图 7-28　【延展曲面】属性管理器

- 【沿切面延伸】：使曲面沿模型中的相切面继续延展。
- 【延展距离】：设置延展曲面的宽度。

7.2.7　圆角

使用圆角将曲面实体中以一定角度相交的两个相邻面之间的边线进行平滑过渡，则建立的圆角被称为圆角曲面。

单击【曲面】工具栏中的 【圆角】按钮或者选择【插入】|【曲面】|【圆角】菜单命令，弹出【圆角】属性管理器，如图 7-29 所示。

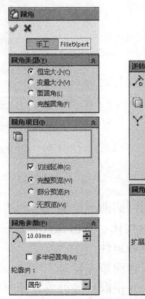
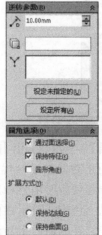

图 7-29　【圆角】属性管理器

圆角曲面命令与圆角特征命令基本相同，在此不再赘述。

7.2.8　填充曲面

在现有模型边线、草图或者曲线定义的边界内建立带任何边数的曲面修补，被称为填充曲面。填充曲面可以用来构造填充模型中缝隙的曲面。

单击【曲面】工具栏中的 【填充曲面】按钮或者选择【插入】|【曲面】|【填充】菜单命令，弹出【填充曲面】属性管理器，如图 7-30 所示。

1) 【修补边界】选项组
- 【修补边界】：定义所应用的修补边线。
- 【交替面】：只在实体模型上建立修补时使用，用于控制修补曲率的反转边界面。
- 【曲率控制】：在建立的修补上进行控制，可以在同一修补中应用不同的曲率控制，其选项如图 7-31 所示。

图 7-30　【填充曲面】属性管理器

图 7-31　【曲率控制】选项

- 【应用到所有边线】：可以将相同的曲率控制应用到所有边线中。
- 【优化曲面】：用于对曲面进行优化，其潜在优势包括加快重建时间以及当与模型中的其他特征一起使用时增强稳定性。
- 【显示预览】：以上色方式显示曲面填充预览。
- 【预览网格】：在修补的曲面上显示网格线以直观地观察曲率的变化。
2) 【约束曲线】选项组
- 【约束曲线】：在填充曲面时添加斜面控制。
3) 【选项】选项组
- 【修复边界】：可以自动修复填充曲面的边界。

- 【合并结果】：如果边界至少有一个边线是开环薄边，曲面填充将缝合边线所在曲面。
- 【尝试形成实体】：如果边界实体都是开环边线，可以选中此复选框建立实体。
- 【反向】：该复选框用于纠正填充曲面时不符合填充需要的方向。

7.2.9 中面

在实体上选择合适的双对面，在双对面之间可以建立中面。合适的双对面必须处处等距，且属于同一实体。中面对在有限元素造型中建立二维元素网格很有帮助。在 SolidWorks 中可以建立以下中面。

- 单个：在图形区域中选择单个等距面建立中面。
- 多个：在图形区域中选择多个等距面建立中面。
- 所有：单击【中面】属性管理器中的【查找双对面】按钮，系统会自动选择模型上所有合适的等距面以建立所有等距面的中面。

选择【插入】|【曲面】|【中面】菜单命令，弹出【中面】属性管理器，如图 7-32 所示。

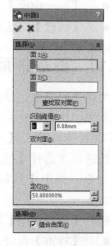

图 7-32 【中面】属性管理器

1) 【选择】选项组

- 【面 1】：选择建立中间面的其中一个面。
- 【面 2】：选择建立中间面的另一个面。
- 【查找双对面】：单击此按钮，系统会自动查找模型中合适的双对面，并自动过滤不合适的双对面。
- 【识别阈值】：由【阈值运算符】和【阈值厚度】两部分组成。【阈值运算符】为数学操作符，【阈值厚度】为壁厚度数值。
- 【定位】：设置建立中间面的位置。系统默认的位置为从【面 1】开始的 50%位置处。

2) 【选项】选项组

【缝合曲面】：将中间面和临近面缝合；若取消选中此复选框，则保留单个曲面。

7.2.10 延伸曲面

将现有曲面的边缘沿着切线方向进行延伸所形成的曲面被称为延伸曲面。

单击【曲面】工具栏中的 【延伸曲面】按钮或者选择【插入】|【曲面】|【延伸曲面】菜单命令，弹出【延伸曲面】属性管理器，如图 7-33 所示。

图 7-33 【延伸曲面】
属性管理器

1) 【拉伸的边线/面】选项组

【所选面/边线】：在图形区域中选择延伸的边线或者面。

2) 【终止条件】选项组

- 【距离】：按照设置的 【距离】数值确定延伸曲面的距离。
- 【成形到某一点】：在图形区域中选择某一顶点，将曲面延伸到指定的点。
- 【成形到某一面】：在图形区域中选择某一面，将曲面延伸到指定的面。

3) 【延伸类型】选项组

- 【同一曲面】：以原有曲面的曲率沿曲面的几何体进行延伸。
- 【线性】：沿指定的边线相切于原有曲面进行延伸。

7.2.11　剪裁曲面

可以使用曲面、基准面或者草图作为剪裁工具剪裁相交曲面，也可以将曲面和其他曲面配合使用，相互作为剪裁工具。单击【曲面】工具栏中的 ❷ 【剪裁曲面】按钮或者选择【插入】|【曲面】|【剪裁曲面】菜单命令，弹出【剪裁曲面】属性管理器，如图 7-34 所示。

1) 【剪裁类型】选项组

- 【标准】：使用曲面、草图实体、曲线或者基准面等剪裁曲面。
- 【相互】：使用曲面本身剪裁多个曲面。

图 7-34　【剪裁曲面】属性管理器

2) 【选择】选项组

- ❖ 【剪裁工具】：在图形区域中选择曲面、草图实体、曲线或者基准面作为剪裁其他曲面的工具。
- 【保留选择】：设置剪裁曲面中选择的部分为要保留的部分。
- 【移除选择】：设置剪裁曲面中选择的部分为要移除的部分。

3) 【曲面分割选项】选项组

- 【分割所有】：显示曲面中的所有分割。
- 【自然】：强迫边界边线随曲面形状变化。
- 【线性】：强迫边界边线随剪裁点的线性方向变化。

7.2.12　替换面

利用新曲面实体替换曲面或者实体中的面，这种方式被称为替换面。替换曲面实体不必与旧的面具有相同的边界。在替换面时，原来实体中的相邻面自动延伸并剪裁到替换曲面实体。

其使用方式如下。

- 以一个曲面实体替换另一个或者一组相连的面。
- 在单一操作中，用一个相同的曲面实体替换一组以上相连的面。
- 在实体或者曲面实体中替换面。

单击【曲面】工具栏中的 ❸【替换面】按钮或者选择【插入】|【面】|【替换】菜

单命令，弹出【替换面】属性管理器，如图 7-35 所示。

图 7-35　【替换面】属性管理器

-  【替换的目标面】：在图形区域中选择曲面、草图实体、曲线或者基准面作为要替换的面。
- 【替换曲面】：选择替换曲面实体。

7.2.13　删除面

删除面是将存在的面删除并进行编辑。

单击【曲面】工具栏中的 ⊗【删除面】按钮或者选择【插入】|【面】|【删除】菜单命令，弹出【删除面】属性管理器，如图 7-36 所示。

1)　【选择】选择组

□【要删除的面】：在图形区域中选择要删除的面。

2)　【选项】选项组

- 【删除】：从曲面实体删除面或者从实体中删除一个或者多个面以建立曲面。
- 【删除并修补】：从曲面实体或者实体中删除一个面，并自动对实体进行修补和剪裁。

图 7-36　【删除面】属性管理器

- 【删除并填充】：删除存在的面并建立单一面，可以填补任何缝隙。

7.3　曲面范例 1

下面应用本章所讲解的知识完成一个曲面模型的范例，最终效果如图 7-37 所示。

图 7-37　曲面模型

7.3.1 生成基体部分

(1) 单击特征管理器设计树中的【前视基准面】图标，使前视基准面成为草图绘制平面。单击【标准视图】工具栏中的⚓【正视于】按钮，并单击【草图】工具栏中的❷【草图绘制】按钮，进入草图绘制状态。使用【草图】工具栏中的❤【直线】、❤【智能尺寸】工具，绘制如图 7-38 所示的草图并标注尺寸。单击❷【退出草图】按钮，退出草图绘制状态。

(2) 单击特征管理器设计树中的【前视基准面】图标，使其成为草图绘制平面。单击【标准视图】工具栏中的⚓【正视于】按钮，并单击【草图】工具栏中的❷【草图绘制】按钮，进入草图绘制状态。使用【草图】工具栏中的❤【圆弧】、❤【智能尺寸】工具，绘制如图 7-39 所示的草图并标注尺寸。单击❷【退出草图】按钮，退出草图绘制状态。

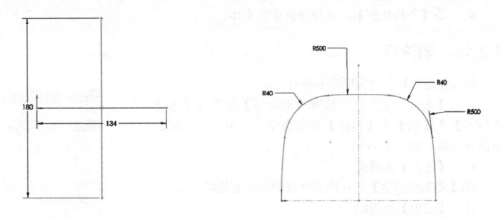

图 7-38　绘制草图并标注尺寸　　　　　　图 7-39　绘制草图并标注尺寸

(3) 单击【曲面】工具栏中的🖌【拉伸曲面】按钮，弹出【拉伸曲面】属性管理器，如图 7-40 所示，最后单击✅【确定】按钮。

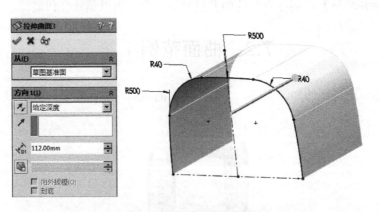

图 7-40　生成曲面拉伸特征

(4) 单击特征管理器设计树中的【前视基准面】图标，使其成为草图绘制平面。单击【标准视图】工具栏中的⚓【正视于】按钮，并单击【草图】工具栏中的❷【草图绘制】

按钮，进入草图绘制状态。使用【草图】工具栏中的 【圆弧】、 【智能尺寸】工具，绘制如图 7-41 所示的草图并标注尺寸。单击 【退出草图】按钮，退出草图绘制状态。

（5）单击【曲面】工具栏中的 【拉伸曲面】按钮，弹出【拉伸曲面】属性管理器，如图 7-42 所示，单击 【确定】按钮。

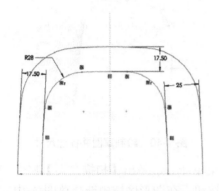

图 7-41　绘制草图并标注尺寸

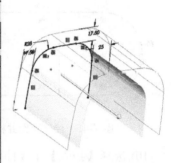

图 7-42　生成曲面拉伸特征

（6）单击特征管理器设计树中的【前视基准面】图标，使其成为草图绘制平面。单击【标准视图】工具栏中的 【正视于】按钮，并单击【草图】工具栏中的 【草图绘制】按钮，进入草图绘制状态。使用【草图】工具栏中的 【圆弧】、 【智能尺寸】工具，绘制如图 7-43 所示的草图并标注尺寸。单击 【退出草图】按钮，退出草图绘制状态。

（7）单击【曲面】工具栏中的 【拉伸曲面】按钮，弹出【拉伸曲面】属性管理器，如图 7-44 所示，设置后单击 【确定】按钮。

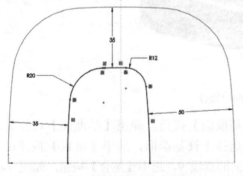
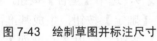

图 7-43　绘制草图并标注尺寸

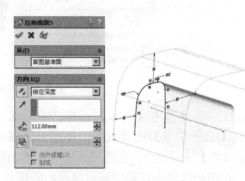

图 7-44　生成曲面拉伸特征

（8）单击特征管理器设计树中的【上视基准面】图标，使其成为草图绘制平面。单击【标准视图】工具栏中的 【正视于】按钮，并单击【草图】工具栏中的 【草图绘制】按钮，进入草图绘制状态。使用【草图】工具栏中的 【直线】、 【圆弧】、 【智能尺寸】工具，绘制如图 7-45 所示的草图并标注尺寸。单击 【退出草图】按钮，退出草图绘制状态。

（9）单击特征管理器设计树中的【前视基准面】图标，使其成为草图绘制平面。单击【标准视图】工具栏中的 【正视于】按钮，并单击【草图】工具栏中的 【草图绘制】

按钮，进入草图绘制状态。使用【草图】工具栏中的 ✏【直线】、◠【圆弧】、◇【智能尺寸】工具，绘制如图 7-46 所示的草图并标注尺寸。单击 ⮌【退出草图】按钮，退出草图绘制状态。

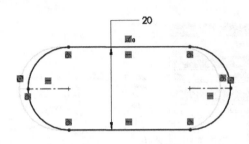

图 7-45 绘制草图并标注尺寸

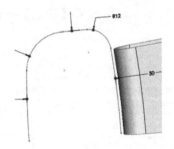

图 7-46 绘制草图并标注尺寸

(10) 选择【插入】|【曲面】|【扫描曲面】菜单命令，弹出【扫描曲面】属性管理器。在【轮廓和路径】选项组中，单击 ⟲【轮廓】按钮，在图形区域中选择草图 4 中的曲线，单击 ⟲【路径】按钮，在图形区域中选择草图中的边线；在【选项】选项组中，设置【方向/扭转控制】为【随路径变化】，单击 ✔【确定】按钮，如图 7-47 所示。

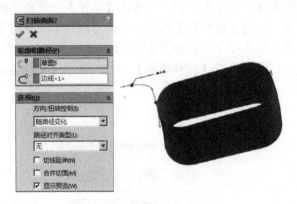

图 7-47 扫描曲面特征

(11) 单击【参考几何体】工具栏中的 ◇【基准面】按钮，弹出【基准面】属性管理器。在【第一参考】选项组中，在图形区域中选择上视基准面，选中【垂直】按钮；在【第二参考】选项组中，在图形区域中选择草图 5 的直线 9，选中【重合】按钮，如图 7-48 所示，在图形区域中显示出新建基准面的预览，单击 ✔【确定】按钮，生成基准面。

(12) 单击【参考几何体】工具栏中的 ◇【基准面】按钮，弹出【基准面】属性管理器。在【第一参考】选项组中，在图形区域中选择草图 4 的边线，选中【垂直】按钮；在【第二参考】选项组中，在图形区域中选择草图曲线的顶点，选中【重合】按钮，如图 7-49 所示，在图形区域中显示出新建基准面的预览，单击 ✔【确定】按钮，生成基准面。

(13) 单击【参考几何体】工具栏中的 ◇【基准面】按钮，弹出【基准面】属性管理器。在【第一参考】选项组中，在图形区域中选择边线，选中【垂直】按钮；在【第二参考】选项组中，在图形区域中选择草图 4 的点，选中【重合】按钮，如图 7-50 所示，在图形区域中显示出新建基准面的预览，单击 ✔【确定】按钮，生成基准面。

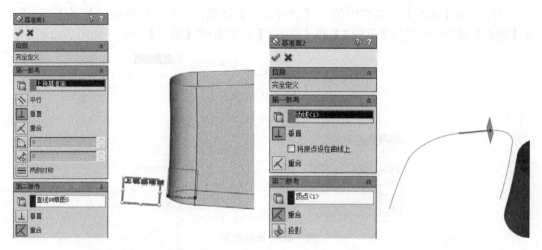

图 7-48　生成基准面　　　　　　　　　图 7-49　生成基准面

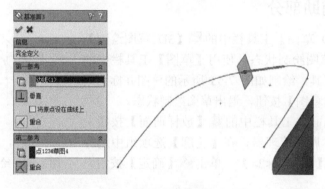

图 7-50　生成基准面

(14) 单击特征管理器设计树中的【基准面 2】图标，使其成为草图绘制平面。单击【标准视图】工具栏中的 ↟【正视于】按钮，并单击【草图】工具栏中的 ✑【草图绘制】按钮，进入草图绘制状态。使用【草图】工具栏中的 ↘【直线】、☈【圆弧】、◇【智能尺寸】工具，绘制如图 7-51 所示的草图并标注尺寸。单击 ✑【退出草图】按钮，退出草图绘制状态。

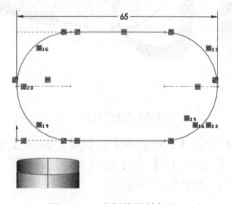

图 7-51　绘制草图并标注尺寸

(15) 单击【曲面】工具栏中的 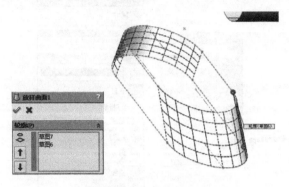 【放样曲面】按钮，弹出【放样曲面】属性管理器，在【轮廓】选项组中选择【草图7】和【草图6】，单击 ✔ 【确定】按钮，如图 7-52 所示。

图 7-52　放样曲面

7.3.2　生成辅助部分

(1) 单击【3D 草图】工具栏中的 【3D 草图绘制】按钮，进入 3D 草图绘制状态。使用【草图】工具栏中的 ～【样条曲线】工具，绘制如图 7-53 所示的草图并标注尺寸。单击 ☒【退出草图】按钮，退出草图绘制状态。

(2) 单击【曲面】工具栏中的 ▲【放样曲面】按钮，弹出【放样曲面】属性管理器，在【轮廓】选项组中选择【打开组<1>】和【打开组<2>】，单击 ✔【确定】按钮。如图 7-54 所示。

图 7-53　绘制草图并标注尺寸

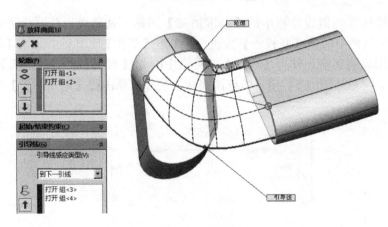

图 7-54　放样曲面

(3) 单击【曲面】工具栏中的【放样曲面】按钮 ▲，弹出【放样曲面】属性管理器，在【轮廓】选项组中选择【边线<1>】和【边线<2>】、【打开组<1>】和【打开组<2>】，单击 ✔【确定】按钮，如图 7-55 所示。

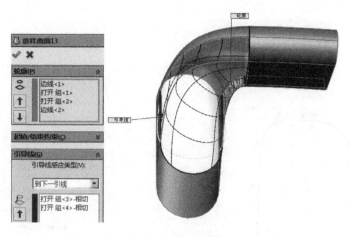

图 7-55　放样曲面

（4）单击【参考几何体】工具栏中的 <svg>⊘</svg>【基准面】按钮，弹出【基准面】属性管理器。在【第一参考】选项组中，在图形区域中选择前视基准面，单击 <svg>⟂</svg>【距离】按钮，在文本框中输入 75.00mm，如图 7-56 所示，在图形区域中显示出新建基准面的预览，单击 <svg>✔</svg>【确定】按钮，生成基准面。

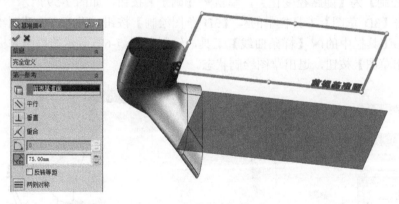

图 7-56　生成基准面

（5）单击特征管理器设计树中的【前视基准面】图标，使其成为草图绘制平面。单击【标准视图】工具栏中的 <svg>↥</svg>【正视于】按钮，并单击【草图】工具栏中的 <svg>✏</svg>【草图绘制】按钮，进入草图绘制状态。使用【草图】工具栏中的 <svg>⌒</svg>【圆弧】、<svg>✐</svg>【智能尺寸】工具，绘制如图 7-57 所示的草图并标注尺寸。单击 <svg>✏</svg>【退出草图】按钮，退出草图绘制状态。

（6）单击特征管理器设计树中的【上视基准面】图标，使其成为草图绘制平面。单击【标准视图】工具栏中的 <svg>↥</svg>【正视于】按钮，并单击【草图】工具栏中的 <svg>✏</svg>【草图绘制】按钮，进入草图绘制状态。使用【草图】工具栏中的 <svg>⌒</svg>【圆弧】、<svg>✐</svg>【智能尺寸】工具，绘制如图 7-58 所示的草图并标注尺寸。单击 <svg>✏</svg>【退出草图】按钮，退出草图绘制状态。

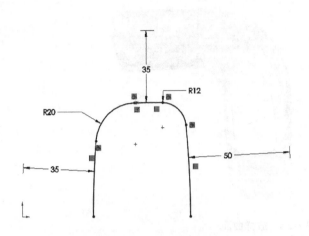

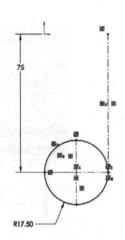

图 7-57　绘制草图并标注尺寸　　　　　　　　图 7-58　绘制草图并标注尺寸

(7) 选择【插入】|【曲面】|【扫描曲面】菜单命令，弹出【扫描曲面】属性管理器。在【轮廓和路径】选项组中，单击 🌀【轮廓】按钮，在图形区域中选择草图中的圆曲线，单击 🌀【路径】按钮，在图形区域中选择草图中的直线；在【选项】选项组中，设置【方向/扭转控制】为【随路径变化】，单击 ✅【确定】按钮，如图 7-59 所示。

(8) 单击【3D 草图】工具栏中的 🖉【3D 草图绘制】按钮，进入 3D 草图绘制状态。使用【草图】工具栏中的 ∿【样条曲线】工具，绘制如图 7-60 所示的草图并标注尺寸。单击 🖉【退出草图】按钮，退出草图绘制状态。

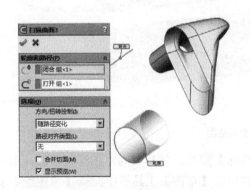

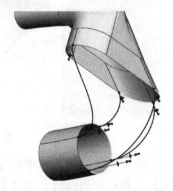

图 7-59　扫描曲面特征　　　　　　　　　图 7-60　绘制草图并标注尺寸

(9) 单击【曲面】工具栏中的 🌰【放样曲面】按钮，弹出【放样曲面】属性管理器，在【轮廓】选项组中选择【打开组<1>】和【打开组<2>】，单击 ✅【确定】按钮，如图 7-61 所示。

(10) 单击【3D 草图】工具栏中的 🖉【3D 草图绘制】按钮，进入 3D 草图绘制状态。使用【草图】工具栏中的 ∿【样条曲线】工具，绘制如图 7-62 所示的草图并标注尺寸。单击 🖉【退出草图】按钮，退出草图绘制状态。

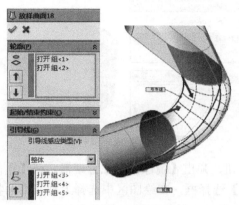

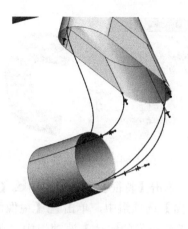

图 7-61 放样曲面　　　　　　　　　图 7-62 绘制草图并标注尺寸

(11) 单击【曲面】工具栏中的 【边界曲面】按钮，弹出【边界曲面】属性管理器，在【方向 1】选项组中选择【打开组-相切<1>】和【打开组-相切<2>】，在【方向 2】选项组中选择【打开组<1>】、【打开组<2>】和【打开组<3>】，单击 【确定】按钮，如图 7-63 所示。

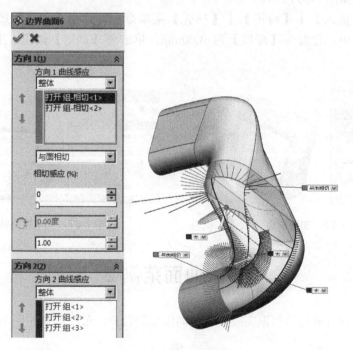

图 7-63 边界曲面

(12) 单击【曲面】工具栏中的 【缝合曲面】按钮，弹出【缝合曲面】属性管理器。单击 【选择】选择框，在图形区域中选择 7 个曲面，取消选中【尝试形成实体】复选框，如图 7-64 所示，单击 【确定】按钮，生成缝合曲面特征。

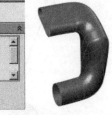

图 7-64　生成缝合曲面

图 7-65　生成镜像特征

(13) 单击【特征】工具栏中的 【镜像】按钮，弹出【镜像】属性管理器。在【镜像面/基准面】选项组中，单击 【镜像面/基准面】选择框，在绘图区中选择上视基准面特征；在【要镜像的实体】选项组中，单击 【要镜像的特征】选择框，在绘图区中选择【缝合曲面 2】特征，单击 【确定】按钮，生成镜像特征，如图 7-65 所示。

(14) 选择【插入】|【凸台/基体】|【加厚】菜单命令，弹出【加厚】属性管理器，在【加厚参数】选项组中，在 【要加厚的曲面】中选择【镜像 1】，在 【厚度】中输入 3.00mm，选中【从闭合的体积生成实体】和【合并结果】复选框。单击 【确定】按钮，加厚曲面，如图 7-66 所示。

(15) 选择【插入】|【特征】|【抽壳】菜单命令，弹出【抽壳】属性管理器。在【参数】选项组中，设置 【厚度】为 3.00mm，单击 【确定】按钮，生成抽壳特征，如图 7-67 所示。

图 7-66　加厚曲面

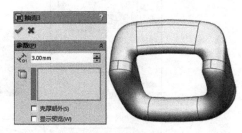

图 7-67　生成抽壳特征

7.4　曲面范例 2

下面应用本章所讲解的知识完成一个曲面模型的范例，最终效果如图 7-68 所示。

图 7-68　三维模型

7.4.1　建立壶体部分

（1）　单击特征管理器设计树中的【上视基准面】图标，使其成为草图绘制平面。单击【标准视图】工具栏中的![正视于]【正视于】按钮，并单击【草图】工具栏中的![草图绘制]【草图绘制】按钮，进入草图绘制状态。使用【草图】工具栏中的![圆弧]【圆弧】、![智能尺寸]【智能尺寸】工具，绘制如图 7-69 所示的草图并标注尺寸。单击![退出草图]【退出草图】按钮，退出草图绘制状态。

（2）　单击【特征】工具栏中的![拉伸凸台/基体]【拉伸凸台/基体】按钮，弹出【凸台-拉伸】属性管理器。在【方向 1】选项组中，设置![终止条件]【终止条件】为【给定深度】，设置![深度]【深度】为 20.00mm，单击![确定]【确定】按钮，建立拉伸特征，如图 7-70 所示。

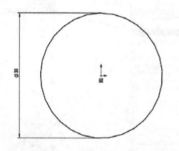

图 7-69　绘制草图并标注尺寸

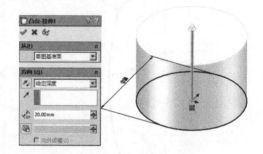

图 7-70　建立拉伸特征

（3）　单击特征管理器设计树中的【上视基准面】图标，使其成为草图绘制平面。单击【标准视图】工具栏中的![正视于]【正视于】按钮，并单击【草图】工具栏中的![草图绘制]【草图绘制】按钮，进入草图绘制状态。使用【草图】工具栏中的![圆弧]【圆弧】、![智能尺寸]【智能尺寸】工具，绘制如图 7-71 所示的草图并标注尺寸。单击![退出草图]【退出草图】按钮，退出草图绘制状态。

（4）　单击【参考几何体】工具栏中的![基准面]【基准面】按钮，弹出【基准面】属性管理器。在【第一参考】选项组中，在图形区域中选择上视基准面，单击![距离]【距离】按钮，在微调框中输入 250.00mm，选中【反转等距】复选框，使得新建立的基准面位于上视基准面的下方，如图 7-72 所示。在图形区域中显示出新建基准面的预览，单击![确定]【确定】按钮，建立基准面。

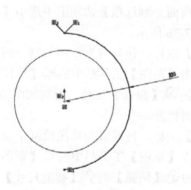

图 7-71　绘制草图并标注尺寸

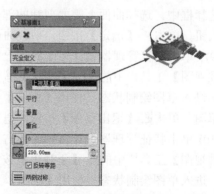

图 7-72　建立基准面

（5）单击特征管理器设计树中的【基准面 1】图标，使其成为草图绘制平面。单击【标准视图】工具栏中的【正视于】按钮，并单击【草图】工具栏中的【草图绘制】按钮，进入草图绘制状态。使用【草图】工具栏中的【直线】、【圆弧】、【智能尺寸】工具，绘制如图 7-73 所示的草图并标注尺寸。单击【退出草图】按钮，退出草图绘制状态。

（6）单击【曲面】工具栏中的【放样曲面】按钮，弹出【曲面-放样】属性管理器，在【轮廓】选择框中选择【草图 2】和【草图 3】，单击【确定】按钮，建立放样曲面特征，如图 7-74 所示。

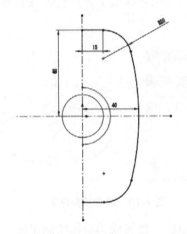

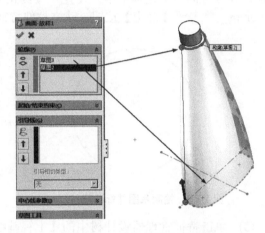

图 7-73　绘制草图并标注尺寸　　　　图 7-74　建立放样曲面特征

（7）单击特征管理器设计树中的【右视基准面】图标，使其成为草图绘制平面。单击【标准视图】工具栏中的【正视于】按钮，并单击【草图】工具栏中的【草图绘制】按钮，进入草图绘制状态。使用【草图】工具栏中的【直线】、【圆弧】、【智能尺寸】工具，绘制如图 7-75 所示的草图并标注尺寸。单击【退出草图】按钮，退出草图绘制状态。

（8）单击【曲面】工具栏中的【剪裁曲面】按钮，弹出【剪裁-曲面】属性管理器。在【剪裁类型】选项组中，选中【标准】单选按钮；在【选择】选项组中，在【剪裁工具】选择框中选择草图 4 的曲线，选中【移除选择】单选按钮，在【要移除的部分】选择框中，选择曲面上需要剪裁的部分，在【曲面分割选项】选项组中选中【自然】单选按钮。单击【确定】按钮，剪裁曲面，如图 7-76 所示。

（9）单击特征管理器设计树中的【上视基准面】图标，使其成为草图绘制平面。单击【标准视图】工具栏中的【正视于】按钮，并单击【草图】工具栏中的【草图绘制】按钮，进入草图绘制状态。使用【草图】工具栏中的【圆弧】工具，绘制如图 7-77 所示的草图。单击【退出草图】按钮，退出草图绘制状态。

（10）单击特征管理器设计树中的【右视基准面】图标，使其成为草图绘制平面。单击【标准视图】工具栏中的【正视于】按钮，并单击【草图】工具栏中的【草图绘制】按钮，进入草图绘制状态。使用【草图】工具栏中的【圆弧】、【智能尺寸】工具，绘制如图 7-78 所示的草图并标注尺寸。单击【退出草图】按钮，退出草图绘制状态。

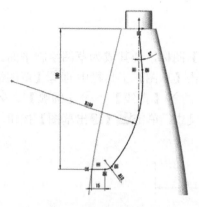

图 7-75 绘制草图并标注尺寸

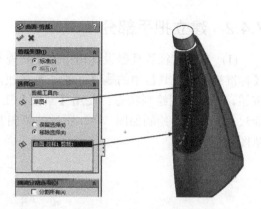

图 7-76 剪裁曲面

图 7-77 绘制草图

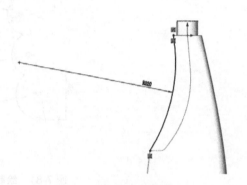

图 7-78 绘制草图并标注尺寸

(11) 单击【曲面】工具栏中的 ◈【填充曲面】按钮,弹出【曲面填充】属性管理器。在【修补边界】选项组中选择放样曲面剪裁的边缘和另外两个草图的曲线,单击 ✔【确定】按钮,建立填充的曲面特征,如图 7-79 所示。

(12) 单击【特征】工具栏中的 ❑【镜像】按钮,弹出【镜像】属性管理器。在【镜像面/基准面】选项组中,单击 ❑【镜像面/基准面】选择框,在绘图区中选择右视基准面特征;在【要镜像的实体】选项组中,单击 ❑【要镜像的特征】选择框,在绘图区中选择模型中的两个曲面特征,单击 ✔【确定】按钮,建立镜像特征,如图 7-80 所示。

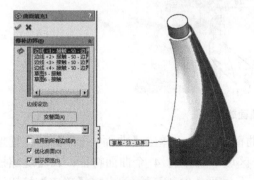

图 7-79 填充曲面

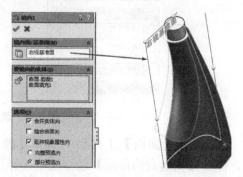

图 7-80 建立镜像特征

7.4.2 建立把手部分

(1) 单击特征管理器设计树中的【右视基准面】图标，使其成为草图绘制平面。单击【标准视图】工具栏中的 ⚓【正视于】按钮，并单击【草图】工具栏中的 ☑【草图绘制】按钮，进入草图绘制状态。使用【草图】工具栏中的 ＼【直线】、 ☉【圆弧】、 ◇【智能尺寸】工具，绘制如图 7-81 所示的草图并标注尺寸。单击 ☑【退出草图】按钮，退出草图绘制状态。

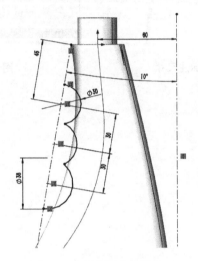

图 7-81　绘制草图并标注尺寸

(2) 选择草图，单击【曲面】工具栏中的 🔲【旋转曲面】按钮，弹出【曲面-旋转】属性管理器。在 ＼【旋转轴】选择框中选择草图中的竖直直线 1，在 🔄【旋转类型】下拉列表框中选择【给定深度】选项，设置 🔼【角度】为 360.00 度，单击 ✔【确定】按钮，建立曲面旋转特征，如图 7-82 所示。

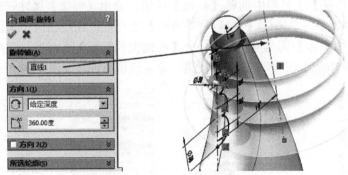

图 7-82　建立曲面旋转特征

(3) 单击【曲面】工具栏中的 🔲【缝合曲面】按钮，弹出【曲面-缝合】属性管理器。在 ◇【要缝合的曲面】选择框中选择图形区域中瓶体的 4 个曲面特征；在【缝隙控制】选项组中，设置【缝合公差】为 0.0025mm，如图 7-83 所示，单击 ✔【确定】按钮，建立缝合曲面特征。

图 7-83　缝合曲面

(4)　单击【曲面】工具栏中的  【剪裁曲面】按钮，弹出【曲面-剪裁】属性管理器。在【剪裁类型】选项组中，选中【相互】单选按钮。在【选择】选项组中，在 【剪裁曲面】选择框中选择模型实体的旋转曲面和缝合曲面，选中【移除选择】单选按钮。在 【要移除的部分】选择框中，选择曲面上需要剪裁的 4 个部分，在【曲面分割选项】选项组中选中【自然】单选按钮。单击 【确定】按钮，剪裁曲面，如图 7-84 所示。

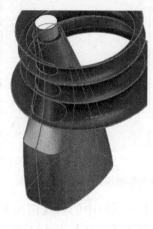

图 7-84　曲面剪裁

7.4.3　建立其他部分

(1)　单击【曲面】工具栏中的 【平面区域】按钮，弹出【曲面-基准面】属性管理器。单击 【边界实体】选择框，在图形区域中选择实体模型底边的两条边线，如图 7-85 所示，单击 【确定】按钮，建立平面区域特征。

(2)　单击【曲面】工具栏中的 【平面区域】按钮，弹出【曲面-基准面】属性管理器。单击 【边界实体】选择框，在图形区域中选择模型顶部曲面的 4 条轮廓线，如图 7-86 所示，单击 【确定】按钮，建立平面区域特征。

(3)　单击【曲面】工具栏中的 【缝合曲面】按钮，弹出【曲面-缝合】属性管理器。在 【要缝合的曲面】选择框中选择瓶体的 3 个曲面特征；在【缝隙控制】选项组中，设置【缝合公差】为 0.02003mm，如图 7-87 所示，单击 ✔【确定】按钮，建立缝合曲面特征。

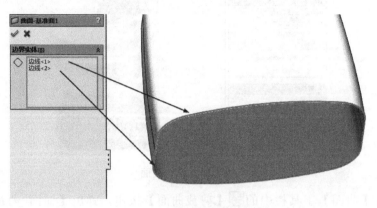

图 7-85　建立平面区域特征

图 7-86　建立平面区域特征　　　　　　　　　　　　图 7-87　缝合曲面

（4）单击【特征】工具栏中的 🛇【圆角】按钮，弹出【圆角】属性管理器。在【圆角参数】选项组中，设置 ⟋【半径】为 10.00mm，单击 🗇【边线、面、特征和环】选择框，在图形区域中选择模型瓶身的两条边线，单击 ✔【确定】按钮，建立圆角特征，如图 7-88 所示。

（5）单击【特征】工具栏中的 🛇【圆角】按钮，弹出【圆角】属性管理器。在【圆角参数】选项组中，设置 ⟋【半径】为 5.00mm，单击 🗇【边线、面、特征和环】选择框，在图形区域中选择模型的 3 个内凹曲面，单击 ✔【确定】按钮，建立圆角特征，如图 7-89 所示。

（6）单击【特征】工具栏中的 🛇【圆角】按钮，弹出【圆角】属性管理器。在【圆角参数】选项组中，设置 ⟋【半径】为 10.00mm，单击 🗇【边线、面、特征和环】选择框，在图形区域中选择模型瓶体的底面，单击 ✔【确定】按钮，建立圆角特征，如图 7-90 所示。

（7）单击模型瓶身的底面，使其处于被选择状态。选择【插入】|【特征】|【圆

顶】菜单命令，弹出【圆顶】属性管理器。在【参数】选项组中的 📷【到圆顶的面】选择框中显示出模型下表面的名称，设置【距离】为 15.00mm，单击 ✔【确定】按钮，建立圆顶特征，如图 7-91 所示。

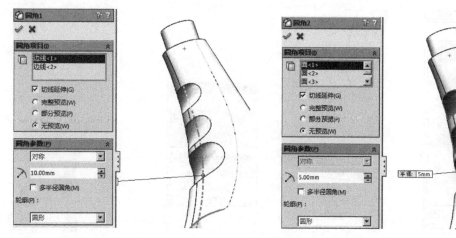

图 7-88　建立圆角特征　　　　　　　　　　　　图 7-89　建立圆角特征

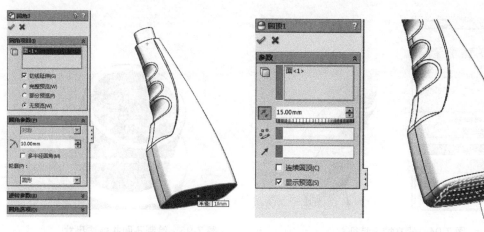

图 7-90　建立圆角特征　　　　　　　　　　　　图 7-91　建立圆顶特征

(8) 单击【特征】工具栏中的 🔘【圆角】按钮，弹出【圆角】属性管理器。在【圆角参数】选项组中，设置 ↗【半径】为 10.00mm，单击 📷【边线、面、特征和环】选择框，在图形区域中选择模型圆顶特征的边线，单击 ✔【确定】按钮，建立圆角特征，如图 7-92 所示。

(9) 选择【插入】|【特征】|【组合】菜单命令，弹出【组合】属性管理器。在【操作类型】选项组中，选中【添加】单选按钮，在 📷【要组合的实体】选择框中选择实体模型的全部特征，如图 7-93 所示，单击 ✔【确定】按钮，建立组合特征。

(10) 选择【插入】|【特征】|【抽壳】菜单命令，弹出【抽壳】属性管理器。在【参数】选项组中，设置 🔘【厚度】为 2.00mm，在 📷【移除的面】选择框中，选择绘图区中模型顶部的小凸台表面，单击 ✔【确定】按钮，建立抽壳特征，如图 7-94 所示。

(11) 单击模型的上表面，使其成为草图绘制平面。单击【标准视图】工具栏中的 ⬇

【正视于】按钮，并单击【草图】工具栏中的【草图绘制】按钮，进入草图绘制状态。使用【草图】工具栏中的【圆弧】工具，绘制如图 7-95 所示的草图并标注尺寸。单击【退出草图】按钮，退出草图绘制状态。

图 7-92　建立圆角特征

图 7-93　组合特征

图 7-94　建立抽壳特征

图 7-95　绘制草图并标注尺寸

(12) 选择【插入】|【曲线】|【螺旋线\涡状线】菜单命令，弹出【螺旋线/涡状线】属性管理器。在【定义方式】选项组中，选择【高度和圈数】选项；在【参数】选项组中，选中【恒定螺距】单选按钮，并设置【高度】为 22.00mm，选中【反向】复选框。设置【圈数】为 2，设置【起始角度】为 270.00 度；选中【顺时针】复选框，如图 7-96 所示。

(13) 单击【参考几何体】工具栏中的【基准面】按钮，弹出【基准面】属性管理器。在【第一参考】选项组中，在图形区域中选择螺旋线的端点，单击【重合】按钮；在【第二参考】选项组中，在图形区域中选择螺旋线，单击【垂直】按钮，如图 7-97 所示，在图形区域中显示出新建基准面的预览，单击【确定】按钮，建立基准面。

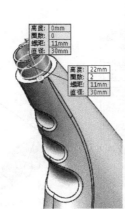

图 7-96　建立螺旋线

图 7-97　建立基准面

　　(14) 单击特征管理器设计树中的【基准面 2】图标，使其成为草图绘制平面。单击【标准视图】工具栏中的 ⬆【正视于】按钮，并单击【草图】工具栏中的 ✐【草图绘制】按钮，进入草图绘制状态。使用【草图】工具栏中的 ☺【圆弧】、◈【智能尺寸】工具，绘制如图 7-98 所示的草图并标注尺寸。单击 ✐【退出草图】按钮，退出草图绘制状态。

　　(15) 选择【插入】|【凸台/基体】|【扫描】菜单命令，弹出【扫描】属性管理器。在【轮廓和路径】选项组中，单击 C⁰【轮廓】按钮，在图形区域中选择草图 9 中的圆曲线，单击 C⁰【路径】按钮，在图形区域中选择草图中的螺旋线，单击 ✔【确定】按钮，如图 7-99 所示。

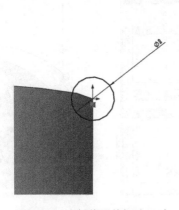

图 7-98　绘制草图并标注尺寸

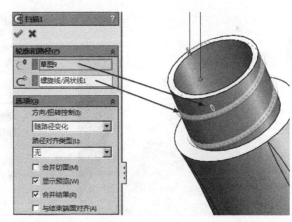

图 7-99　扫描特征

　　(16) 单击特征管理器设计树中的【右视基准面】图标，使其成为草图绘制平面。单击【标准视图】工具栏中的 ⬆【正视于】按钮，并单击【草图】工具栏中的 ✐【草图绘制】按钮，进入草图绘制状态。使用【草图】工具栏中的 ＼【直线】工具，绘制如图 7-100 所示的草图。单击 ✐【退出草图】按钮，退出草图绘制状态。

　　(17) 单击【特征】工具栏中的 ⊡【切除-拉伸】按钮，弹出【切除-拉伸】属性管理器。在【方向 1】选项组中，设置【终止条件】为【完全贯穿】；在【方向 2】选项组中，设置【终止条件】为【完全贯穿】，单击✓【确定】按钮，建立拉伸切除特征，如图 7-101 所示。

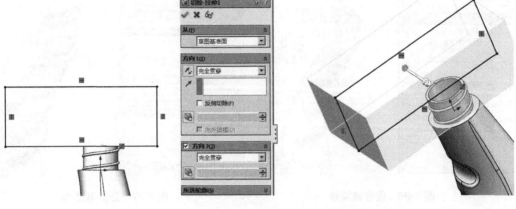

图 7-100　绘制草图　　　　　　　　　图 7-101　建立拉伸切除特征

(18) 单击实体模型的上表面，使其成为草图绘制平面。单击【标准视图】工具栏中的⬆【正视于】按钮，并单击【草图】工具栏中的❷【草图绘制】按钮，进入草图绘制状态。使用【草图】工具栏中的＊【点】、◈【智能尺寸】工具，绘制如图 7-102 所示的草图并标注尺寸。单击❷【退出草图】按钮，退出草图绘制状态。

(19) 选择【插入】|【凸台/基体】|【放样】菜单命令，弹出【放样】属性管理器。在❖【轮廓】选项组中，在图形区域中选择刚刚绘制的草图 11 的点和扫描特征切除后的残余端面，单击✓【确定】按钮，如图 7-103 所示，建立放样特征。

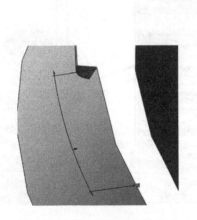

图 7-102　绘制草图并标注尺寸　　　　　图 7-103　建立放样特征

(20) 单击【特征】工具栏中的❷【圆角】按钮，弹出【圆角】属性管理器。在【圆角参数】选项组中，设置╱【半径】为 1.00mm，单击◻【边线、面、特征和环】选择框，在图形区域中选择模型上部曲面边缘轮廓的 4 条边线，单击✓【确定】按钮，建立圆角特征，如图 7-104 所示。

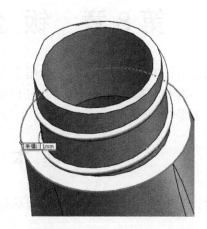

图 7-104　建立圆角特征

第 8 章 钣 金 设 计

钣金零件通常用作零部件的外壳，或者用于支撑其他零部件。SolidWorks 可以独立设计钣金零件，而不需要对其所包含的零件作任何参考，也可以在包含此内部零部件的关联装配体中设计钣金零件。

8.1 基 本 术 语

在钣金零件设计中经常涉及一些术语，包括折弯系数、折弯系数表、K 因子和折弯扣除等。

8.1.1 折弯系数

折弯系数是沿材料中性轴所测量的圆弧长度。在建立折弯时，可以输入数值给任何一个钣金折弯以指定明确的折弯系数。以下方程式用来决定使用折弯系数数值时的总平展长度：

$$L_t = A + B + BA$$

式中：L_t 表示总平展长度；A 和 B 的含义如图 8-1 所示；BA 表示折弯系数值。

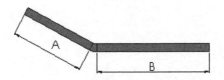

图 8-1 折弯系数中 A 和 B 的含义

8.1.2 折弯系数表

折弯系数表指定钣金零件的折弯系数或者折弯扣除数值。折弯系数表还包括折弯半径、折弯角度以及零件厚度的数值。有两种折弯系数表可供使用，一是带有*.BTL 扩展名的文本文件；二是嵌入的 Excel 电子表格。

8.1.3 K 因子

K 因子代表中立板相对于钣金零件厚度位置的比率。包含 K 因子的折弯系数使用以下计算公式：

$$BA = \prod (R + KT)A/180$$

式中：BA 表示折弯系数值；R 表示内侧折弯半径；K 表示 K 因子；T 表示材料厚度；A 表示折弯角度(经过折弯材料的角度)。

8.1.4 折弯扣除

折弯扣除，通常是指回退量，也是一种简单算法来描述钣金折弯的过程。在建立折弯时，可以通过输入数值以给任何钣金折弯指定明确的折弯扣除。

以下方程用来决定使用折弯扣除数值时的总平展长度：

$$L_t = A + B - BD$$

式中：L_t 表示总平展长度；A 和 B 的含义如图 8-2 所示；BD 表示折弯扣除值。

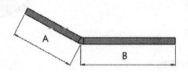

图 8-2　折弯扣除中 A 和 B 的含义

8.2　零件设计特征

有两种基本方法可以建立钣金零件，一是利用钣金命令直接建立，二是将现有零件进行转换。

8.2.1　直接建立钣金零件

下面使用特定的钣金命令建立钣金零件。

1. 基体法兰

基体法兰是钣金零件的第 1 个特征。当基体法兰被添加到 SolidWorks 零件后，系统会将该零件标记为钣金零件，在适当位置建立折弯，并且在特征管理器设计树中显示特定的钣金特征。

建立基体法兰的步骤如下。

(1) 绘制一个草图，如图 8-3 所示。

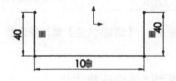

图 8-3　绘制草图

(2) 选择【插入】|【钣金】|【基体法兰】菜单命令。

(3) 弹出【基体法兰】属性管理器，在【终止条件】中选择【给定深度】选项，将 【深度】设置为 50mm。在【钣金参数】选项组中，将 【厚度】设置为 2mm，将 【折弯半径】设置为 1mm，如图 8-4 所示。

(4) 单击 按钮，建立基体法兰，如图 8-5 所示。

图 8-4　【基体法兰】属性管理器　　　　　　　图 8-5　建立基体法兰

2. 边线法兰

在一条或者多条边线上可以添加边线法兰。单击【钣金】工具栏中的 【边线法兰】按钮或者选择【插入】|【钣金】|【边线法兰】菜单命令，弹出【边线-法兰】属性管理器，如图 8-6 所示。

图 8-6　【边线-法兰】属性管理器

1)　【法兰参数】选项组

● 　【选择边线】：在图形区域中选择边线。

● 　【编辑法兰轮廓】：编辑轮廓草图。

● 　【使用默认半径】：可以使用系统默认的半径。

● 　【折弯半径】：在取消选中【使用默认半径】复选框时可用。

● 　【缝隙距离】：设置缝隙数值。

2)　【角度】选项组

● 　【法兰角度】：设置角度数值。

● 　【选择面】：为法兰角度选择参考面。

3) 【法兰长度】选项组

● 【长度终止条件】：选择终止条件。

● 【反向】：改变法兰边线的方向。

● 【长度】：设置长度数值，然后为测量选择一个原点，包括【外部虚拟交点】、【内部虚拟交点】和【双弯曲】。

4) 【法兰位置】选项组

● 【法兰位置】：可以单击以下按钮之一，包括【材料在内】、【材料在外】、【折弯在外】、【虚拟交点的折弯】。

● 【剪裁侧边折弯】：移除邻近折弯的多余部分。

● 【等距】：选中此复选框，可以建立等距法兰。

5) 【自定义折弯系数】选项组

在该选项组中可以选择折弯系数类型并为折弯系数设置数值。

6) 【自定义释放槽类型】选项组

在该选项组中可以选择释放槽类型以添加释放槽切除。

建立边线法兰的步骤如下。

(1) 在打开的钣金零件中，选择【插入】|【钣金】|【边线法兰】菜单命令。

(2) 弹出【边线-法兰】属性管理器，在【法兰参数】选项组中，单击【边线】选择框，选择一条边线，设定【法兰长度】为 50mm，其余设置如图 8-7 所示。

(3) 单击 ✔ 按钮，建立边线法兰，如图 8-8 所示。

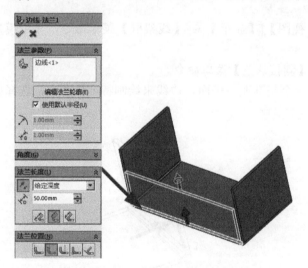

图 8-7　设置边线法兰参数

图 8-8　建立边线法兰

3. 斜接法兰

单击【钣金】工具栏中的【斜接法兰】按钮或者选择【插入】|【钣金】|【斜接法兰】菜单命令，弹出【斜接法兰】属性管理器，如图 8-9 所示。

图 8-9　【斜接法兰】属性管理器

1)　　【斜接参数】选项组

【沿边线】：选择要斜接的边线。

其他参数不再赘述。

2)　　【启始/结束处等距】选项组

如果需要使斜接法兰跨越模型的整个边线，将【开始等距距离】和【结束等距距离】设置为 0。

建立斜接法兰的步骤如下。

(1)　打开一个钣金零件，选择【视图】|【显示】|□【线架框】菜单命令，显示模型的所有边线，如图 8-10 所示。

(2)　选择【插入】|【钣金】|【斜接法兰】菜单命令。

(3)　弹出一个信息框，提示选择一个基准面、平面、边线来绘制特征横断面，选择如图 8-11 所示的一条边线。

图 8-10　显示边线

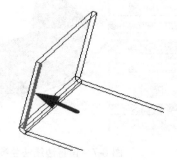

图 8-11　选择边线

(4)　选择【视图】|【显示】|【下视】菜单命令，显示钣金零件的底部，然后在该底部绘制一个草图，如图 8-12 所示。

(5)　再次单击 █【斜接法兰】按钮，弹出【斜接法兰】属性管理器，设置如图 8-13 所示。

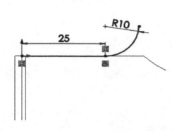

图 8-12　绘制草图　　　　　　　　　　图 8-13　设置斜接法兰参数

(6)　单击 ✔ 按钮，建立斜接法兰，如图 8-14 所示。

4．褶边

褶边可以被添加到钣金零件的所选边线上。

单击【钣金】工具栏中的 【褶边】按钮或者选择【插入】|【钣金】|【褶边】菜单命令，弹出【褶边】属性管理器，如图 8-15 所示。

图 8-14　建立斜接法兰　　　　　　　　图 8-15　【褶边】属性管理器

1)　【边线】选项组

【边线】：在图形区域中选择需要添加褶边的边线。

2)　【类型和大小】选项组

选择褶边类型，包括【闭环】、【开环】、【撕裂形】和【滚轧】，选择不同类型的效果如图 8-16 所示。

图 8-16　不同褶边类型的效果

添加褶边的步骤如下。

(1)　选择【插入】|【钣金】|【褶边】菜单命令。

(2)　弹出【褶边】属性管理器，在【边线】选项组中选择钣金零件的一条边线，在【类型和大小】选项组中，将 🔁【长度】设为 20mm，其余设置如图 8-17 所示。

(3)　单击 ✔ 按钮，建立闭环褶边，如图 8-18 所示。

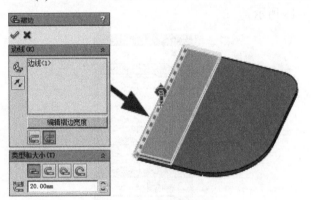

图 8-17　设置褶边参数

图 8-18　建立闭环褶边

(4)　若在【类型和大小】选项组中选择 🔁【开环】选项，则建立开环褶边，如图 8-19 所示。

(5)　若在【类型和大小】选项组中选择 🔁【撕裂形】选项，将【角度】设为 200 度、【半径】设为 2mm，则建立撕裂形褶边，如图 8-20 所示。

图 8-19　建立开环褶边

图 8-20　建立撕裂形褶边

(6) 若在【类型和大小】选项组中选择 【滚轧】选项,将【角度】设为 200 度、【半径】设为 10mm,则建立滚轧褶边,如图 8-21 所示。

图 8-21 建立滚轧褶边

5. 绘制的折弯

绘制的折弯在钣金零件处于折叠状态时将折弯线添加到零件,使折弯线的尺寸标注到其他折叠的几何体上。

单击【钣金】工具栏中的 【绘制的折弯】按钮或者选择【插入】|【钣金】|【绘制的折弯】菜单命令,弹出【绘制的折弯】属性管理器,如图 8-22 所示。

(1) 【固定面】:在图形区域中选择一个不因为特征而移动的面。

(2) 【折弯位置】:包括 【折弯中心线】、 【材料在内】、 【材料在外】和 【折弯在外】。

建立绘制的折弯的步骤如下。

(1) 在钣金零件上绘制一条直线,如图 8-23 所示。

图 8-22 【绘制的折弯】属性管理器

图 8-23 绘制直线

(2) 选择【插入】|【钣金】|【绘制的折弯】菜单命令。

(3) 弹出【绘制的折弯】属性管理器,选择绘制直线的面作为固定面,在【折弯位置】中单击 【折弯中心线】按钮,将【折弯角度】设为 90 度,如图 8-24 所示。

(4) 单击 【确定】按钮,建立绘制的折弯,如图 8-25 所示。

图 8-24　设置折弯参数　　　　　　　图 8-25　建立绘制的折弯

6. 闭合角

可以在钣金法兰之间添加闭合角。

单击【钣金】工具栏中的 【闭合角】按钮或者选择【插入】|【钣金】|【闭合角】菜单命令，弹出【闭合角】属性管理器，如图 8-26 所示。

- 　【要延伸的面】：选择一个或者多个平面。
- 　【边角类型】：可以选择边角类型，包括 【对接】、 【重叠】、 【欠重叠】。
- 　【缝隙距离】：设置缝隙数值。
- 　【重叠/欠重叠比率】：设置比率数值。

建立闭合角的步骤如下。

(1)　制作一个如图 8-27 所示的钣金零件。

图 8-26　【闭合角】属性管理器　　　　　图 8-27　建立钣金零件

(2)　在钣金零件中，选择【插入】|【钣金】|【闭合角】菜单命令。

(3)　弹出【闭合角】属性管理器，面的选择如图 8-28 所示，在【边角类型】中选择

■【对接】选项，将【缝隙距离】设为 0.1mm，选中【开放折弯区域】复选框。

(4)　单击 ✔【确定】按钮，建立闭合角，如图 8-29 所示。

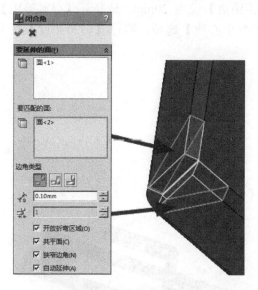

图 8-28　设置闭合角参数　　　　　　　　图 8-29　建立闭合角

7. 转折

转折通过从草图线建立两个折弯而将材料添加到钣金零件上。

单击【钣金】工具栏中的 ✐【转折】按钮或者选择【插入】|【钣金】|【转折】菜单命令，弹出【转折】属性管理器，如图 8-30 所示。

其属性设置不再赘述。

建立转折的步骤如下。

(1)　在钣金零件上绘制一条直线，如图 8-31 所示。

图 8-30　【转折】属性管理器　　　　　　　　图 8-31　绘制直线

(2) 选择【插入】|【钣金】|【转折】菜单命令。

(3) 弹出【转折】属性管理器，在【选择】选项组中，选择钣金的上表面作为固定平面，选中【使用默认半径】复选框，将 【等距距离】设为 20mm，选择 【外部等距】选项，在【转折位置】选项组中，选中 【折弯中心线】选项，将 【转折角度】设为 90 度，如图 8-32 所示。

(4) 单击 ✔【确定】按钮，建立转折，如图 8-33 所示。

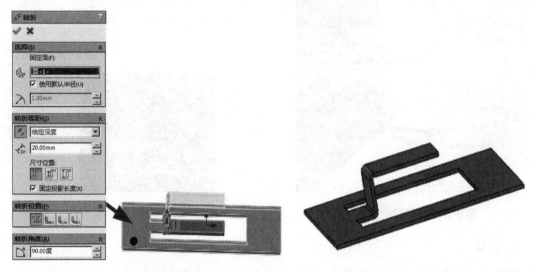

图 8-32　设置转折参数　　　　　　　　　图 8-33　建立转折

8. 断开边角

单击【钣金】工具栏中的 【断开边角/边角剪裁】按钮或者选择【插入】|【钣金】|【断开边角】菜单命令，弹出【断开边角】属性管理器，如图 8-34 所示。

- 【边角边线和/或法兰面】：选择要断开的边角、边线或者法兰面。
- 【折断类型】：可以选择折断类型，包括 【倒角】、【圆角】，选择不同类型的效果如图 8-35 所示。

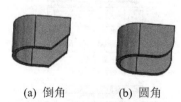

　　　　　　　　　　　　　　　　　　　　　　(a) 倒角　　　(b) 圆角

图 8-34　【断开边角】属性管理器　　　图 8-35　不同折断类型的效果

- 【距离】：在单击 【倒角】按钮时可用。
- 【半径】：在单击 【圆角】按钮时可用。

建立断开边角的步骤如下。

(1) 选择【插入】|【钣金】|【断开边角】菜单命令。

(2) 弹出【断开边角】属性管理器，选择需要添加断开边角的法兰面，选取【圆角】选项，设定 【半径】为 10mm，如图 8-36 所示。

(3) 单击 【确定】按钮，建立断开边角，如图 8-37 所示。

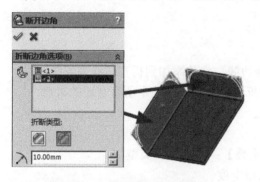

图 8-36　设置断开边角参数

图 8-37　建立断开边角

8.2.2　将现有零件转换为钣金零件

单击【钣金】工具栏中的 【转换到钣金】按钮或者选择【插入】|【钣金】|【转换到钣金】菜单命令，弹出【转换到钣金】属性管理器，如图 8-38 所示。

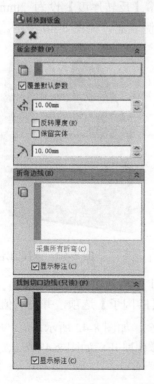

图 8-38　【转换到钣金】属性管理器

1) 【钣金参数】选项组

- 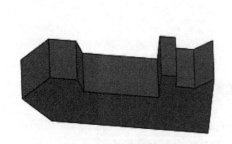【选择固定实体】：选择模型上的固定面，当零件展开时该固定面的位置保持不变。
- 【钣金厚度】：所应用的钣金厚度数值。
- 【反转厚度】：更改应用钣金厚度的方向。
- 【保留实体】：保留原始实体。
- 【折弯的默认半径】：折弯处的半径。

2) 【折弯边线】选项组

- 【选取代表折弯的边线/面】：选择边线，将其添加到折弯边线列表中。
- 【采集所有折弯】：当有预先存在的折弯时，查找零件中所有合适的折弯。
- 【显示标注】：为折弯边线显示标注。

3) 【边角默认值】选项组

- 【明对接】、【重叠】、【欠重叠】：定义切口类型。
- 【所有切口的默认缝隙】：定义切口宽度。
- 【所有切口的默认重叠比率】：为重叠和欠重叠切口调整材料长度。

其他选项不再赘述。

建立转换到钣金的步骤如下。

(1) 建立一个实体零件，如图 8-39 所示。

(2) 选择【插入】|【钣金】|【转换到钣金】菜单命令。

(3) 弹出【转换到钣金】属性管理器，将【反转厚度】设为 2mm，将【折弯半径】设为 1mm，在【选择固定实体】中选择右侧表面，如图 8-40 所示。

图 8-39 建立实体零件

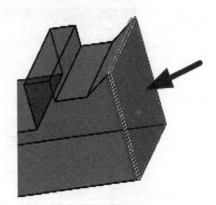

图 8-40 选择固定实体

(4) 在【折弯边线】选项组中选择如图 8-41 所示的边线。

(5) 在【自定义折弯系数】选项组中选择【K-因子】选项，并将其值设为 0.5。

(6) 单击 ✔【确定】按钮，建立转换到钣金，如图 8-42 所示。

(7) 单击【展开】按钮，将建立的钣金零件展开，如图 8-43 所示。

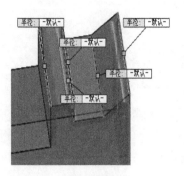

图 8-41 选择折弯边线

图 8-42 建立钣金

图 8-43 钣金展开

8.3 特征编辑

8.3.1 折叠

单击【钣金】工具栏中的 📎【折叠】按钮或者选择【插入】|【钣金】|【折叠】菜单命令，弹出【折叠】属性管理器，如图 8-44 所示。

图 8-44 【折叠】属性管理器

- 📎【固定面】：在图形区域中选择一个不因为特征而移动的面。
- 📎【要折叠的折弯】：选择一个或者多个折弯。

其他属性设置不再赘述。

建立折叠的步骤如下。

(1) 选择【插入】|【钣金】|【折叠】菜单命令。

(2) 弹出【折叠】属性管理器，在 📎【固定面】选择框中自动选择了一个固定的面，在 📎【要折叠的折弯】选择框中，添加所有需要折叠的折弯，如图 8-45 所示。

(3) 单击 ✔【确定】按钮，折叠所有折弯，如图 8-46 所示。

图 8-45 添加所有需要折叠的折弯

图 8-46 折叠所有折弯

8.3.2 展开

在钣金零件中，单击【钣金】工具栏中的 📎【展开】按钮或者选择【插入】|【钣金】|

【展开】菜单命令，弹出【展开】属性管理器，如图 8-47 所示。

图 8-47   【展开】属性管理器

- 　【固定面】：在图形区域中选择一个不因为特征而移动的面。
- 　【要展开的折弯】：选择一个或者多个折弯。

其他属性设置不再赘述。

添加展开的步骤如下。

(1)　选择【插入】|【钣金】|【展开】菜单命令。

(2)　弹出【展开】属性管理器，在 　【固定面】选择框中选择一个固定的面，在 　【要展开的折弯】选择框中，添加所有需要展开的折弯，如图 8-48 所示。

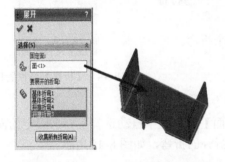

图 8-48　添加所有需要展开的折弯

图 8-49　展开折弯

(3)　单击 　【确定】按钮，展开所有折弯，如图 8-49 所示。

8.3.3　放样折弯

在钣金零件中，放样折弯使用由放样连接的两个开环轮廓草图，基体法兰特征不与放样折弯特征一起使用。

单击【钣金】工具栏中的 　【放样折弯】按钮或者选择【插入】|【钣金】|【放样折弯】菜单命令，弹出【放样折弯】属性管理器，如图 8-50 所示。

【折弯线数量】：为控制平板形式折弯线的粗糙度设置数值。

图 8-50　【放样折弯】属性管理器

其他属性设置不再赘述。

建立放样折弯的步骤如下。

(1)　绘制两个开环的轮廓，如图 8-51 所示。

(2)　在钣金零件中，选择【插入】|【钣金】|【放样折弯】菜单命令。

(3)　弹出【放样折弯】属性管理器，在【轮廓】选项组中选择两个轮廓，单击 ✔ 按钮，建立放样折弯，如图 8-52 所示。

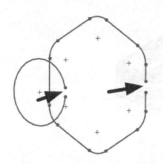

图 8-51　绘制两个开环轮廓　　　　　　图 8-52　建立放样折弯

8.3.4　切口

切口特征通常用于建立钣金零件，但可以将切口特征添加到任何零件上。

单击【钣金】工具栏中的 【切口】按钮或者选择【插入】|【钣金】|【切口】菜单命令，弹出【切口】属性管理器，如图 8-53 所示。

图 8-53　【切口】属性管理器

其属性设置不再赘述。

建立切口的步骤如下。

(1) 在一个钣金零件中，选择【插入】|【钣金】|【切口】菜单命令。

(2) 弹出【切口】属性管理器，选择需要添加切口的边线，如图 8-54 所示。

(3) 单击 ✔ 按钮，建立切口，如图 8-55 所示。

图 8-54　选择需要添加切口的边线

图 8-55　建立切口

8.4　钣金范例 1

下面利用一个简单的范例讲解钣金的基本建立方法，模型如图 8-56 所示。

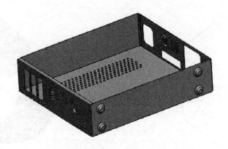

图 8-56　钣金模型

8.4.1　生成基体部分

(1) 单击特征管理器设计树中的【上视基准面】图标，使前视基准面成为草图绘制平面。单击【标准视图】工具栏中的 ⊥【正视于】按钮，并单击【草图】工具栏中的 ◩【草图绘制】按钮，进入草图绘制状态。使用【草图】工具栏中的 ＼【直线】、◇【智能尺寸】工具，绘制如图 8-57 所示的草图并标注尺寸。单击 ◩【退出草图】按钮，退出草图绘制状态。

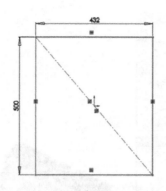

图 8-57　绘制草图并标注尺寸

（2）选择绘制好的草图，单击【钣金】工具栏中的 【基体法兰/薄片】按钮，弹出
【基体法兰】属性管理器。在【钣金参数】选项组中，设置 【厚度】为 1.75mm，选中
【反向】复选框，使得钣金厚度的生成方向是模型坐标系 Y 轴正方向，也就是草图实体上
方，单击 【确定】按钮，生成钣金的基体法兰特征，如图 8-58 所示。

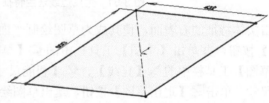

图 8-58　生成基体法兰特征

（3）单击【钣金】工具栏中的 【边线法兰】按钮，弹出【边线法兰】属性管理器。
在【法兰参数】选项组中，选择如图 8-59 所示的边线。单击【编辑法兰轮廓】按钮，绘制
如图 8-60 所示的草图。选中【使用默认半径】复选框，设置 【法兰角度】为 90 度，在
【法兰位置】选项组中，设置法兰位置为 【材料在内】，取消选中【等距】复选框，等
距的终止条件为【给定深度】，设置 【等距距离】为 120mm。利用 【反向】按钮，
使边线法兰产生在模型的内侧，单击 【确定】按钮，生成钣金边线法兰特征，如图 8-61
所示。

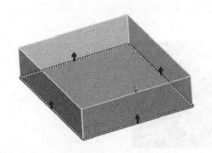

图 8-59　选取边线

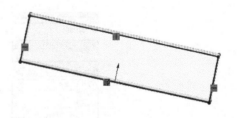

图 8-60　绘制边线法兰草图

图 8-61　生成边线法兰特征

(4)　单击实体特征的右表面，使其成为草图绘制平面。单击【标准视图】工具栏中的 ⬆【正视于】按钮，并单击【草图】工具栏中的 ⬙【草图绘制】按钮，进入草图绘制状态。使用【草图】工具栏中的 ＼【直线】、◇【智能尺寸】工具，绘制如图 8-62 所示的草图并标注尺寸。单击 ⬙【退出草图】按钮，退出草图绘制状态。

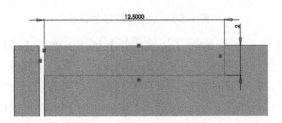

图 8-62　绘制草图并标注尺寸

(5)　单击【特征】工具栏中的 ⬚【切除-拉伸】按钮，弹出【拉伸切除】属性管理器。在【方向 1】选项组中，设置终止条件为【完全贯穿】，单击 ✔【确定】按钮，生成拉伸切除特征，如图 8-63 所示。

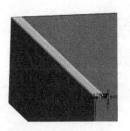

图 8-63　生成拉伸切除特征

（6）单击【钣金】工具栏中的 【边线法兰】按钮，弹出【边线法兰】属性管理器。在【法兰参数】选项组中，选择如图 8-64 所示的边线。选中【使用默认半径】复选框，设置 【法兰角度】为 90 度，在【法兰位置】选项组中，设置法兰位置为 【材料在内】，选中【等距】复选框，等距的终止条件为【给定深度】，设置 【等距距离】为 12.7mm，利用 【反向】按钮，使边线法兰产生在模型的内侧，单击 【确定】按钮，生成钣金边线法兰特征，如图 8-65 所示。

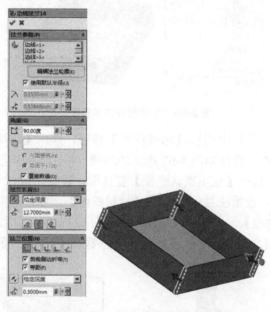

图 8-64　选取边线

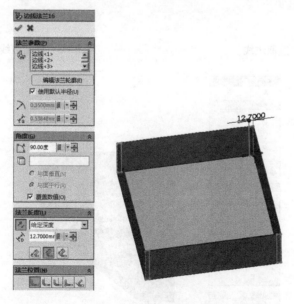

图 8-65　生成边线法兰特征

（7）选择【插入】｜【钣金】｜【断开边角】菜单命令，弹出【边角】属性管理器。

在【折断边角选项】选项组中，单击 【边角边线】选择框，在绘图区域中选择模型中的 8 条边线，设置 【半径】为 6.5mm，单击 【确定】按钮，生成断开边角特征，如图 8-66 所示。

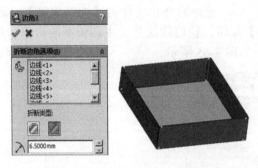

图 8-66　生成断开边角特征

(8)　单击【钣金】工具栏中的 【边线法兰】按钮，弹出【边线法兰】属性管理器。在【法兰参数】选项组中，选择如图 8-67 所示的边线。单击【编辑法兰轮廓】按钮，绘制如图 8-68 所示的草图。选中【使用默认半径】复选框，设置 【法兰角度】为 90 度，在【法兰位置】选项组中，设置法兰位置为 【材料在内】，取消选中【等距】复选框，等距的终止条件为【给定深度】，设置 【等距距离】为 12.7mm，利用 【反向】按钮，使边线法兰产生在模型的内侧，单击 【确定】按钮，生成钣金边线法兰特征，如图 8-69 所示。

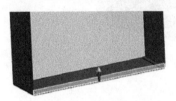

图 8-67　选取边线

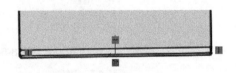

图 8-68　绘制边线法兰草图

图 8-69　生成边线法兰特征

8.4.2 切除多余部分

(1) 单击边线法兰 19 特征的上表面，使其成为草图绘制平面。单击【标准视图】工具栏中的 ⊥【正视于】按钮，并单击【草图】工具栏中的 ❷【草图绘制】按钮，进入草图绘制状态。使用【草图】工具栏中的 ＼【直线】工具，绘制如图 8-70 所示的草图并标注尺寸。单击 ❷【退出草图】按钮，退出草图绘制状态。

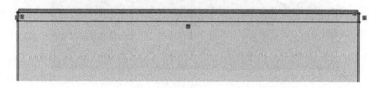

图 8-70 绘制草图并标注尺寸

(2) 单击实体特征边线法兰 16 前侧内表面，使其成为草图绘制平面。单击【标准视图】工具栏中的 ⊥【正视于】按钮，并单击【草图】工具栏中的 ❷【草图绘制】按钮，进入草图绘制状态。使用【草图】工具栏中的 ☇【圆弧】、❤【智能尺寸】工具，绘制如图 8-71 所示的草图并标注尺寸。单击 ❷【退出草图】按钮，退出草图绘制状态。

图 8-71 绘制草图并标注尺寸

(3) 单击【特征】工具栏中的 ⓐ【切除-拉伸】按钮，弹出【拉伸切除】属性管理器。在【方向 1】选项组中，设置终止条件为【给定深度】、⟟【深度】为 76.2mm，单击 ✔【确定】按钮，生成拉伸切除特征，如图 8-72 所示。

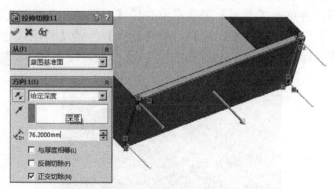

图 8-72 生成拉伸切除特征

(4) 单击实体特征的后表面，使其成为草图绘制平面。单击【标准视图】工具栏中的

【正视于】按钮，并单击【草图】工具栏中的【草图绘制】按钮，进入草图绘制状态。使用【草图】工具栏中的【直线】、【智能尺寸】工具，绘制如图 8-73 所示的草图并标注尺寸。单击【退出草图】按钮，退出草图绘制状态。

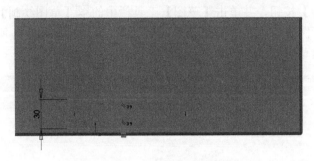

图 8-73　绘制草图并标注尺寸

(5)　单击【特征】工具栏中的【切除-拉伸】按钮，弹出【拉伸切除】属性管理器。在【方向 1】选项组中，设置终止条件为【成形到下一面】，单击【确定】按钮，生成拉伸切除特征，如图 8-74 所示。

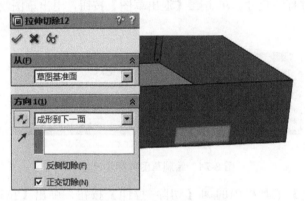

图 8-74　生成拉伸切除特征

(6)　单击实体特征的后表面，使其成为草图绘制平面。单击【标准视图】工具栏中的【正视于】按钮，并单击【草图】工具栏中的【草图绘制】按钮，进入草图绘制状态。使用【草图】工具栏中的【直线】、【圆弧】、【智能尺寸】工具，绘制如图 8-75 所示的草图并标注尺寸。单击【退出草图】按钮，退出草图绘制状态。

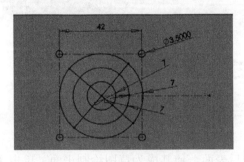

图 8-75　绘制草图并标注尺寸

（7）单击【特征】工具栏中的⬛【切除-拉伸】按钮，弹出【拉伸切除】属性管理器。在【方向 1】选项组中，设置终止条件为【成形到下一面】，在【所选轮廓】选项组中选择草图中的 4 个小圆，单击✔【确定】按钮，生成拉伸切除特征，如图 8-76 所示。

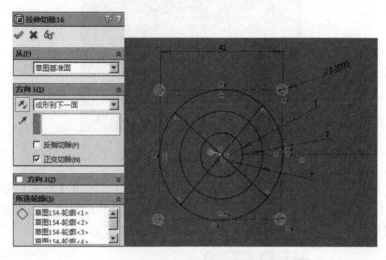

图 8-76　生成拉伸切除特征

（8）单击【钣金】工具栏中的▦【通风口】按钮，弹出【通风口】属性管理器。在【几何体属性】选项组中，选择机箱侧面也就是 2D 草图绘制平面作为放置通风口平面。设置↗【半径】为 1mm。在【筋】选项组中，选择 2D 草图中两条垂直的直线作为通风口的筋，设置🔩【筋的宽度】为 2mm。在【翼梁】选项组中，选择直径为 50 和直径为 30 的圆作为通风口翼梁的 2D 草图段，设置🔩【翼梁的宽度】为 2mm。单击✔【确定】按钮，生成钣金通风口特征，如图 8-77 所示。

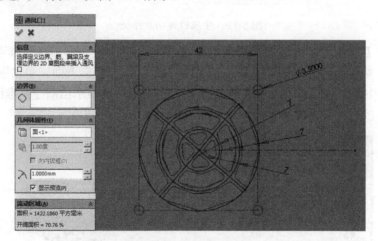

图 8-77　生成通风口特征

（9）单击特征实体的后表面，使其成为草图绘制平面。单击【标准视图】工具栏中的⬆【正视于】按钮，并单击【草图】工具栏中的❷【草图绘制】按钮，进入草图绘制状态。使用【草图】工具栏中的＼【直线】、🌀【圆弧】、◈【智能尺寸】工具，绘制如图 8-78 所示的草图并标注尺寸。单击❷【退出草图】按钮，退出草图绘制状态。

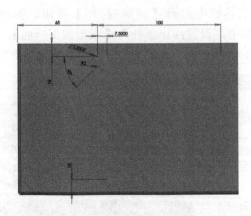

图 8-78　绘制草图并标注尺寸

(10) 单击【特征】工具栏中的 圆 【切除-拉伸】按钮，弹出【拉伸切除】属性管理器。在【方向 1】选项组中，设置终止条件为【给定深度】，选中【与厚度相等】复选框，单击 ✔ 【确定】按钮，生成拉伸切除特征，如图 8-79 所示。

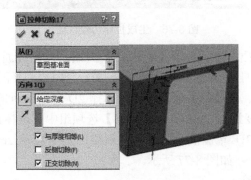

图 8-79　生成拉伸切除特征

(11) 单击【参考几何体】工具栏中的 ◇ 【基准面】按钮，弹出【基准面】属性管理器。在【第一参考】选项组中，在图形区域中选择实体特征后表面，单击 ✎ 【距离】按钮，在微调框中输入 1mm，如图 8-80 所示，在图形区域中显示出新建基准面的预览，单击 ✔ 【确定】按钮，生成基准面。

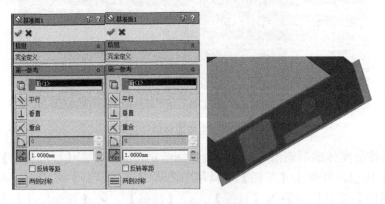

图 8-80　生成基准面

(12) 单击特征实体的右表面，使其成为草图绘制平面。单击【标准视图】工具栏中的
⊥【正视于】按钮，并单击【草图】工具栏中的❤【草图绘制】按钮，进入草图绘制状
态。使用【草图】工具栏中的⚙【圆弧】、◈【智能尺寸】工具，绘制如图 8-81 所示的
草图并标注尺寸。单击❤【退出草图】按钮，退出草图绘制状态。

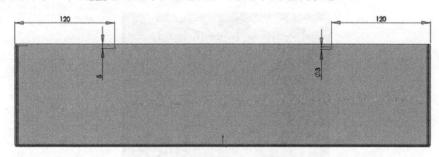

图 8-81 绘制草图并标注尺寸

(13) 单击【特征】工具栏中的▣【切除-拉伸】按钮，弹出【拉伸切除】属性管理
器。在【方向 1】选项组中，设置终止条件为【完全贯穿】，单击✔【确定】按钮，生成
拉伸切除特征，如图 8-82 所示。

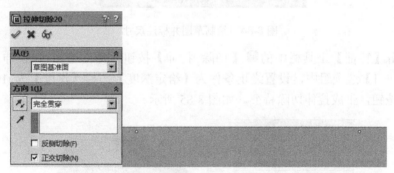

图 8-82 拉伸切除特征

(14) 单击特征实体的右表面，使其成为草图绘制平面。单击【标准视图】工具栏中的
⊥【正视于】按钮，并单击【草图】工具栏中的❤【草图绘制】按钮，进入草图绘制状
态。使用【草图】工具栏中的＼【直线】、◈【智能尺寸】工具，绘制如图 8-83 所示的
草图并标注尺寸。单击❤【退出草图】按钮，退出草图绘制状态。

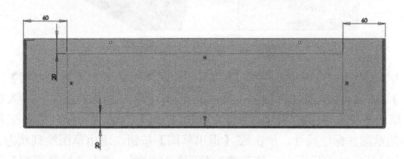

图 8-83 绘制草图并标注尺寸

(15) 单击特征实体的下表面，使其成为草图绘制平面。单击【标准视图】工具栏中的 ⏚【正视于】按钮，并单击【草图】工具栏中的🖉【草图绘制】按钮，进入草图绘制状态。使用【草图】工具栏中的🖋【直线】、🕃【圆弧】、🖉【智能尺寸】工具，绘制如图 8-84 所示的草图并标注尺寸。单击🖉【退出草图】按钮，退出草图绘制状态。

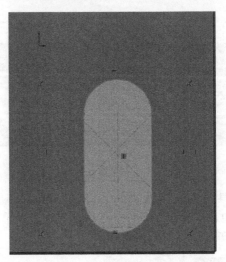

图 8-84　绘制草图并标注尺寸

(16) 单击【特征】工具栏中的🔲【切除-拉伸】按钮，弹出【切除-拉伸】属性管理器。在【方向 1】选项组中，设置终止条件为【给定深度】、🕸【深度】为 10mm，单击✅【确定】按钮，生成拉伸切除特征，如图 8-85 所示。

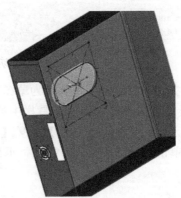

图 8-85　生成拉伸切除特征

(17) 单击特征实体的下表面，使其成为草图绘制平面。单击【标准视图】工具栏中的 ⏚【正视于】按钮，并单击【草图】工具栏中的🖉【草图绘制】按钮，进入草图绘制状态。使用【草图】工具栏中的🖋【直线】、🕃【圆弧】、🖉【智能尺寸】工具，绘制如图 8-86 所示的草图并标注尺寸。单击🖉【退出草图】按钮，退出草图绘制状态。

(18) 单击特征实体的后表面，使其成为草图绘制平面。单击【标准视图】工具栏中的 ⏚【正视于】按钮，并单击【草图】工具栏中的🖉【草图绘制】按钮，进入草图绘制状态。使用【草图】工具栏中的＼【直线】、✏【圆弧】、◇【智能尺寸】工具，绘制如图 8-87 所示的草图并标注尺寸。单击╚【退出草图】按钮，退出草图绘制状态。

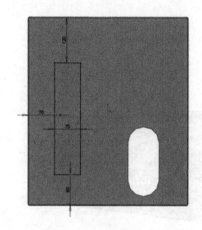

图 8-86　绘制草图并标注尺寸

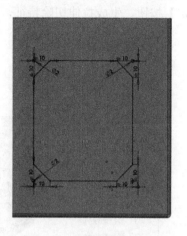

图 8-87　绘制草图并标注尺寸

(19) 单击【特征】工具栏中的▣【切除-拉伸】按钮，弹出【切除-拉伸】属性管理器。在【方向 1】选项组中，设置终止条件为【给定深度】、⊿【深度】为 10mm，单击✔【确定】按钮，生成拉伸切除特征，如图 8-88 所示。

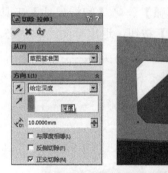

图 8-88　生成拉伸切除特征

(20) 单击特征实体的前表面，使其成为草图绘制平面。单击【标准视图】工具栏中的⬆【正视于】按钮，并单击【草图】工具栏中的╚【草图绘制】按钮，进入草图绘制状态。使用【草图】工具栏中的＼【直线】、✏【圆弧】、◇【智能尺寸】工具，绘制如图 8-89 所示的草图并标注尺寸。单击╚【退出草图】按钮，退出草图绘制状态。

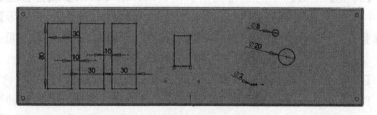

图 8-89　绘制草图并标注尺寸

(21) 单击【特征】工具栏中的 ☑【切除-拉伸】按钮，弹出【切除-拉伸】属性管理器。在【方向 1】选项组中，设置终止条件为【给定深度】、☑【深度】为 10mm，单击 ✔【确定】按钮，生成拉伸切除特征，如图 8-90 所示。

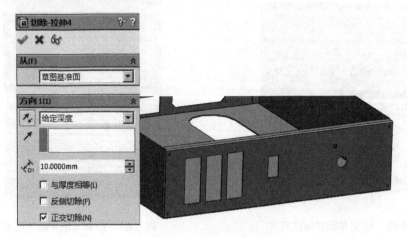

图 8-90　生成拉伸切除特征

(22) 单击特征实体的下表面，使其成为草图绘制平面。单击【标准视图】工具栏中的 ⬍【正视于】按钮，并单击【草图】工具栏中的 ☑【草图绘制】按钮，进入草图绘制状态。使用【草图】工具栏中的 ⬭【圆弧】、◇【智能尺寸】工具，绘制如图 8-91 所示的草图并标注尺寸。单击 ☑【退出草图】按钮，退出草图绘制状态。

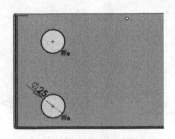

图 8-91　绘制草图并标注尺寸

(23) 单击【特征】工具栏中的 ☑【拉伸凸台/基体】按钮，弹出【凸台-拉伸】属性管理器。在【方向 1】选项组中，设置 ☑【终止条件】为【给定深度】、☑【深度】为 10mm，单击 ✔【确定】按钮，生成拉伸特征，如图 8-92 所示。

(24) 单击【特征】工具栏中的 ☑【圆角】按钮，弹出【圆角】属性管理器。在【圆角参数】选项组中，设置 ⬈【半径】为 5mm，单击 ☐【边线、面、特征和环】选择框，在图形区域中选择模型的两条边线，单击 ✔【确定】按钮，生成圆角特征，如图 8-93 所示。

(25) 单击【特征】工具栏中的 ▦【线性阵列】按钮，弹出【阵列(线性)】属性管理器。在【方向 1】选项组中，在【阵列方向】选择框中选择与主坐标系 X 轴平行的一条边线作为阵列方向，设置 ☑【间距】为 400mm，设置 ⬦⬥【实例数】为 2，利用 ☑【反向】按钮调整线性阵列方向。在 ☑【要阵列的特征】选项组中，选择上一步骤生成的【凸台-

294

拉伸 1】和【圆角 1】特征作为要阵列的特征，单击 【确定】按钮，生成线性阵列特征，如图 8-94 所示。

图 8-92　生成拉伸特征

图 8-93　生成圆角特征

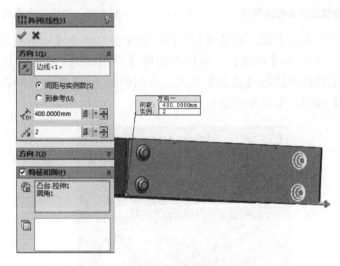

图 8-94　生成线性阵列特征

（26）单击特征实体的下表面，使其成为草图绘制平面。单击【标准视图】工具栏中的【正视于】按钮，并单击【草图】工具栏中的【草图绘制】按钮，进入草图绘制状态。使用【草图】工具栏中的【直线】工具，绘制如图 8-95 所示的草图并标注尺寸。单击【退出草图】按钮，退出草图绘制状态。

（27）单击【特征】工具栏中的【填充阵列】按钮，弹出【填充阵列】属性管理器。在【填充边界】选项组中，设置【选择面】为【草图 166】；在【阵列布局】选项组中单击【穿孔】按钮，并设置【实例间距】为 15mm，【交错断续角度】为 60 度、【边距】为 0、【阵列方向】为【直线 2@草图 166】；在【特征和面】选项组中，选中【生成源切】单选按钮，选择形状为【圆形】，设置直径为 8mm，单击【确定】按钮，生成填充阵列特征，如图 8-96 所示。

图 8-95　绘制草图并标注尺寸

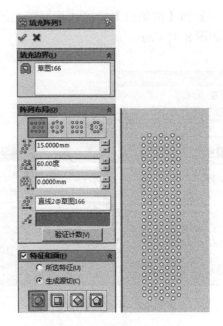

图 8-96　生成填充阵列特征

(28) 单击特征实体的后表面，使其成为草图绘制平面。单击【标准视图】工具栏中的
🔼【正视于】按钮，并单击【草图】工具栏中的✍【草图绘制】按钮，进入草图绘制状
态。使用【草图】工具栏中的＼【直线】工具，绘制如图 8-97 所示的草图并标注尺寸。
单击✍【退出草图】按钮，退出草图绘制状态。

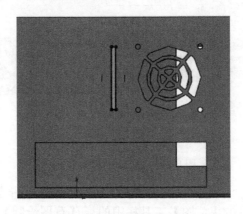

图 8-97　绘制草图并标注尺寸

(29) 单击【特征】工具栏中的▣【切除-拉伸】按钮，弹出【切除-拉伸】属性管理
器。在【方向 1】选项组中，设置终止条件为【给定深度】、📏【深度】为 10mm，单击
✅【确定】按钮，生成拉伸切除特征，如图 8-98 所示。

(30) 单击【特征】工具栏中的▦【线性阵列】按钮，弹出【阵列(线性)】属性管理
器。在【方向 1】选项组中，在【阵列方向】选项框中选择与主坐标系 X 轴平行的一条边
线作为阵列方向，设置📏【间距】为 10mm，设置🔅【实例数】为 5，利用🔁【反向】按
钮调整线性阵列方向，在【特征和面】选项组中，选择上一步骤生成的【切除-拉伸 5】特

征作为要阵列的特征，单击 ✔【确定】按钮，生成线性阵列特征，如图 8-99 所示。

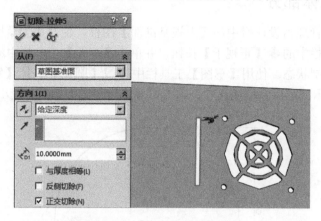

图 8-98 生成拉伸切除特征

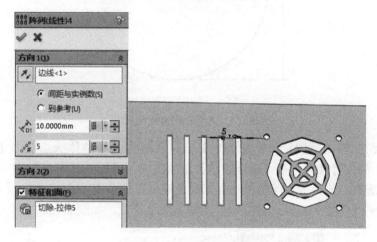

图 8-99 生成线性阵列特征

8.5 钣金范例 2

本节利用前面所讲的钣金知识制作一个钣金模型，如图 8-100 所示。

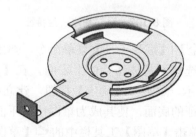

图 8-100 钣金模型

8.5.1　建立主体部分

(1)　单击特征管理器设计树中的【上视基准面】图标，使其成为草图绘制平面。单击【标准视图】工具栏中的 ↧【正视于】按钮，并单击【草图】工具栏中的 ✏【草图绘制】按钮，进入草图绘制状态。使用【草图】工具栏中的 ⌒【圆弧】、◇【智能尺寸】工具，绘制如图 8-101 所示的草图并标注尺寸。单击 ✏【退出草图】按钮，退出草图绘制状态。

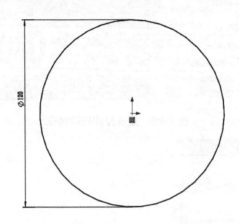

图 8-101　绘制草图并标注尺寸

(2)　选择绘制好的草图，单击【钣金】工具栏中的 ⚒【基体法兰/薄片】按钮，弹出【基体-法兰】属性管理器。在【钣金参数】选项组中，设置 ⬦【厚度】为 1mm，取消选中【反向】复选框，使得钣金厚度的建立方向是模型坐标系 Y 轴的负方向，也就是草图实体下方，单击 ✓【确定】按钮，建立钣金的基体法兰特征，如图 8-102 所示。

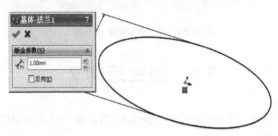

图 8-102　建立基体法兰特征

(3)　选择【插入】|【钣金】|【成形工具】菜单命令，弹出【成形工具特征】属性管理器。在【方位面】选项组中选择面基体法兰的上表面，在【旋转角度】选项组中设置 ⟳【角度】为 0，如图 8-103 所示，单击 ✓【确定】按钮，建立成形工具特征。

(4)　单击实体成形 1 特征的底面，使其成为草图绘制平面。单击【标准视图】工具栏中的 ↧【正视于】按钮，并单击【草图】工具栏中的 ✏【草图绘制】按钮，进入草图绘制状态。使用【草图】工具栏中的 ⌒【圆弧】、◇【智能尺寸】工具，绘制如图 8-104 所示的草图并标注尺寸。单击 ✏【退出草图】按钮，退出草图绘制状态。

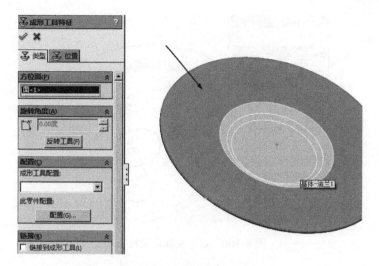

图 8-103 建立成形工具特征

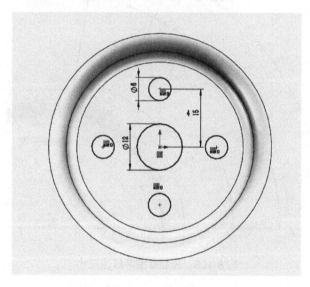

图 8-104 绘制草图并标注尺寸

(5) 单击【特征】工具栏中的 圖【切除-拉伸】按钮，弹出【切除-拉伸】属性管理器。在【方向 1】选项组中，设置终止条件为【完全贯穿】，选中【正交切除】复选框，单击 ✔【确定】按钮，建立拉伸切除特征，如图 8-105 所示。

(6) 单击基体法兰 1 特征的上表面，使其成为草图绘制平面。单击【标准视图】工具栏中的 ↧【正视于】按钮，并单击【草图】工具栏中的 ✍【草图绘制】按钮，进入草图绘制状态。使用【草图】工具栏中的 ＼【直线】、 ⚙【圆弧】、 ◇【智能尺寸】工具，绘制如图 8-106 所示的草图并标注尺寸。单击 ✍【退出草图】按钮，退出草图绘制状态。

(7) 单击【特征】工具栏中的 圖【切除-拉伸】按钮，弹出【切除-拉伸】属性管理器。在【方向 1】选项组中，设置终止条件为【完全贯穿】，选中【正交切除】复选框，单击 ✔【确定】按钮，建立拉伸切除特征，如图 8-107 所示。

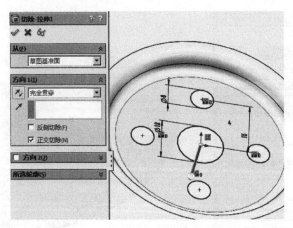

图 8-105　建立拉伸切除特征

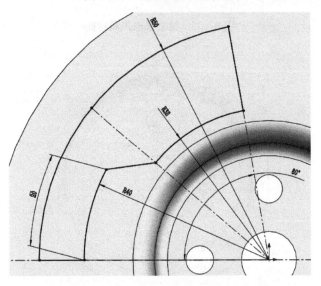

图 8-106　绘制草图并标注尺寸

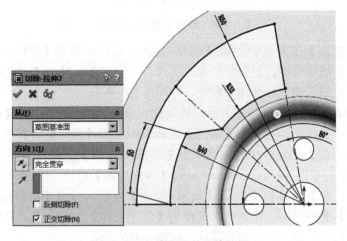

图 8-107　建立拉伸切除特征

(8) 单击【钣金】工具栏中的 【边线法兰】按钮，弹出【边线-法兰】属性管理器。在【法兰参数】选项组中，选择如图 8-108 所示的一条边线。选中【使用默认半径】复选框，在【角度】选项组中，设置 【法兰角度】为 90 度，在【法兰位置】选项组中，设置法兰位置为 【材料在外】，取消选中【等距】复选框，等距的终止条件为【给定深度】，设置 【等距距离】为 5.00mm。利用 【反向】按钮，使边线法兰产生在模型的上方，单击 【确定】按钮，建立钣金边线法兰特征，如图 8-108 所示。

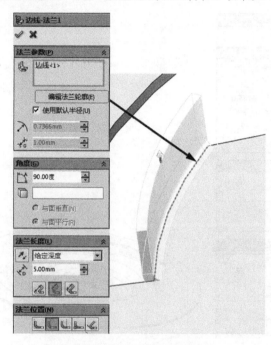

图 8-108 建立边线法兰特征

(9) 单击【特征】工具栏中的 【圆周阵列】按钮，弹出【阵列(圆周)】属性管理器。在【参数】选项组中，单击 【阵列轴】选择框，在特征管理器设计树中单击【基准轴 1】图标，设置 【总角度】为 210 度、 【实例数】为 2，选中【等间距】复选框；在【特征和面】选项组中，单击 【要阵列的特征】选择框，在图形区域中选择模型的【切除-拉伸 2】特征，单击 【确定】按钮，建立圆周阵列特征，如图 8-109 所示。

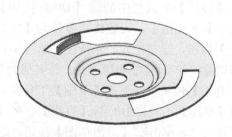

图 8-109 建立圆周阵列特征

(10) 单击【钣金】工具栏中的 【边线法兰】按钮，弹出【边线-法兰】属性管理器。在【法兰参数】选项组中，选择如图 8-110 所示的一条边线。选中【使用默认半径】复选框，设置 【法兰角度】为 90 度。在【法兰位置】选项组中，设置法兰位置为 【材料在外】，取消选中【等距】复选框，等距的终止条件为【给定深度】，设置 【等距距离】为 5mm，利用 【反向】按钮，使边线法兰产生在模型的上方，单击 【确定】按钮，建立钣金边线法兰特征，如图 8-110 所示。

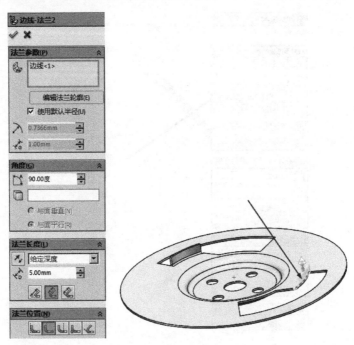

图 8-110　建立边线法兰特征

8.5.2　建立突出部分

(1) 单击基体法兰 1 特征的上表面，使其成为草图绘制平面。单击【标准视图】工具栏中的 【正视于】按钮，并单击【草图】工具栏中的 【草图绘制】按钮，进入草图绘制状态。使用【草图】工具栏中的 【直线】、 【智能尺寸】工具，绘制如图 8-111 所示的草图并标注尺寸。单击 【退出草图】按钮，退出草图绘制状态。

(2) 单击【特征】工具栏中的 【切除-拉伸】按钮，弹出【切除-拉伸】属性管理器。在【方向 1】选项组中，设置终止条件为【完全贯穿】，选中【正交切除】复选框，单击 【确定】按钮，建立拉伸切除特征，如图 8-112 所示。

(3) 单击切除拉伸 3 特征的切除面，使其成为草图绘制平面。单击【标准视图】工具栏中的 【正视于】按钮，并单击【草图】工具栏中的 【草图绘制】按钮，进入草图绘制状态。使用【草图】工具栏中的 【直线】、 【智能尺寸】工具，绘制如图 8-113 所示的草图并标注尺寸。单击 【退出草图】按钮，退出草图绘制状态。

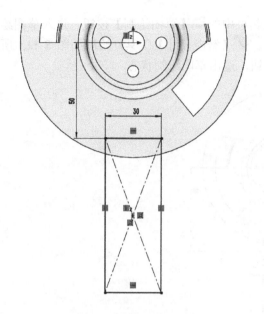

图 8-111　绘制草图并标注尺寸

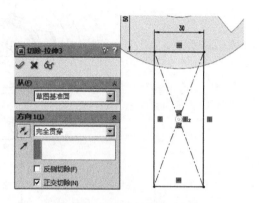

图 8-112　建立拉伸切除特征

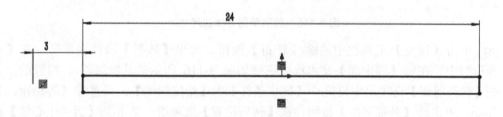

图 8-113　绘制草图并标注尺寸

(4)　单击【特征】工具栏中的 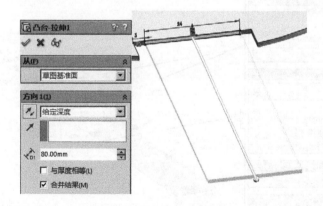【拉伸凸台/基体】按钮，弹出【凸台-拉伸】属性管理。在【方向 1】选项组中，设置【终止条件】为【给定深度】、【深度】为80mm，选中【合并结果】复选框，单击【确定】按钮，建立拉伸特征，如图 8-114 所示。

图 8-114　建立拉伸特征

(5)　单击基体法兰 1 特征的上表面，使其成为草图绘制平面。单击【标准视图】工具

栏中的 🔼【正视于】按钮，并单击【草图】工具栏中的 🖉【草图绘制】按钮，进入草图绘制状态。使用【草图】工具栏中的 ✐【直线】、🔷【智能尺寸】工具，绘制如图 8-115 所示的草图并标注尺寸。单击 🖉【退出草图】按钮，退出草图绘制状态。

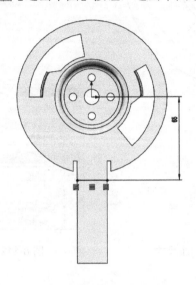

图 8-115　绘制草图并标注尺寸

(6)　单击【钣金】工具栏中的 ✐【转折】按钮，弹出【转折】属性管理器。在【选择】选项组中，在 🖱【固定面】文本框中选择如图 8-116 所示的基体法兰 1 特征的上表面；在【转折等距】选项组中设置 ✐【终止条件】为【给定深度】，设置 ✐【等距距离】为 2.5mm，单击 ▦【外部等距】按钮；在【转折位置】选项组中单击 ▦【折弯中心线】按钮；在【转折角度】选项组中设置 ▨【角度】为 45 度，单击 ✔【确定】按钮，建立钣金的转折特征，如图 8-116 所示。

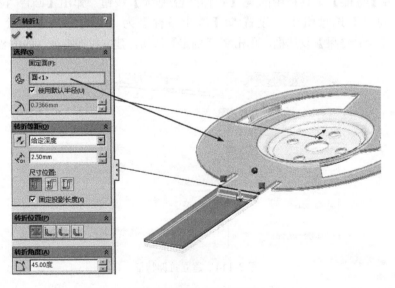

图 8-116　建立转折特征

(7)　单击转折 1 特征的上表面，使其成为草图绘制平面。单击【标准视图】工具栏中的 ⊥【正视于】按钮，并单击【草图】工具栏中的 █【草图绘制】按钮，进入草图绘制状态。使用【草图】工具栏中的 █【圆弧】、◇【智能尺寸】工具，绘制如图 8-117 所示的草图并标注尺寸。单击 █【退出草图】按钮，退出草图绘制状态。

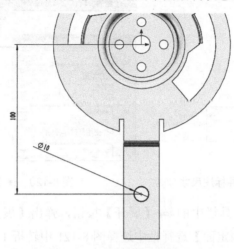

图 8-117　绘制草图并标注尺寸

(8)　单击【特征】工具栏中的 █【切除-拉伸】按钮，弹出【切除-拉伸】属性管理器。在【方向 1】选项组中，设置终止条件为【完全贯穿】，选中【正交切除】复选框，单击 ✔【确定】按钮，建立拉伸切除特征，如图 8-118 所示。

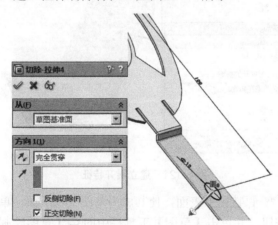

图 8-118　建立拉伸切除特征

(9)　单击转折 1 特征的上表面，使其成为草图绘制平面。单击【标准视图】工具栏中的 ⊥【正视于】按钮，并单击【草图】工具栏中的 █【草图绘制】按钮，进入草图绘制状态。使用【草图】工具栏中的 ╲【直线】、◇【智能尺寸】工具，绘制如图 8-119 所示的草图并标注尺寸。单击 █【退出草图】按钮，退出草图绘制状态。

(10) 单击【钣金】工具栏中的 █【绘制的折弯】按钮，弹出【绘制的折弯】属性管理器。在【折弯参数】选项组中，在 █【固定面】选择框中选择如图 8-120 所示的转折 1 特征的上表面。选择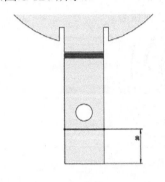【折弯中心线】按钮作为绘制的折弯特征的折弯位置，设置【折弯角度】为 90 度，选中【使用默认半径】复选框，单击✔【确定】按钮，建立绘制的折弯特征，如图 8-120 所示。

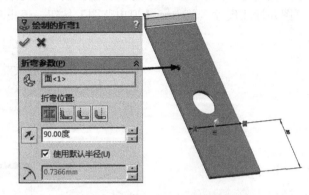

| 图 8-119 绘制草图并标注尺寸 | 图 8-120 建立绘制的折弯特征 |

(11) 单击【钣金】工具栏中的⬇【展开】按钮，弹出【展开】属性管理器。在【选择】选项组中，在⬛【固定面】选择框中选择图 8-121 中转折 1 特征的上表面。单击【收集所有折弯】按钮，在⬛【要展开的折弯】列表框中，会自动添加目前钣金基体中所有的折弯，单击✔【确定】按钮，建立钣金的展开特征，钣金将以展开为平板的形式存在，如图 8-121 所示。

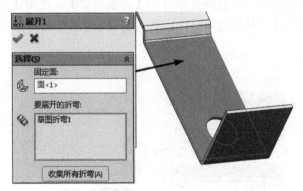

图 8-121 建立展开特征

(12) 单击绘制的折弯 1 特征上表面，使其成为草图绘制平面。单击【标准视图】工具栏中的⬆【正视于】按钮，并单击【草图】工具栏中的🖊【草图绘制】按钮，进入草图绘制状态。使用【草图】工具栏中的🔧【圆弧】、✏【智能尺寸】工具，绘制如图 8-122 所示的草图并标尺寸。单击🖊【退出草图】按钮，退出草图绘制状态。

(13) 单击【特征】工具栏中的📐【切除-拉伸】按钮，弹出【切除-拉伸】属性管理器。在【方向 1】选项组中，设置终止条件为【完全贯穿】，选中【正交切除】复选框，单击✔【确定】按钮，建立拉伸切除特征，如图 8-123 所示。

(14) 单击【钣金】工具栏中的⬇【折叠】按钮，弹出【折叠】属性管理器。在【选择】选项组中，在⬛【固定面】选项中选择转折 1 特征的上表面。单击【收集所有折弯】

按钮，在 【要折叠的折弯】列表框中，会自动添加目前钣金基体中所有要折叠的折弯，单击 【确定】按钮，建立钣金的折叠特征，如图 8-124 所示。

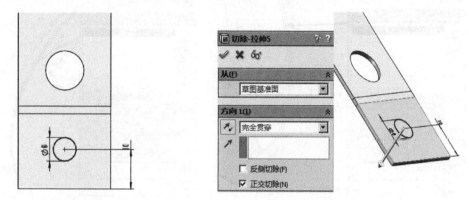

图 8-122　绘制草图并标注尺寸　　　　图 8-123　建立拉伸切除特征

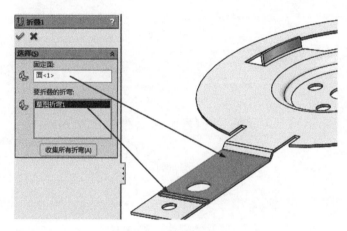

图 8-124　建立折叠特征

(15) 单击【钣金】工具栏中的 【褶边】按钮，弹出【褶边】属性管理器。在【边线】选项组中，选取切除拉伸 1 特征建立的一条下表面边线，利用 【反向】按钮调节褶边特征建立于基体法兰上方。选中 【材料在内】按钮，作为建立褶边特征的法兰位置。在【类型和大小】选项组中，选择 【开环】作为褶边特征的类型，设置 【长度】为 10mm，设置 【缝隙距离】为 10mm，单击 【确定】按钮，建立褶边特征，如图 8-125 所示。

(16) 单击【钣金】工具栏中的 【褶边】按钮，弹出【褶边】属性管理器。在【边线】选项组中，选取圆周阵列 1 特征建立的剪切口上边线，利用 【反向】按钮调节褶边特征建立于基体法兰上方。选择 【材料在内】按钮，作为建立褶边特征的法兰位置。在【类型和大小】选项组中，选择 【开环】作为褶边特征的类型，设置 【长度】为 10mm，设置 【缝隙距离】为 10mm，单击 【确定】按钮，建立褶边特征，如图 8-126 所示。

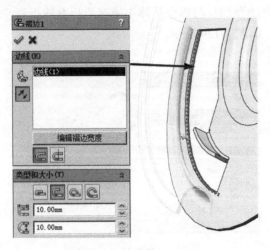

图 8-125　建立褶边特征

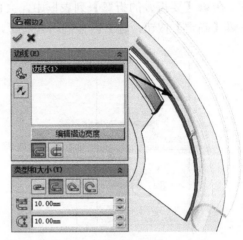

图 8-126　建立褶边特征

第9章 渲 染 图 片

SolidWorks 中的插件 PhotoView 可以对三维模型进行光线投影处理，并可形成十分逼真的渲染效果图。渲染的图像组合包括在模型中的外观、光源、布景及贴图，PhotoView 360 的工作流程如下。

(1) 在模型打开时启动 PhotoView 360 插件。
(2) 编辑外观、布景以及贴图。
(3) 编辑光源。
(4) 编辑 PhotoView 选项。
(5) 进行最终渲染。
(6) 在渲染帧属性管理器中保存图像。

9.1 布   景

布景是由环绕 SolidWorks 模型的虚拟框或者球形组成的，可以调整布景壁的大小和位置。此外，可以为每个布景壁切换显示状态和反射度，并将背景添加到布景。

选择 PhotoView 360 |【编辑布景】菜单命令，弹出【编辑布景】属性管理器，如图 9-1 所示。

1. 【基本】选项卡

1) 【背景】选项组

随布景使用背景图像，这样在模型背后可见的内容与由环境所投射的反射不同。

- 背景类型如下。
    - ◆ 无：将背景设定到白色。
    - ◆ 颜色：将背景设定到单一颜色。
    - ◆ 梯度：将背景设定到由顶部渐变颜色和底部渐变颜色所定义的颜色范围。
    - ◆ 图像：将背景设定到选择的图像。
    - ◆ 使用环境：移除背景，从而使环境可见。
- 🖊【背景颜色】：将背景设定到单一颜色。
- 【保留背景】：在背景类型是彩色、渐变或图像时可供使用。

2) 【环境】选项组

选取任何球状映射为布景环境的图像。

图 9-1 【编辑布景】属性管理器

3) 【楼板】选项组

- 【楼板反射度】：在楼板上显示模型反射。
- 【楼板阴影】：在楼板上显示模型所投射的阴影。
- 【将楼板与此对齐】：将楼板与基准面对齐。
- 反转楼板方向：绕楼板移动虚拟天花板 180 度。
- 【楼板等距】：将模型高度设定到楼板之上或之下。
- 反转等距方向：交换楼板和模型的位置。

2. 【高级】选项卡

【高级】选项卡如图 9-2 所示。

1) 【楼板大小/旋转】选项组

- 【固定高宽比例】：当更改宽度或高度时均匀缩放楼板。
- 【自动调整楼板大小】：根据模型的边界框调整楼板大小。
- 【宽度】和【深度】：调整楼板的宽度和深度。
- 【高宽比例】(只读)：显示当前的高宽比例。
- 【旋转】：相对环境旋转楼板。

2) 【环境旋转】选项组

环境旋转相对于模型水平旋转环境。影响到光源、反射及背景的可见部分。

3) 【布景文件】选项组

- 【浏览】：选取另一布景文件进行使用。
- 【保存布景】：将当前布景保存到文件，会提示将保存了布景的文件夹在任务窗
  格中保持可见。

3. 【照明度】选项卡

【照明度】选项卡如图 9-3 所示。

图 9-2　【高级】选项卡　　　　　　　图 9-3　【照明度】选项卡

- 【背景明暗度】：只在 PhotoView 中设定背景的明暗度。
- 【渲染明暗度】：设定由 HDRI(高动态范围图像)环境在渲染中所促使的明暗度。
- 【布景反射度】：设定由 HDRI 环境所提供的反射量。

9.2 光   源

SolidWorks 提供 3 种光源类型，即线光源、点光源和聚光源。

9.2.1 线光源

在特征管理器设计树中，切换到 (DisplayManager)选项卡，单击 【查看布景、光源与相机】按钮，右击【光源】图标，在弹出的快捷菜单中选择【添加线光源】命令，如图 9-4 所示，弹出【线光源】属性管理器，如图 9-5 所示。

1) 【基本】选项组

- 【在 SolidWorks 中打开】：打开或关闭模型中的光源。
- 【在布景更改时保留光源】：在布景变化后，保留模型中的光源。
- 【编辑颜色】：显示颜色调色板。
- 【环境光源】：设置光源的强度。
- 【明暗度】：设置光源的明暗度。
- 【光泽度】：设置光泽表面在光线照射处显示强光的能力。

图 9-4　选择【添加线光源】命令

图 9-5　【线光源】属性管理器

2) 【光源位置】选项组

- 【锁定到模型】：选中此复选框，相对于模型的光源位置被保留。
- 【经度】：光源的经度坐标。
- 【纬度】：光源的纬度坐标。

9.2.2 点光源

在特征管理器设计树中，切换到(DisplayManager)选项卡，单击【查看布景、光源与相机】按钮，右击【光源】图标，在弹出的快捷菜单中选择【添加点光源】命令，如图 9-6 所示，弹出【点光源】属性管理器。

1) 【基本】选项组

该选项组与线光源的【基本】选项组属性设置相同，在此不再赘述。

2) 【光源位置】选项组

- 【球坐标】：使用球形坐标系指定光源的位置。
- 【笛卡儿式】：使用笛卡儿式坐标系指定光源的位置。
- 【锁定到模型】：选择此选项，相对于模型的光源位置被保留。
- 【目标 X 坐标】：点光源的 x 轴坐标。
- 【目标 Y 坐标】：点光源的 y 轴坐标。
- 【目标 Z 坐标】：点光源的 z 轴坐标。

9.2.3 聚光源

在特征管理器设计树中，切换到(DisplayManager)选项卡，单击【查看布景、光源与相机】按钮，右击【光源】图标，在弹出的快捷菜单中选择【添加聚光源】命令，如图 9-7 所示，弹出【聚光源】属性管理器。

图 9-6　【点光源】属性管理器

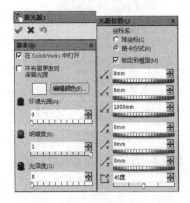

图 9-7　【聚光源】属性管理器

1) 【基本】选项组

【基本】选项组与线光源的【基本】选项组属性设置相同，在此不再赘述。

2) 【光源位置】选项组

● 【球坐标】：使用球形坐标系指定光源的位置。

● 【笛卡儿式】：使用笛卡儿式坐标系指定光源的位置。

● 【锁定到模型】：选中此复选框，相对于模型的光源位置被保留。

● ![x]【光源 X 坐标】：聚光源在空间中的 x 轴坐标。

● ![Y]【光源 Y 坐标】：聚光源在空间中的 y 轴坐标。

● ![z]【光源 Z 坐标】：聚光源在空间中的 z 轴坐标。

● ![x]【目标 X 坐标】：聚光源在模型上所投射到的点的 x 轴坐标。

● ![Y]【目标 Y 坐标】：聚光源在模型上所投射到的点的 y 轴坐标。

● ![z]【目标 Z 坐标】：聚光源在模型上所投射到的点的 z 轴坐标。

● ![圆锥角]【圆锥角】：指定光束传播的角度，较小的角度建立较窄的光束。

9.3　外　　观

外观是模型表面的材料属性，添加外观是使模型表面具有某种材料的表面属性。

单击 PhotoView 工具栏中的 ![外观按钮]【外观】按钮或者选择 PhotoView|【外观】菜单命令，弹出【颜色】属性管理器，如图 9-8 所示。

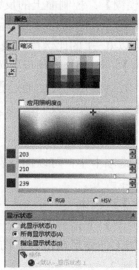

图 9-8　【颜色】属性管理器

1. 【颜色/图像】选项卡

1) 【所选几何体】选项组

● ![应用到零件文档层]【应用到零件文档层】：选中该按钮，则进行设置时，对于所选择的实体，更改颜色以所指定的配置应用到零件文件。

- 　　、　、　、　【过滤器】：可以帮助选择模型中的几何实体。
- 【移除外观】：单击该按钮可以从选择的对象上移除设置好的外观。

2) 【外观】选项组

- 【外观文件路径】：标识外观名称和位置。
- 【浏览】：单击以查找并选择外观。
- 【保存外观】：单击以保存外观的自定义副件。

3) 【颜色】选项组

可以添加颜色到所选实体的所选几何体中所列出的外观。

4) 【显示状态(链接)】选项组

- 【此显示状态】：所做的更改只反映在当前显示状态中。
- 【所有显示状态】：所做的更改反映在所有显示状态中。
- 【指定显示状态】：所做的更改只反映在所选的显示状态中。

2. 【照明度】选项卡

在【照明度】选项卡中，可以选择显示其照明属性的外观类型，如图 9-9 所示。根据所选择的类型，其属性设置发生改变。

- 【动态帮助】：显示每个特性的弹出工具提示。
- 【漫射量】：控制面上的光线强度，值越高，面上显得越亮。
- 【光泽量】：控制高亮区，使面显得更为光亮。
- 【光泽颜色】：控制光泽零部件内反射高亮显示的颜色。
- 【光泽传播/模糊】：控制面上的反射模糊度，使面显得粗糙或光滑，值越高，高亮区越大越柔和。
- 【反射量】：以 0～1 的比例控制表面反射度。
- 【模糊反射度】：在面上启用反射模糊，模糊水平由光泽传播控制。
- 【透明量】：控制面上的光的通透程度，该值降低，不透明度升高。
- 【发光强度】：设置光源发光的强度。

3. 【表面粗糙度】选项卡

在【表面粗糙度】选项卡中，可以选择表面粗糙度类型，如图 9-10 所示。根据所选择的类型，其属性设置发生改变。

1) 【表面粗糙度】选项组

在【表面粗糙度类型】下拉列表框中，有如下类型选项：颜色、从文件、涂刷、喷砂、磨光、铸造、机加工、菱形防滑板、防滑板 1、防滑板 2、节状凸纹、酒窝形、链节、锻制、粗制 1、粗制 2、无。

2) 【PhotoView 表面粗糙度】选项组

- 【隆起映射】：模拟不平的表面。
- 【隆起强度】：设置模拟的高度。
- 【位移映射】：在物体的表面加纹理。
- 【位移距离】：设置纹理的距离。

图 9-9　【照明度】选项卡

图 9-10　【表面粗糙度】选项卡

9.4　贴　　图

贴图是在模型的表面附加某种平面图形，一般多用于商标和标志的制作。

选择 PhotoView 360 |【编辑贴图】菜单命令，弹出【贴图】属性管理器，如图 9-11 所示。

1.【图像】选项卡

● 【贴图预览】框：显示贴图预览。
● 【浏览】：单击此按钮，选择浏览图形文件。

2.【映射】选项卡

【映射】选项卡如图 9-12 所示。

　、　、　、　【过滤器】：可以帮助用户选择模型中的几何实体。

3.【照明度】选项卡

【照明度】选项卡如图 9-13 所示，可以选择贴图对照明度的反应。

图 9-11　【贴图】属性管理器

图 9-12 【映射】选项卡

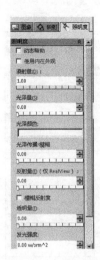

图 9-13 【照明度】选项卡

9.5 渲染、输出图像

PhotoView 能以逼真的外观、布景、光源等渲染 SolidWorks 模型，并提供直观显示渲染图像的多种方法。

9.5.1 PhotoView 整合预览

可在 SolidWorks 图形区域内预览当前模型的渲染。要开始预览，插入 PhotoView 插件后，选择 PhotoView 360 |【整合预览】菜单命令，打开如图 9-14 所示的界面。

图 9-14 整合预览

9.5.2　PhotoView 预览窗口

PhotoView 预览窗口是独立于 SolidWorks 主窗口外的单独窗口。要显示该窗口，插入 PhotoView 插件，选择 PhotoView 360 |【预览窗口】菜单命令，打开如图 9-15 所示的界面。

图 9-15　预览窗口

9.5.3　PhotoView 选项

PhotoView 选项管理器可以控制图片的渲染质量，包括输出图像品质和渲染品质。在插入 PhotoView 360 后，单击![]【PhotoView 360 选项】按钮，打开【PhotoView 360 选项】属性管理器，如图 9-16 所示。

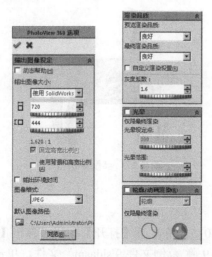

图 9-16　【PhotoView 360 选项】属性管理器

1. 【输出图像设定】选项组

- 【动态帮助】：显示每个特性的弹出工具提示。
- 【输出图像大小】：将输出图像的大小设定到标准宽度和高度。
- ⊟【图像宽度】：以像素设定输出图像的宽度。
- Ⅱ【图像高度】：以像素设定输出图像的高度。
- 【固定高宽比例】：保留输出图像中宽度到高度的当前比率。
- 【使用背景和高宽比例】：将最终渲染的高宽比设定为背景图像的高宽比。
- 【图像格式】：为渲染的图像更改文件类型。
- 【默认图像路径】：为使用 Task Scheduler 所排定的渲染设定默认路径。

2. 【渲染品质】选项组

- 【预览渲染品质】：为预览设定品质等级，高品质图像需要更多时间才能渲染。
- 【最终渲染品质】：为最终渲染设定品质等级。
- 【灰度系数】：设定灰度系数。

3. 【光晕】选项组

- 【光晕设定点】：标识光晕效果应用的明暗度或发光度等级。
- 【光晕范围】：设定光晕从光源辐射的距离。

4. 【轮廓/动画渲染】选项组

- ◔【只随轮廓渲染】：只以轮廓线进行渲染，保留背景或布景显示和景深设定。
- ◉【渲染轮廓和实体模型】：以轮廓线渲染图像。

9.6 图片渲染范例

本范例通过对一个装配体模型进行渲染生成比较逼真的渲染图片。模型如图 9-17 所示。

图 9-17　装配体模型

9.6.1 启动文件

(1) 启动 SolidWorks 2015，单击 ❷【打开】按钮，弹出【打开 SolidWorks 文件】对话框，在文件夹中选择"第 9 章\范例文件\9.sldasm"文件，单击【打开】按钮，如图 9-18 所示。

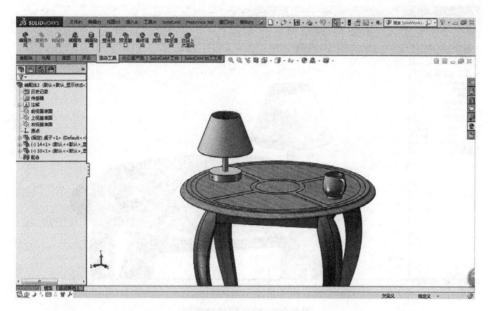

图 9-18　打开模型

(2)　由于在 SolidWorks 2015 中，PhotoView 360 是一个插件，因此在模型打开时需插入 PhotoView 360 才能进行渲染。选择【工具】|【插件】菜单命令，弹出【插件】对话框，选中 PhotoView 360 前、后的复选框，如图 9-19 所示，启动 PhotoView 360 插件。

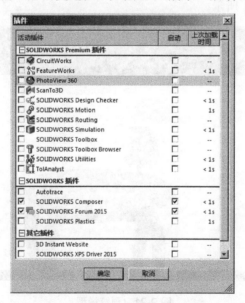

图 9-19　启动 PhotoView 360 插件

(3)　在视图窗口中右击，在弹出的快捷菜单中选择【放大或缩小】命令，缩小图形；选择【平移】命令，将模型位置调整到恰当位置，如图 9-20 所示。

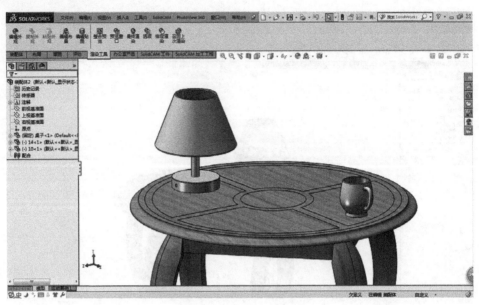

图 9-20　缩小和移动模型

9.6.2　设置模型外观

(1)　选择 PhotoView 360 |【预览窗口】菜单命令，弹出预览窗口，对渲染前的装配体模型进行预览，如图 9-21 所示。

图 9-21　预览模型

(2)　选择 PhotoView 360 |【编辑外观】菜单命令，弹出外观编辑栏及材料库，在【外观、布景和贴图】选项组中列举了各种类型的材料，以及它们所附带的外观属性特性，如图 9-22 所示。

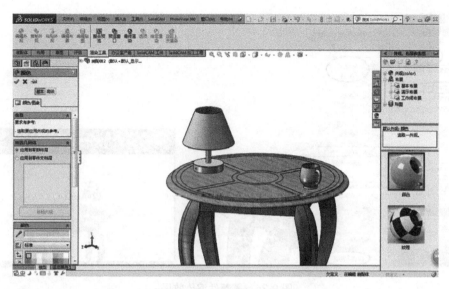

图 9-22　编辑外观界面

(3)　单击工具栏中的 ● 【编辑外观】按钮，弹出【颜色】属性管理器，选择【基本】选项，在【所选几何体】选项组中选中【应用到零部件层】单选按钮，在【颜色】选项组中选择【黄色】，在【外观、布景和贴图】选项组中展开【塑料】\【高光泽】\【深灰色高光泽塑料】选项，在视图窗口中单击装配体零部件，在【颜色】属性管理器中单击 ✔【确定】按钮，完成对外观的设置，单击工具栏中的【预览窗口】按钮，弹出预览窗口，对外观的设置进行预览，如图 9-23 所示。

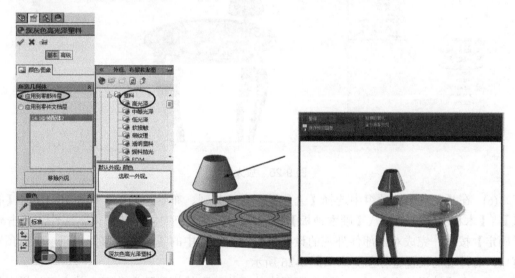

图 9-23　渲染预览

(4)　在【颜色】选项组中选择【蓝色】，在【外观、布景和贴图】选项组中展开【金属】\【钢】\【铸造不锈钢】选项，在视图窗口中单击装配体零部件，单击 ✔【确定】按钮，完成对零部件外观的设置，单击工具栏中的【预览窗口】按钮，弹出预览窗口，对外观的设置进行预览，如图 9-24 所示。

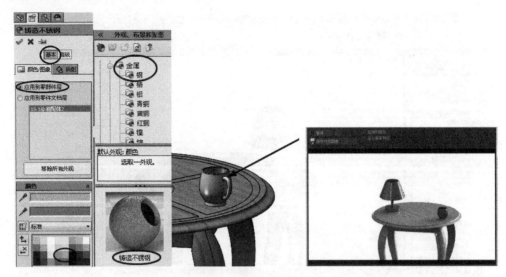

图 9-24　零部件渲染效果

(5)　在视图窗口中单击鼠标右键，在弹出的快捷菜单中选择【放大或缩小】命令，再次单击则关闭该命令，如图 9-25 所示。

图 9-25　放大模型

(6)　在【颜色】选项组中选择【无色】，在【外观、布景和贴图】选项组中展开【有机】\【木材】\【楼板】\【硬木地板】选项，在视图窗口中单击装配体零部件，单击 ✔【确定】按钮，完成对零部件外观的设置，单击工具栏中的【预览窗口】按钮，弹出预览窗口，对外观的设置进行预览，如图 9-26 所示。

(7)　在【编辑外观】项下，随着照明度的变化装配体模型随之改变。单击工具栏中的 ●【编辑外观】按钮，在【照明度】选项卡的【照明度】选项组中设置【漫射量】为 0.20、【光泽量】为 0.24、【光泽传播/模糊】为 0.18、【反射量】为 0.200、【透明量】为 0.13、【发光强度】为 0.15w/srm^2，在【PhotoView 照明度】选项组中，设置【圆形锐边】为 14.00mm、【折射指数】为 1.41、【折射粗糙度】为 0.20。在 ◆【映射】选项卡的

【映射】选项组中选择【自动】选项，在【大小/方向】选项组中设置【宽度】为 80mm、【高度】为 542.00mm。改变照明度后装配体渲染效果如图 9-27 所示。

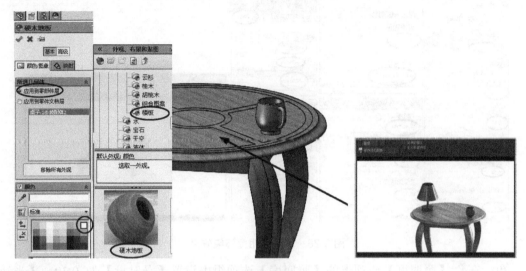

图 9-26 零部件渲染效果

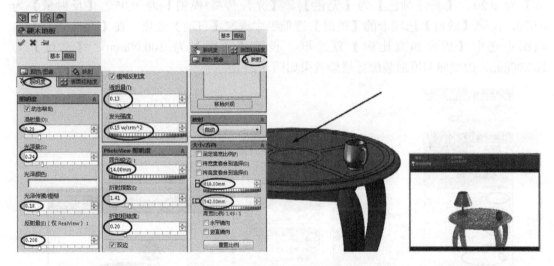

图 9-27 改变照明度渲染效果

(8) 继续调整照明度，装配体随之改变。在 ⚡【照明度】选项卡的【照明度】选项组中设置【漫射量】为 0.43、【光泽量】为 0.60、【光泽颜色】为【粉色】、【光泽传播/模糊】为 0.24、【反射量】为 0.400、【透明量】为 0.50、【发光强度】为 0.02w/srm^2，在【PhotoView 照明度】选项组中，设置【圆形锐边】为 0.40mm、【折射指数】为 0.50、【折射粗糙度】为 0.20。在 🔷【映射】选项卡的【映射】选项组中，选取【曲面】选项，设置【水平位置】为 15.00mm、【竖直位置】为 27.00mm，在【大小/方向】选项组中，设置【宽度】为 450.00mm、【高度】为 245.00mm。改变照明度后装配体渲染效果如图 9-28 所示。

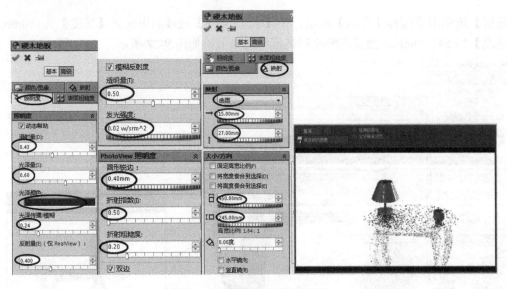

图 9-28　改变照明度渲染效果

(9) 在 【照明度】选项卡的【照明度】选项组中设置【漫射量】为 0.30、【光泽量】为 0.20、【光泽颜色】为【无色】、【光泽传播/模糊】为 0.05、【反射量】为 0.070，在 【映射】选项卡的【映射】选项组中选取【自动】选项，在【大小/方向】选项组中选中【固定高宽比例】复选框，设置【宽度】为 100.00mm、【高度】为 100.00mm。改变照明度后装配体渲染效果如图 9-29 所示。

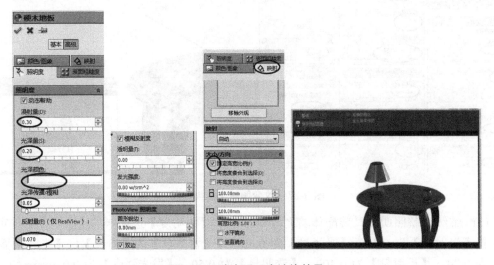

图 9-29　改变照明度渲染效果

(10) 单击工具栏中的 【编辑外观】按钮，选择【基本】选项，在【所选几何体】选项组中选中【应用到零部件层】单选按钮，在【外观、布景和贴图】选项组中展开【石材】\【建筑】\【大理石】\【粉红大理石 2】选项，在视图窗口中单击装配体零部件，在 【映射】选项卡的【映射控制】选项组中选择 【映射样式】和 【映射大小】，单击工具栏中的【预览窗口】按钮，弹出预览窗口，对外观的设置进行预览，效果如图 9-30 所示。

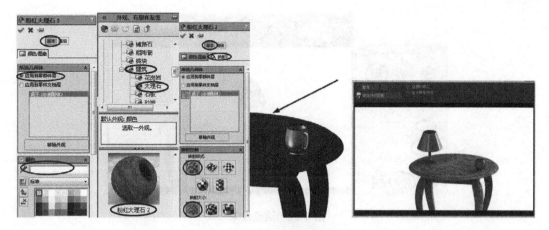

图 9-30　编辑外观

(11) 在【编辑外观】选项中其他设置保持默认设置，在 ◇【映射】选项卡中继续选择 【映射样式】和 【映射大小】，单击工具栏中的【预览窗口】按钮，弹出预览窗口，对外观的设置进行预览，效果如图 9-31 所示。

图 9-31　渲染效果

(12) 在【编辑外观】选项中其他设置保持默认值，在 ◇【映射】选项卡中继续选择 【映射样式】和【映射大小】，设定【轴方向】为 XY、【旋转】为【0.00 度】，单击工具栏中的【预览窗口】按钮，对外观的设置进行预览，效果如图 9-32 所示。

(13) 在【编辑外观】选项中其他设置保持默认值，在 ◇【映射】选项卡中设置【旋转】为【90.00 度】，单击工具栏中的【预览窗口】按钮，对外观的设置进行预览，效果如图 9-33 所示。

(14) 在【编辑外观】选项中其他设置保持默认值，在 ◇【映射】选项卡中设置【轴方向】为 YZ、【旋转】为【0.00 度】，单击工具栏中的【预览窗口】按钮，对外观的设置进行预览，效果如图 9-34 所示。

图 9-32 渲染效果

图 9-33 渲染效果

图 9-34 渲染效果

(15) 在【高级】选项的

(16) 【照明度】选项卡中设置【漫射量】为 0.32、【光泽量】为 0.21、【光泽颜色】为【无色】、【光泽传播/模糊】为 0.25、【反射量】为 0.100、【透明量】为 0.10、【发光强度】为 0.09w/srm^2、【圆形锐边】为 98.00mm、【折射指数】为1.20、【折射粗糙度】为 0.20。渲染效果如图 9-35 所示。

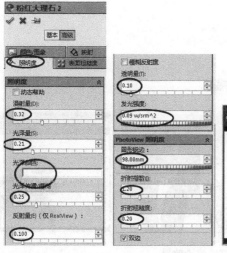

图 9-35　渲染效果

(16) 在 ![]【照明度】选项卡中设置【漫射量】为 0.90、【光泽量】为 0.02、【光泽颜色】为【黄色】、【光泽传播/模糊】为 0.11，渲染效果如图 9-36 所示。

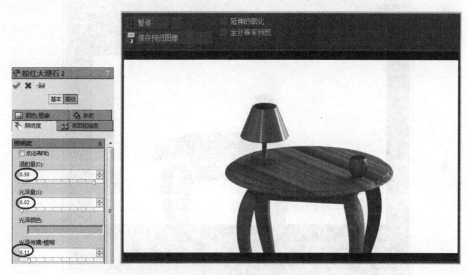

图 9-36　渲染效果

(17) 单击工具栏中的 ●【编辑外观】按钮，选择【基本】选项，在【颜色/图像】选项卡的【所选几何体】选项组中选中【应用到零部件层】单选按钮，在【外观、布景和贴图】选项组中展开【辅助部件】\【图案】\【方格图案 2】选项，【颜色】选择【无色】，在视图窗口中单击装配体零部件，在【基本】选项的 ◇【映射】选项卡中选择【映射样式】和【映射大小】，设置【轴方向】为 XY、【旋转】为【45.00 度】，单击工具栏中的【预览窗口】按钮，弹出预览窗口，对外观的设置进行预览，效果如图 9-37 所示。

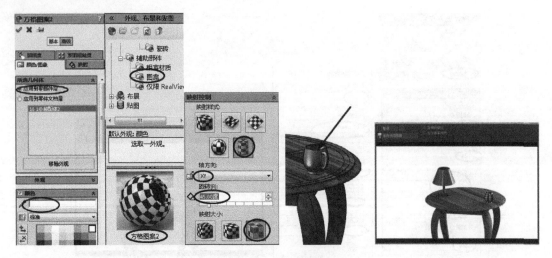

图 9-37　渲染效果

(18) 单击工具栏中的【最终渲染】按钮，对先前得到的外观效果进行预览，经过软件的渲染过程后，得到了初步的渲染效果，如图 9-38 所示。

图 9-38　最终渲染效果

9.6.3　设置模型贴图

(1) 选择 PhotoView 360 | 　【编辑贴图】菜单命令，在【外观、布景和贴图】选项组中提供一些预置的贴图，如图 9-39 所示。

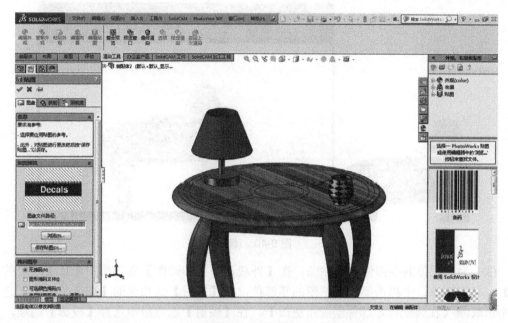

图 9-39　编辑贴图

（2）在【外观、布景和贴图】选项组中选择【贴图标志】，在视图窗口中单击要放置贴图的位置，在【映射】选项组中选择【投影】选项，设置【水平位置】为-0.62mm、【竖直位置】为-95.00mm，在【大小/方向】选项组中设置【宽度】为 191.50mm、【高度】为 60.30mm、【旋转】为【360.00 度】，在 【照明度】选项组中设置【漫射量】为 0.50、【光泽量】为 0.20、【光泽颜色】为【无色】、【光泽传播/模糊】为 0.10、【反射量】为 0.03，单击 【确定】按钮完成贴图设置，效果如图 9-40 所示。

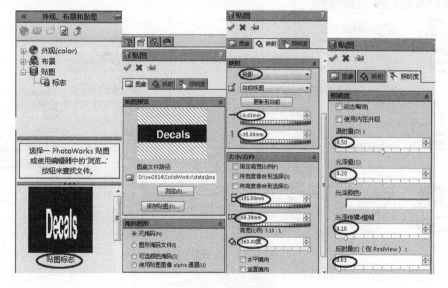

图 9-40　贴图效果

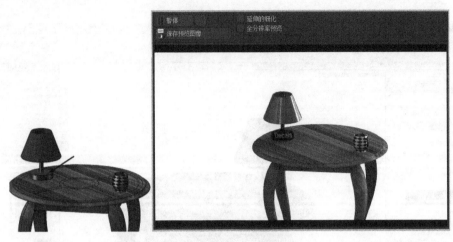

图 9-40 （续）

（3）为装配体的零部件编辑贴图。在【外观、布景和贴图】选项组中选择【改进的标志】，在视图窗口中单击要放置贴图的零部件，在【映射】选项卡的【所选几何体】选项组中选取 【在装配体零部件层应用更改】，在【映射】选项组中选择【投影】选项，设置 为 XY、【水平位置】为 20.00mm、【竖直位置】为 10.00mm，在【大小/方向】选项组中设置【宽度】为 71.70mm、【高度】为 57.92mm、【旋转】为【25.00 度】，在 【照明度】选项卡中设置【漫射量】为 0.70、【光泽量】为 0.14、【光泽颜色】为【无色】、【光泽传播/模糊】为 0.10、【反射量】为 0.12、【透明量】为 0.12、【发光强度】为 0.09w/srm^2、【折射指数】为 0.50，单击 【确定】按钮完成贴图设置，效果如图 9-41 所示。

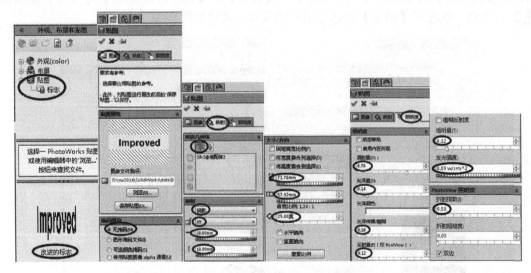

图 9-41 设置贴图

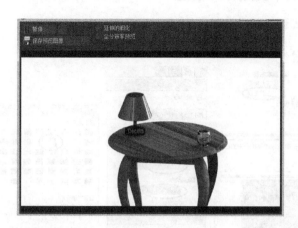

图 9-41　（续）

9.6.4　设置外部环境

（1）应用环境会更改模型后面的布景，环境可影响到光源和阴影的外观。选择 PhotoView 360｜【编辑布景】菜单命令，弹出布景编辑栏及布景材料库。在【外观、布景和贴图】选项组中，展开【布景】\【基本布景】\【暖色厨房】作为环境选项，双击鼠标或者利用鼠标拖动，将其放置到视图中，单击 ✔【确定】按钮完成布景设置，效果如图 9-42 所示。

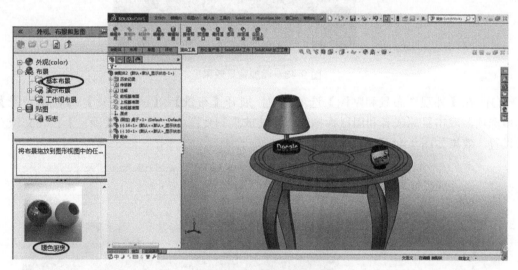

图 9-42　添加背景效果

（2）在【外观、布景和贴图】选项组中，展开【布景】\【工作间布景】\【反射黑地板】环境选项，在【编辑布景】属性管理器的【基本】选项卡的【背景】选项组中选取【梯度】选项，分别选择【顶部渐变颜色】为【绿色】、【底部渐变颜色】为【蓝色】，双击鼠标或者利用鼠标拖动，将其放置到视图中，单击 ✔【确定】按钮完成布景设置，效果如图 9-43 所示。

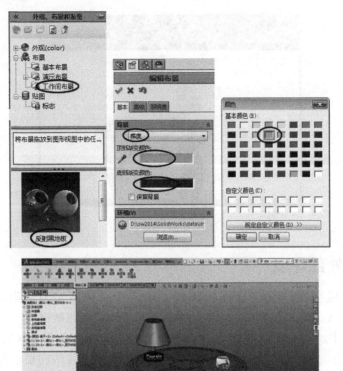

图 9-43 添加背景效果

(3) 在【外观、布景和贴图】选项组中，展开【布景】\【演示布景】\【院落背景】环境选项，双击鼠标或者利用鼠标拖动，将其放置到视图中，单击 ✔【确定】按钮完成布景设置，效果如图 9-44 所示。

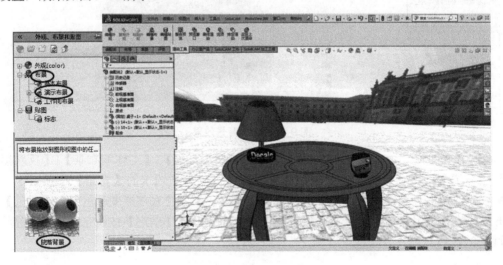

图 9-44 添加背景效果

(4) 选择 PhotoView 360 | 【最终渲染】菜单命令，对渲染效果进行查看，此时得到的是添加了环境之后对外观影响的总图，如图 9-45 所示。

图 9-45 渲染效果

9.6.5 输出图像

(1) 要想输出结果图像，首先需要对输出进行必要的设置。选择 PhotoView 360 | 【选项】菜单命令，弹出【PhotoView 360 选项】属性管理器，在【输出图像】选项组中，设定【宽度】为 1200、【高度】为 720，在【图像格式】下拉列表框中选择 JPEG 选项，单击 ✔ 【确定】按钮完成设置， 如图 9-46 所示。

图 9-46 输出设置

(2) 选择 PhotoView 360|【最终渲染】菜单命令，在完成所有设置后对图像进行预览，得到最终效果，如图 9-47 所示。

图 9-47　最终渲染

(3) 在【最终渲染】窗口中单击【保存图像】按钮，在弹出的【保存图像】对话框中设置【文件名】为"渲染-2"，设置【保存类型】为 JPEG，其他的设置保持默认值不变，单击【保存】按钮，则渲染效果将保存成图像文件，如图 9-48 所示。

图 9-48　保存图像

至此，装配体的渲染过程全部完成，得到图像结果后，可以通过图像浏览器直接查看。